罗慧 著

清華大學出版社
北京

内 容 简 介

本书旨在介绍网站及移动网站/APP等互联网产品界面色彩搭配的知识与方法。内容既涉及色彩属性等基础知识，也包括了有关互联网产品界面色彩设计的系统完整的实用技巧。书中选取了大量典型案例供读者观摩学习，让读者透彻理解配色要领，学会举一反三。

本书共分为6章。第1章“了解色彩”介绍色彩属性等基础知识及色彩在界面中的作用及配色原则；第2章讲解“基于色相的配色”，介绍9种常用色相的配色要领及对应案例；第3章讲解“基于色彩印象的配色”，介绍如何利用色调相关知识和描述色彩印象的形容词来搭配出最佳的色彩方案；第4章讲解“基于桌面网站内容与类型的配色”，从竞品分析和品类共性的角度探讨了汽车、房产、服饰、艺术等七类网站界面色彩设计的规律；第5章“基于移动网站/APP内容的配色”着重总结了阅读类、社交类、购物类等五类移动APP的界面配色规律；第6章“配色技巧”介绍一些处理色彩对比或统一关系的实用小技巧及专业配色网站工具的使用和培养色彩感觉的方法。

本书作者为数字媒体艺术专业副教授，长期从事教学科研及设计实践工作。本书力求将国内外界面色彩设计方面的知识体系融会贯通，从贴近实战的角度出发，结合案例式教学的方法经验，做到“有用、能用、好用”。

本书适合从事网站及移动APP设计人员以及大专院校、培训机构相关专业师生阅读，特别适合希望掌握界面色彩设计方法技巧的读者作为参考。

图书在版编目(CIP)数据

互联网产品（Web/移动Web/APP）视觉设计·配色篇/罗慧著. —北京：清华大学出版社，2015（2016.6重印）
ISBN 978-7-302-37918-8

Ⅰ. ①互… Ⅱ. ①罗… Ⅲ. ①人机界面—视觉设计 Ⅳ. ①TP311.1

中国版本图书馆CIP数据核字（2014）第204985号

责任编辑：栾大成
封面设计：杨玉芳
责任校对：胡伟民
责任印制：刘海龙

出版发行：清华大学出版社
网　址：http://www.tup.com.cn，http://www.wqbook.com
地　址：北京清华大学学研大厦A座　邮　编：100084
社 总 机：010-62770175　邮　购：010-62786544
投稿与读者服务：010-62776969，c-service@tup.tsinghua.edu.cn
质 量 反 馈：010-62772015，zhiliang@tup.tsinghua.edu.cn
印 刷 者：三河市君旺印务有限公司
装 订 者：三河市新茂装订有限公司
经　销：全国新华书店
开　本：170mm×230mm　印　张：16.75　插　页：1　字　数：490千字
版　次：2015年1月第1版　印　次：2016年6月第2次印刷
印　数：4001～6000
定　价：69.00元

产品编号：041490-01

前　言

关于笔者

先自我介绍一下，我叫罗慧，北京印刷学院数字媒体艺术专业副教授，长期从事教学科研及设计实践工作。“学院派”早已不是“纸上谈兵”的老教授形象，如今的教授，除了“能讲”还必须“能干”——我必须保证我有足够的实践经验以确保我的学生在毕业后踏入工作岗位时能够迅速跟上节奏。

在多年的教学和实践中，我非常了解大家的需求，无论是我的学生，或者是项目客户，以及实际岗位上的网页设计师。

关于创作背景

我们打开网站（或者 APP），最先对视觉产生影响的就是界面的色彩，然后才是结构、布局以及一些细节，所以在互联网产品的视觉设计中，如果界面配色失败，那就不用谈其他工作了。

如前所述，我在教学中，不，更多的是在实践中经常遇到设计师对界面配色一头雾水的状况。的确，设计这个东西，见仁见智，尤其是色彩，再没有艺术眼光的人也会对颜色有所偏好，那如何才能叫做：设计一个配色“合格”的产品呢？

记住，绝大部分的互联网产品都是需要满足“用户（最终浏览者）”的审美的，即使是个人网站，所以我们要抛弃一些我们的个人喜好，一切站在用户的角度（当然，在中国的现状是：如果“客户”并不了解“用户”的需求，而设计师又无法说服“客户”，那退而求其次，要站在“客户”的角度，原因一，大部分情况下“客户”要比设计师更加了解“用户”；原因二，“客户”通过了，你就有钱拿了……）来审视拿到的项目。

我举个来自实践中的案例。拿起这本书的读者，通常或多或少都面临过这样的困惑：

接手的某企业广告网站改版时被要求重新进行色彩设计，为什么呢？是实际用户不满意？是客户不满意？还是自己公司老大不满意？在搞清楚问题根源前，如果你想“先做几个方案试试，说不定哪个就中了”，我只能遗憾地告诉你这肯定是又一次被按下“无休止加班改稿痛苦模式”的启动键。

好吧，那我们先搞个用户测试。用户说这个（颜色）好像感觉不大舒服。那么这个感觉具体是什么？想把这个感觉量化，怎么引导？

再听听同事和客户的意见吧，同组的人和客户都说“这个标题颜色太不明显”，背后是什么含意？修改方向在哪里？

现实情况是：不是设计师偷懒，可项目周期这么短，如果没有时间做色彩的用户调研，如何快速地从竞品研究和品类共性中找到色彩搭配的便捷路径呢？

不把时间浪费在“公说公有理，婆说婆有理”的无休止的改稿上，是设计师最大的福音。可福音从何而来，如何才能找到那颗指引色彩设计的北极星呢？

很多人在界面设计过程中都经历过类似的色彩决策困境。区别不过是有经验、有技巧的人走出来得快些。

向大家强调一句，色彩设计从来没有标准答案，如果一定要描述“好的色彩设计”，那大概应该是这种感觉：“通盘考虑当前情景下的营销传播策略、竞争对手状况、用户体验等综合因素，然后做出最合理的选择。”

看似色彩设计偏于感性，但事实上有着理性牵引的感性才更能打动人心。任何事物都有套路可循，即使是灵感至上的艺术。这本书中的文字和案例就是想和大家一起探寻色彩感觉背后有迹可循的线索，学会捕捉那一刻的感觉并转化为切实的设计思路，最终让你拥有属于自己的高效而准确的配色能力。

色彩与其他设计元素不同，无论你是设计师、客户、最终用户等，似乎人人都能对某个作品表达好恶，而且通常还能提出十分具体的修改意见：“这个标题换成蓝色会不会好点儿？”，“我觉得这里这个色块十分突兀！”……。这时，设计师要努力用专业知识和经验让客户信服，让老板信任，火速出稿不是客户或者老板决定的，而是用自己的专业能力创造的。

为了早一天达到这种理想状态，设计师每天应该干什么？无疑是确保自己勤于学习，勇于实践。

传统色彩学领域的前人已经为我们贡献了海量的理论知识和各种色彩模型，这些精华，包括色相、明度、彩度、色环等都要烂熟于心，但是在实践中，我们往往发现，这些套路要综合应用才能搭配出最贴切的色彩组合，我们该怎么办？随意而缺少系统方法是界面色彩设计的头号大敌，因此设计师需要有快速且可实践的方法体系来武装自己。

另外，在当前的实践中，我发现移动互联网的项目越来越多，但是相关的资料却非常匮乏，移动互联网势不可挡，掌握移动网站 /APP 的设计规律也已经成为今天设计师的必修课。研究互联网产品色彩搭配的对象会因时间、产品、媒介载体形式的变化而发生变化，但书中所说的基本原理和方法是配色的核心理论，是比较稳定的，正所谓万变不离其宗。

这就是本书的创作初衷——力求将国内外界面色彩设计方面的知识体系融会贯通，从贴近实战的角度出发，结合案例式教学的方法经验，创作一本“有用、能用、好用”的配色书。

本书内容

第1章　了解色彩

我追求的绝非色彩理论知识的面面俱到，而是结合互联网产品案例对“色彩的属性”加以论述。我努力地就“色彩在界面中的作用”和“界面配色的原则”两个关键性问题展开探讨。

试想任何色彩搭配的方案（无论是整个产品的色彩方案，还是界面局部的色彩调整），首要面临的问题是：色彩在这个情景下你想让它起到什么样的作用？谁是主色？谁是辅助色？谁又是强调色？它们之间的关系如何调整？是要营造华丽的氛围，还是塑造活泼动感的视觉感受？是想引导某种视线流程让用户第一眼看到促销信息，还是要强调各种信息之间的区分而强化色彩差异避免混淆？

一旦你能够明确设计目标，就迈出获得优秀色彩方案的第一步了。

第2章　基于色相的配色

本章基于色彩最重要的色相属性，扩展出一系列的配色方法与对应的案例，让设计师不仅了解色环中的各个色相的情感特征、性格、引起的联想及适用的题材，更重要的是理解一个色相由于明度的变化、彩度的变化及和它形成组合关系的色彩的不同，会呈现出不同的面貌。

请相信，唯有配以真实案例、细致分析、便捷的配色方案参考，学习者才能将理论上的认知与设计实践相结合，掌握灵活而具有专业判断力的工作方式。

第3章 基于色彩印象的配色

大家会看到如何将模糊不确定的感觉转化成明确的设计方向。用户或客户口中所说的可爱、稳重、温和等这样的形容词都能通过色彩印象空间的“按图索骥”找到可选择的配色方案。

在这一章我们将揭开色彩印象的神秘面纱，并非天才才能驾驭“温和”、“隐约”、“高尚”、“可爱”、“欢快”、“动感”、“洁净”、“自然”、“优雅”、“华丽”、“稳重”、“现代”等繁多复杂的各类色彩风格。文中梳理出的那些可学习、可分析的方法，辅以案例加深理解，定会让读者找到配色的一条重要捷径。

第4章 基于桌面网站内容与类型的配色

本章从竞品分析和品类共性的角度探讨了汽车、房产、服饰、艺术、教育、食品、电影七类网站的配色现状和规律。

设计师接到任务，明确了产品类型后，可以快速地参考业内的优秀案例，迅速地对此类网站的色彩搭配有一个初步的认知，触类旁通，节约调研成本，少走弯路，提高设计产出的效率。

第5章 基于移动网站/APP内容的配色

随着互联网软硬件环境的日益提升，移动互联网已经成为热点，其设计思路和要点与传统网站的设计略有不同，之前在各个章节中也散布了一些移动互联网的相关案例。

本章将着重讲解移动互联网产品界面的配色，也是基于内容分类的，包括：阅读类、音乐类、社交类、购物类、餐饮类五类移动网站 /APP 在界面色彩设计中的考量。

请大家重视这一章，在未来的学习或工作中，你可能会越来越多地接触到此类项目。

第6章 界面配色技巧

本章我们又从原点（色彩设计的本质是处理关系）出发总结实用的小技巧。

当我们在追求界面色彩的统一感或对比感时，本质上还是在处理色相、色调的统一或对比的关系。色相的渐变、色调的渐变、三角调和、四角调和本质也是色相对比统一关系的特定情境。随着你对色彩属性理解的深入，加之掌握 Adobe Kuler 等专业配色工具，养成平时注重积累的习惯，定能在实战中灵活地运用配色技巧，高效地完成设计任务。

感谢

终于到了感谢时段了，每每在电视上看到那些获奖感谢词（诸如“感谢 CCXV，感谢 CHANNEL X”之类的）我都觉得好套路化。好在这是咱自己的书，我终于可以肆无忌惮地、衷心地感谢一下真正帮助过我的朋友们。

首先当然是世界各地为本书贡献精彩案例的设计师们，设计师不同于纯艺术家，绝大多数时候我们很难知道作品背后设计师的名字，但设计师和所有互联网产品策划、开发、运营人员共同创造的成功的互联网产品，不仅为人类社会带来了颠覆性的变化，也为设计研究提供了如此丰富的对象，正是他们的默默努力让今天的界面色彩设计有了卓越的进步，感谢你们。

在我写作过程中，我有幸获得了由北京印刷学院田忠利教授主持的北京市教委人才强教创新团队项目（06040109001）的资助，感谢田忠利老师在设计学科建设及教师教研能力提升上的远见卓识，让这套丛书（其他三本分别针对“版式”、“风格”、“导航”）有了出版的机会。我十分珍惜这次机会，与王愉、隋涌、付震蓬三位数字媒体艺术网络工作室的同事共同研讨，用一套丛书的方式来承载团队多年设计经验和教学体会。我很高兴有机会在给北京印刷学院设计艺术学院数字媒体艺术专业 09 级至 12 级同学的授课和实践过程当中，渐渐形成本书的知识体系，并在同学们的反馈过程中不断修正。廖加威、李坤、郝韵等一批网络专业的同学参加了我的色彩研究小组，尽管年轻但对设计充满热情，希望他们能成长为中国新生一代的设计力量。

在本书的出版过程中，栾大成编辑给予我至关重要的帮助和指导。感谢清华大学出版社工作人员的辛勤工作，感谢北京印刷学院设计艺术学院领导和同事的大力支持，感谢家人在我写作期间的理解与关心，感谢每一位读者。

最后，还是不能免俗：书中如有错漏之处，还望读者不吝指出。

罗慧

目 录

第 1 章

了解色彩

- 色彩的属性
- 网页色彩的模式
- 色彩在网页中的作用
- 网页配色的原则

1.1 色彩的属性

凡是色彩一定会同时具有三种属性，即色相、明度和彩度。它们是色彩最重要的三个要素，也是最稳定的要素。这三种属性虽有相对独立的特点，但又相互关联、相互制约。

1.1.1 色相

1. 色相环

色相（Hue）指色彩不同的相貌。光谱色中的红、橙、黄、绿、蓝、紫为基本色相，色彩学家把红、橙、黄、绿、蓝、紫等色相以环状形式排列，加上光谱中没有的红紫色，就可以形成一个封闭的环状循环，从而构成色相环。常用的蒙塞尔的 10 色相环依次为红色（R）、橙色（YR）、黄色（Y）、黄绿色（GY）、绿色（G）、蓝绿色（BG）、蓝色（B）、蓝紫色（PB）、紫色（P）和红紫色（RP）。如果能够熟练地区分色相环上的各个色相，就可以很容易地找到相应的类似色、对比色和有补色关系的色彩。

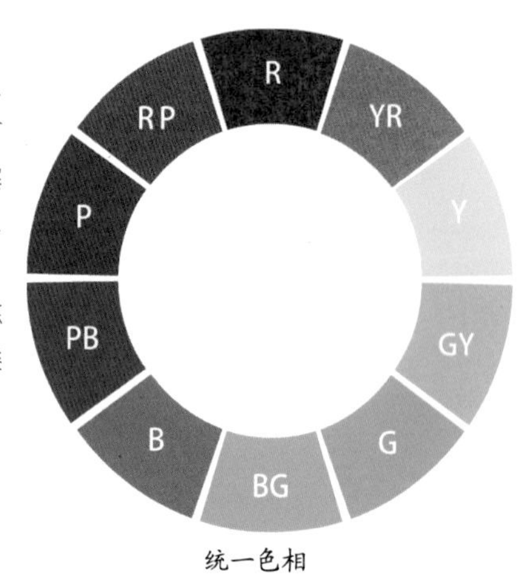

统一色相

2. 色相对比

将色相环上的任意两色或者三色并置在一起，因它们的差别而形成的色彩对比现象，称为色相对比。从色环上看，任何一个色相都可以以自身为基准色，与其他色相形成同类、类似、邻近、对比及互补的关系。

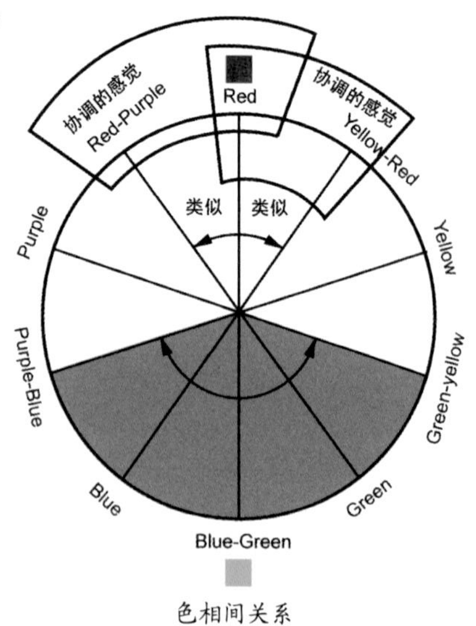

色相间关系

(1) 同类色相

同类色相对比是指色相相距 15 度以内的对比，由于对比的两色相距太近，色相对比太弱，一般被归为同一色相。在不同明度和彩度的对比情况下，其调和的效果远远大于对比的因素。这在视觉上形成单纯、稳定、安静、雅致的效果，但处理不当也容易变得单调呆板。

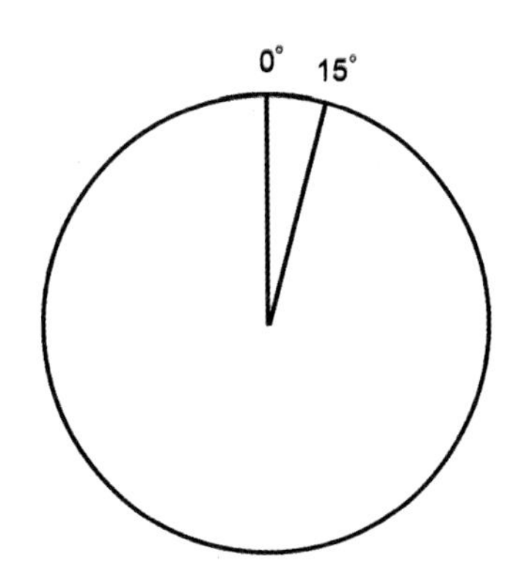

同类色相关系

名称：大众汽车

地址 :brand.vw.com.cn/bluemobility

主色彩 R001 G184 B242

辅助色彩 R255 G255 B255

强调色彩 R022 G071 B115

大众汽车蓝 · 创未来的网页严格意义上只有蓝色一种色相，但通过丰富的色调变化达到了简洁中不失变化的效果，不同色调的蓝色营造出现代简洁风格，主色爽朗轻快，十分符合企业想要传达的环保理念。

大众汽车

红色是肯德基品牌的标准色，自然也是其全球网站最适合的主色，界面采用不同明度的红色进行渐变，不仅区分了视觉区域，而且使得界面变得十分丰富。

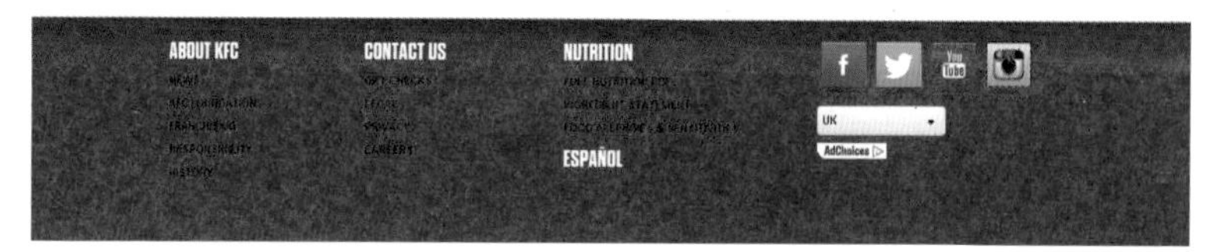

名称：肯德基全球网站

地址：www.kfc.com

主色彩 R161 G008 B011

辅助色彩 R155 G032 B035

强调色彩 R255 G214 B002

R255 G255 B255

(2) 类似色相

类似色相对比指色相相距30度左右的对比，类似色相对比的几个色一般同属于一个大的色相范畴，如玫瑰红、大红和朱红，或者是黄绿、绿和蓝绿，其特点仍是统一、和谐，但与同类色相对比的效果要丰富得多。

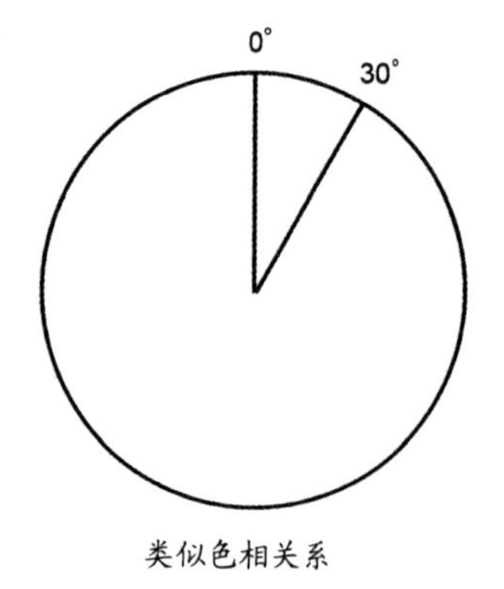

类似色相关系

恰恰瓜子网站整体色彩饱和度高，采用大红色作为主体色，使得整个网站让人感觉很喜庆、充满激情，也寓意着恰恰瓜子在市场一炮打响、企业生意红红火火。网站以恰恰标准色之一的红色为核心，寻找30度范围内的类似色相，并融入色彩渐变的手法，使得整个网站背景用色统一又不失微妙的变化。

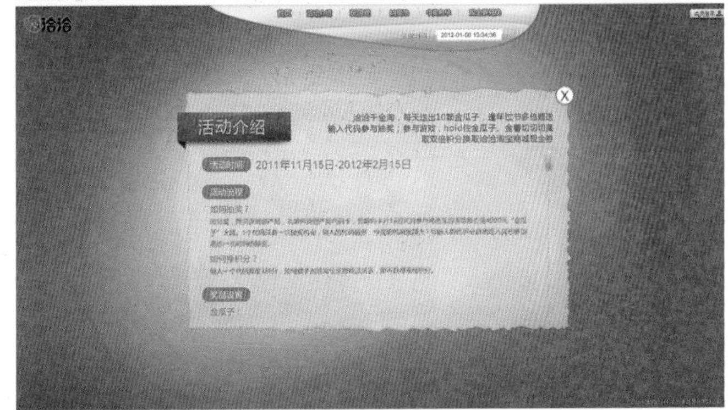

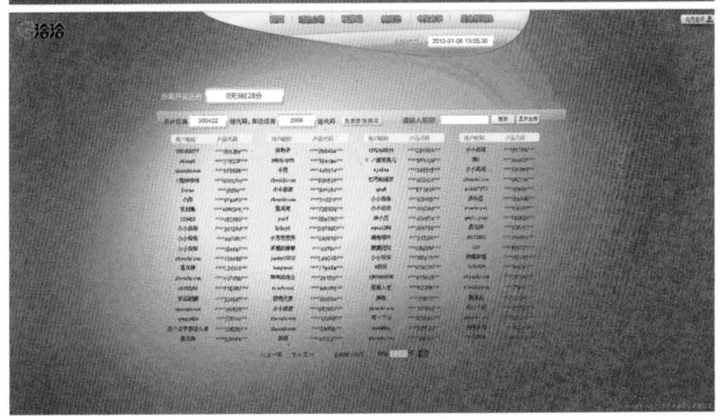

名称：恰恰瓜子

地址：www.qiaqia.com.cn

主色彩	R187 G015 B001	R234 G096 B005
辅助色彩	R254 G222 B026	R233 G221 B173
强调色彩	R107 G124 B030	R197 G024 B030

WAWA 是美国著名咖啡品牌，使用产品本身色（咖啡色）作为网站主体色，辅助色为棕红色和棕黄色，感觉很亲切、自然，易于拉近用户的距离。网站背景底纹是咖啡散发的热气，生动形象，用以加深用户对产品的印象。

名称：wawacoffeetopia

地址：www.wawacoffeetopia.com

主色彩 R094 G053 B023

辅助色彩 R062 G027 B007　R110 G065 B032

强调色彩 R226 G187 B112　R161 G061 B037

(3)邻近色相

邻近色相对比指色相距离 50 ～ 60 度左右（90 度以内）的对比。邻近色相的配色效果显得丰满、活泼，既保持了“统一”的优点，又克服了“视觉不满足”的缺点。

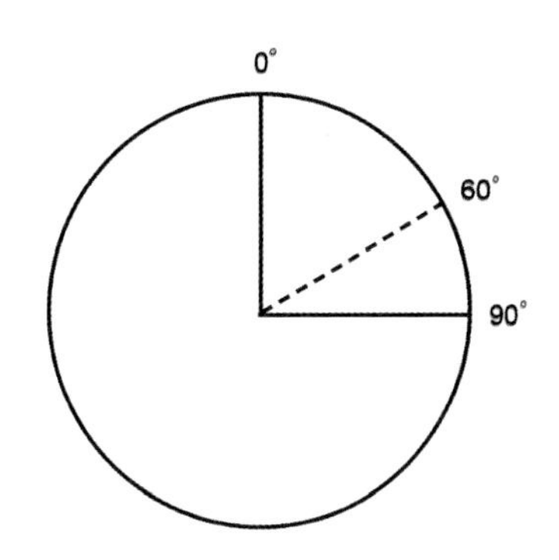

邻近色相关系

Greenplanetsolutions 是一家环保清洁产品生产商，其理念是尽最大努力将产品做到最环保。公司网站运用了清彻透明的蓝色、高彩度中明度的绿色以及白色。蓝色和绿色这对邻近色相的组合，整体给人营造了环保洁净之感，最大限度诠释了其公司的产品理念和行业特征，给人留下深刻印象的同时也加深了对其产品的认同和信任。

名称：Greenplanetsolutions

地址：greenplanetsolutions.co.uk

主色彩 R104 G190 B210 R000 G133 B062

辅助色彩 R173 G215 B120 R255 G255 B255

强调色彩 R149 G033 B026

必胜客在土耳其的官方网站以红色及相邻的橙色为主，同时点缀少量的绿色与必胜客本身标志相呼应。红色和橙黄色的搭配给人以一种充满热情和活力的感觉，体现了其本身的快餐性质。网站的配色掌握了大调和小对比的原则，在一些局部，图片、各种文字、肌理的对比十分丰富，真好似匹萨上点缀的各色食材，琳琅满目，但有了主色的统一作用整体并不显得繁乱。

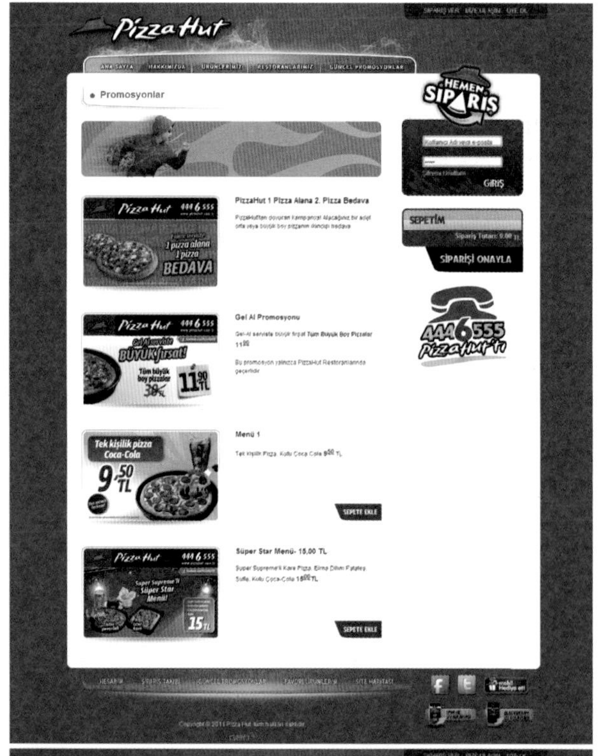

名称：必胜客土耳其网站

地址：www.pizzahut.com.tr

主色彩 R202 G017 B000

辅助色彩 R255 G154 B000

强调色彩 R255 G255 B255

R138 G001 B001

(4)对比色相

对比色相指色相相距 120 度左右的对比关系。这种对比有着鲜明的色相差异，效果强烈、兴奋，但容易使视觉疲劳，处理不当会令人有烦躁、不安定之感。这也是体现生动的最佳配色。

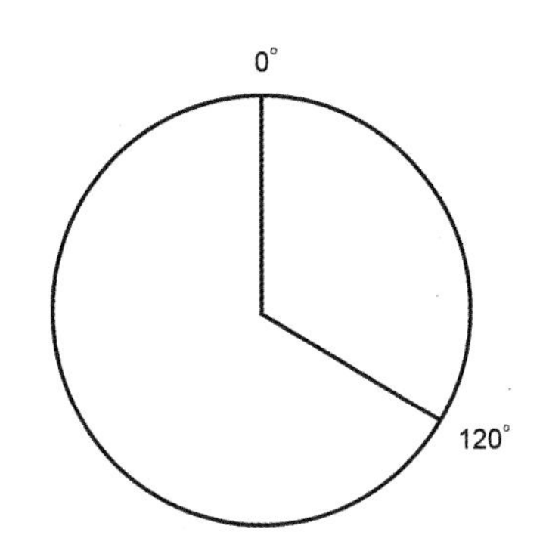

对比色相关系

韩国 miero 网站中一些页面背景使用了等面积、高饱和度的橙色和绿色，两者色相位置相差超过 120 度，对比强烈，富于青春动感的气息，这种配色十分符合其目标消费者（年轻人）的喜好。

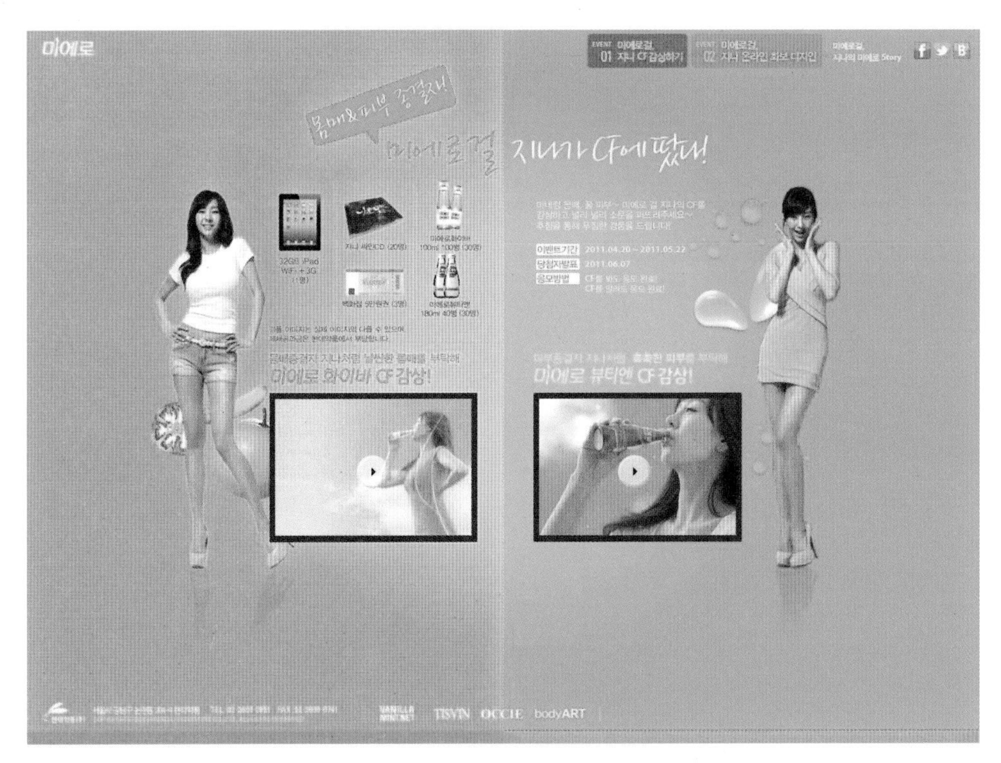

名称 : miero

地址 : www.miero.co.kr

主色彩 R255 G165 B025 R093 G166 B025

辅助色彩 R111 G158 B178

强调色彩 R255 G255 B255 R050 G050 B050

阿迪达斯冬日夹克网站配色非常灵活地运用了对比色相的技巧，大图片中服装呈现的高纯度橙色、玫红色和右侧的绿色块形成了很好的对比关系，图片中的人物位置也是根据色彩对比关系来安排的，将蓝色服装放在橙色服装、玫红色服装中间，也同样形成生动的对比效果。为了让这些活泼的色彩得到一定的调和，网站采用了黑、白、灰等无彩色色块和大号白色文字，以及浅蓝色的图片背景，总体形成动感丰富的视觉效果。由此可见网站中图片中的色彩对于整体设计有很大的影响，需要被重视而且要全局考虑。

名称：阿迪达斯冬日夹克

地址：winterjacket.adidasevent.com/#/home

主色彩　R190 G222 B247　R116 G191 B057

辅助色彩　R209 G101 B127　R038 G102 B180　R177 G047 B127

强调色彩　R255 G255 B255　R000 G000 B000

(5)互补色相

互补色相对比是指色相距离180度的对比，是色相中最强的对比，通常是三个原色红、黄、蓝和三个间色绿、紫、橙之间形成的对比关系。这种互补色相对比的配色给人饱满、活跃、生动、刺激的强烈感受，同时由于很刺激，处理不当会过火、过愣。它比较适于追求在短时间内获得深刻色彩印象的场合。这种互补配色是色相对比配色中最难处理的情况，需要较高的配色技能。

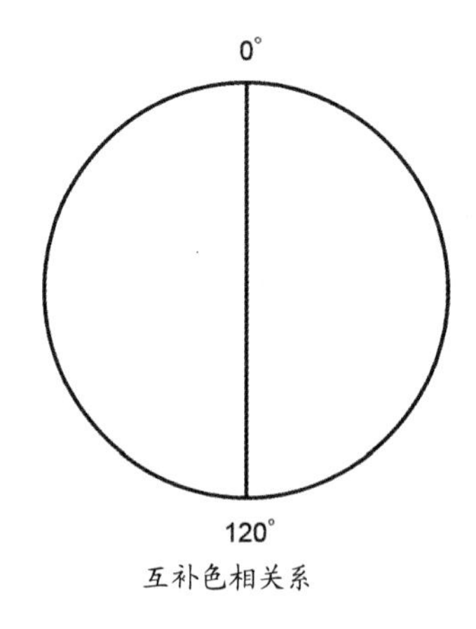

互补色相关系

这是街旁在圣诞节前夕推出的与星巴克合作的活动网页。街旁标志中的红色和星巴克标志中的绿色，正好与象征圣诞节的红和绿相吻合，网站采用了红绿这对互补色，通过圣诞节的各种象征物进行充分表现。界面色彩饱满，充满节日气氛，很是吸引眼球。

名称：街旁

主色彩　R211　G000　B039

　　　　R001　G176　B080

辅助色彩　R001　G176　B080

强调色彩　R255　G255　B255

Whitecastle 是售卖快餐的网站，网站界面沿用了品牌 Logo 中的标准色蓝色和橙色作为网站主色，成功地强化了品牌形象。界面中橙色和蓝色这对互补色处理得十分成功，通过明度和彩度的调整，以及色彩面积的控制，使得大面积的橙色饱和生动，小面积的蓝色或明亮轻快或沉稳安静，营造出年轻一族喜爱的饱满活泼的氛围，同时成功地避免互补色相容易过火、过愣的问题。

名称：Whitecastle

地址：www.whitecastle.com

主色彩　R255　G134　B046

　　　　R 028　G 079　B132

辅助色彩　R255　G162　B049

　　　　R 112　G 183　B239

强调色彩　R255　G255　B255

1.1.2 明度

明度（Value）是指色的明暗程度，也可称色的亮度、深浅。若把无彩色的黑、白作为两个极端，在中间根据明度的顺序，等间隔地排列出若干个灰色，就成为明度阶段，靠近白端为高明度色，靠近黑端为低明度色，中间部分为中明度色。明度阶段从无彩色的角度来看，很容易区分明暗程度，但是混合了色相明暗程度就不是那么容易区分了。

亮度	明度	无彩色	彩色
高明度	10		
	9		
	8		
	7		
中明度	6		
	5		
	4		
低明度	3		
	2		
	1		
	0		

明度阶段

1. 高明度

玉兰油白里透红美白霜的广告站点可以作为高明度型站点的典型参考，主色（白色）是明度最高的颜色，辅助色是明度很高的蓝色，营造出轻快、爽洁的氛围，是二十岁左右年轻女性十分青睐的风格。

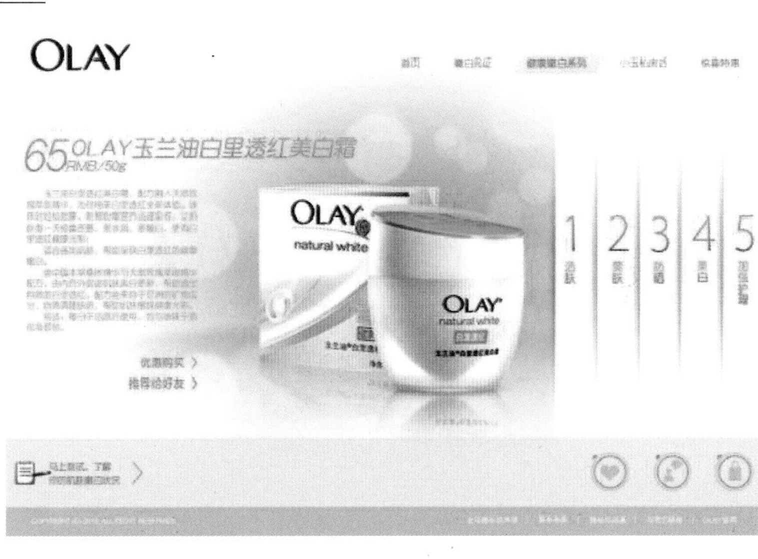

名称：OLAY 玉兰油

地址：www.olay.com.cn

主色彩 R255 G255 B255

辅助色彩 R224 G242 B250

R142 G211 B242

强调色彩 R000 G142 B184

Kindle 是亚马逊的阅读软件，主要用于阅读亚马逊销售的电子书。界面以白色为主，简洁、明亮、干净。在高明度的环境中，强调色蓝色重点突出了书籍名称等相关信息，而强调色橙色主要用于交互操作的提示和用户评价的星级。阅读软件需要显示大量信息和图片，因此高明度的主色是一个不错的选择。

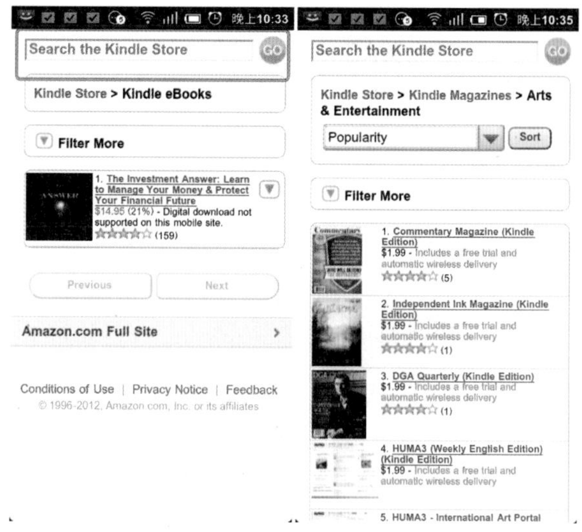

名称 :kindle

主色彩	R255 G255 B255	
辅助色彩	R203 G203 B203	R246 G245 B214
强调色彩	R005 G001 B222	R244 G119 B009

2. 中明度

中明度的色彩是网站配色中最常用的，比例高于高明度和低明度的网站。1号店“现金好礼天天见”专题广告站点中的主色采用中明度的橙色，生动富于亲和力；而中间区域较低明度的青绿色的运用，使活跃气氛中又多一些安静，便于受众阅读内容。

名称：1号店

地址：www.yhd.com

主色彩	R255 G140 B025
辅助色彩	R000 G106 B099
	R137 G057 B004
强调色彩	R255 G248 B156
	R255 G255 B255

Storific 是法国的一款基于地理位置服务的订餐软件，除了对商家进行筛选，提供附近餐馆的信息、距离以及可提供的美食服务之外，当用户进入餐厅后，Storific 还会自动生成该餐厅的菜单供你点菜。用户使用 Storific 点餐后，餐厅的后厨会自动收到订单并及时处理。

Storific 的界面保持了很好的一致性，整个视觉体验都很流畅。采用中明度天蓝色作为主色，搭配着钴蓝、深蓝、白色、深灰，界面运用了一些色调的渐变，给人一种较强的韵律感，能让界面的色彩层级更加丰富。橙色作为主色的互补色，用作界面的强调色，面积大小控制得很好，起到了画龙点睛的效果。界面一些图标、按钮、文本链接，都采用玻璃质感，比较整体化。

名称：Storific

主色彩	R017 G122 B188	
辅助色彩	R008 G052 B097	R000 G057 B130
	R255 G255 B255	R003 G017 B030
强调色彩	R255 G142 B001	R204 G005 B008

3. 低明度

当色彩的明度降低时，人们就会使用“变深”或者“变暗”去形容它，往往能与沉重、冷峻、成熟等印象联系起来。路虎揽胜极光网站通过整体低明度的塑造凸显酷劲十足的个性风格。

名称：路虎揽胜极光

地址：rangerover.imgsrc.co.jp/#/evoque

主色彩	R039 G046 B065	
辅助色彩	R000 G003 B006	
强调色彩	R234 G237 B242	R000 G084 B039

音悦台是国内主流的高清 MV 分享平台，用户不仅可以在应用中欣赏喜欢的 MV，还可以把自己的分享推荐给好友。此应用的界面以黑色为主色、灰色为辅助色，强调色为了与整体色调统一，选用的是明度较低的黄绿色。黑色是色彩中明度最低的色彩，低明度给整个界面营造了一种时尚、神秘的艺术氛围。

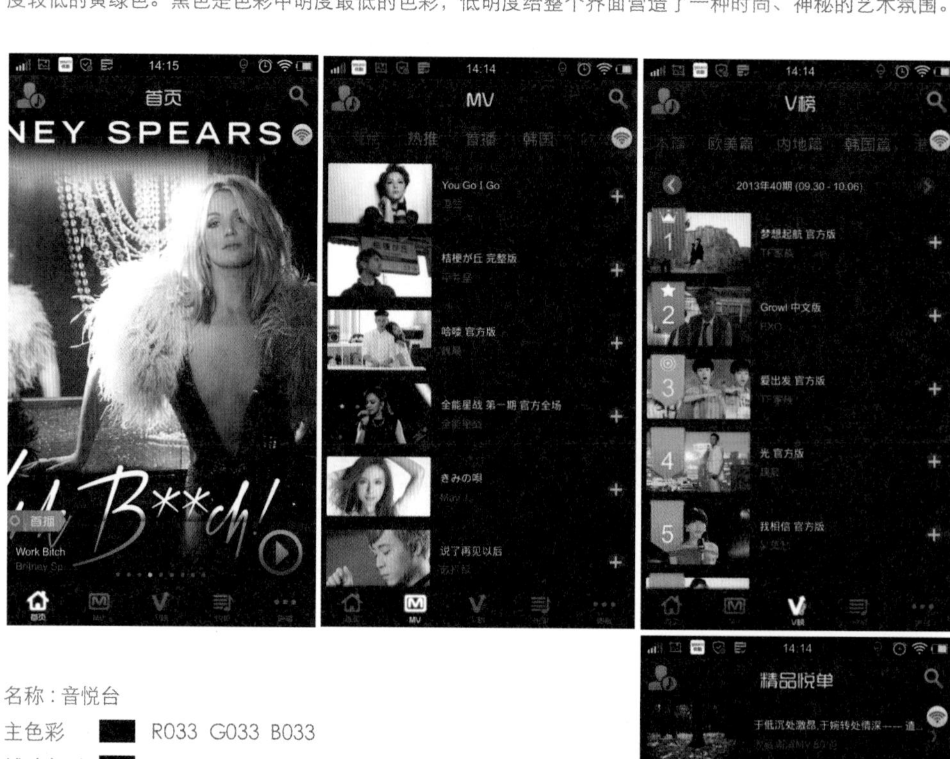

名称：音悦台

主色彩 R033 G033 B033

辅助色彩 R021 G021 B021

R121 G121 B121

强调色彩 R255 G255 B255

R120 G143 B035

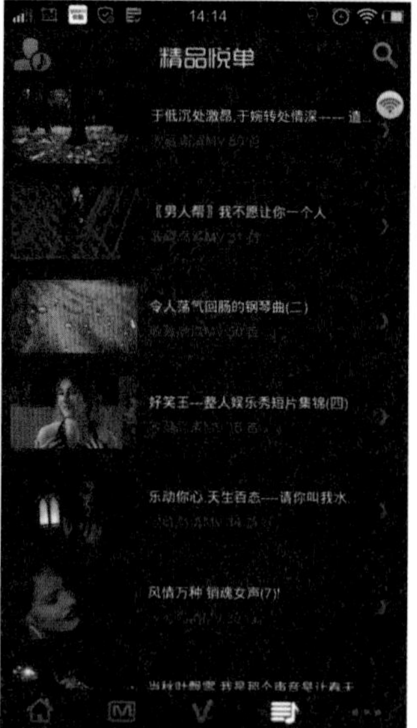

4. 色的易见度（注目度）

一般来说，色彩的属性差异越大，注目度就大，尤其是明度差异，它是决定注目度的最主要因素。左下图的字与背景是两个不同的互补色相，但明度近似，那么形象就比较模糊，注目度低。相反，尽管字和背景是同一色相，如右下图，但因为明度差异很大，字的易见度就要比左图高。

明度差异决定易见度的例子

此外，各种纯色用白色做背景，其易见度没有黑色做背景高。下面表 1.1 是各种纯色在黑色背景与白色背景上色彩易见度的顺序。

各种纯色在黑色背景与白色背景上易见度的顺序

顺序 背景	1	2	3	4	5	6	7	8	9	10	11
黑	黄	黄橙	黄绿	橙	红	绿	红紫	蓝绿	蓝	蓝紫	紫
白	紫	蓝紫	蓝	蓝绿	绿	红紫	红	橙	黄绿	黄橙	黄

1.1.3 彩度

1. 彩度

彩度（Saturation）指色彩的鲜艳度，亦称饱和度。一个色掺进了其他成分，彩度将变低。凡有彩度的色必有相应的色相感，有彩色感的色都称为有彩色。无彩色没有色相，故彩度为零。 眼睛对于不同波长的光辐射的敏感度也影响着色彩的彩度。视觉对于红色光波的感觉最敏锐，因此红色彩度显得特别高。而绿色光波感觉相对迟钝，所以绿色相的彩度就低。

这里要强调的是色相的彩度、明度是不成正比的，这是由人的视觉生理条件决定的。根据美国色彩学家孟谢尔色立体的规定，色相的明度、彩度关系如下：

色相的明度与彩度的关系

色 相	明 度	彩 度
红	4	14
黄橙	6	12
黄	8	12
黄绿	7	10
绿	5	8
蓝绿	5	6
蓝	4	8
蓝紫	3	12
紫	4	12
紫红	4	12

2. 高彩度

一般被称为高彩度的色彩是指高纯度、生动鲜明的颜色，儿童和年轻人通常比较喜欢高彩度的配色。红、橙、黄、棕一类的暖色、纯色属于高彩度色彩，容易给人兴奋感和活泼感。

名称：多美滋

地址：www.dumex.com.cn

主色彩	■	R200 G000 B000
辅助色彩	■	R026 G026 B026
强调色彩	■	R239 G188 B055
	□	R255 G255 B255

多美滋是知名的婴幼儿奶粉品牌，配合多美滋献礼迎新年"新年心意承诺"活动推出的网站采用高彩度的红色作为主色，旨在加强对多美滋品牌标准色——红色的印象，同时红色的使用也符合中国人传统春节用色的习惯。红色所营造的快乐吉祥的氛围，充分传达出网站"心意承诺，喜气洋洋"的活动主题。

美丽说是一个针对热爱美丽，追求时尚的年轻女性的购物分享应用。采用高明度、高彩度的粉红色作为主色，气氛可爱活泼，很符合现代小女人的审美心理。其中的促销广告的色彩艳丽饱和，容易引发人的兴奋感，刺激人的消费冲动。色彩方案中以浅粉色为辅助色，主色和辅助色属于同一色相，但色调不同，统一中不失小跳跃，便于识别与交互。

名称：美丽说

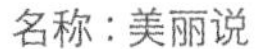

主色彩 R253 G102 B153

辅助色彩 R239 G232 B234

强调色彩 R128 G064 B080

R255 G255 B255

3. 中彩度

和中明度类似，采用中彩度的网站也是多于高彩度和低彩度的网站。Creative Mints 是自由网页设计师 Mike 的个人网站，首页采用连续三屏的形式，十分独特，分别采用中间彩度的橙色、紫色和绿色作为主色。

名称：Creative Mints

地址：www.creativemints.com

主色彩 R190 G065 B010

R089 G074 B106

R050 G116 B042

辅助色彩 R233 G156 B033

R153 G130 B175

R135 G183 B041

强调色彩 R255 G255 B255

iReader 是采用拟真设计的典型应用，中明度模拟木质和纸质的暖色调，带给人们淡淡的温暖和一缕书香。

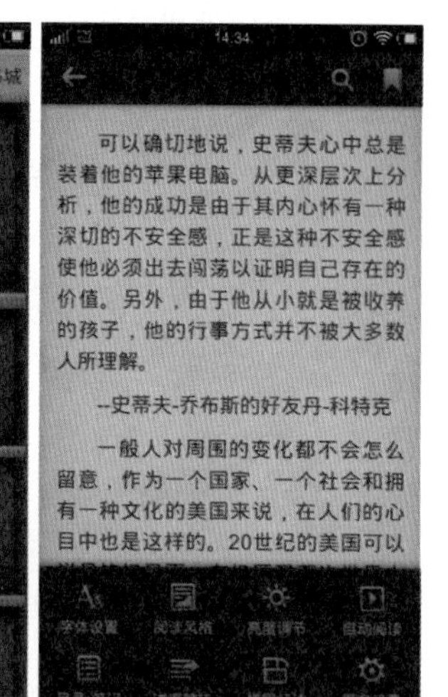

名称：iReader 爱读掌阅

主色彩		R225 G150 B092
辅助色彩		R046 G046 B046
		R223 G206 B180
强调色彩		R092 G042 B010

4. 低彩度

韩国 Innisfree 护肤品网站大面积采用很不饱和的低彩度色彩（如浅蓝色和浅绿色），并将明度提高，营造出温和轻快的色彩印象。通过提高明度或者降低明度是降低彩度的常用方法。低彩度高明度的配色往往能营造出温和、洁净、隐约的色彩氛围，这正是化妆品网站希望带给用户的印象。

名称：innisfree

地址：www.innisfree.co.kr

主色彩		R204 G243 B248
辅助色彩		R255 G255 B255
		R242 G238 B208
强调色彩		R034 G114 B025
		R255 G087 B087

Auto Valve 是一款音频过滤器应用软件。使用 AutoValve 让用户的数码音乐库充满复古风情，让人仿佛回到显像管、黑胶片、卡带式录音机和八音轨的时代。色彩感觉取材于老式的留声机，深褐色皮纹和棕黄色的木纹营造出一种古老怀旧的历史味道，通过低彩度、低明度的配色来实现稳重而高雅的风格。其获得低彩度色彩印象的方法和前面 innisfree 提高明度不同，Auto Valve 是通过降低明度来实现的。

名称 : Auto Valve

主色彩 R051 G043 B039

辅助色彩 R122 G052 B009

强调色彩 R171 G177 B154

R040 G216 B006

1.1.4 色调

色调（Tone）是指三属性中除了色相以外的明度和彩度的复合称谓。色调分为 Vivid（纯色调）、Strong（强色调）、Bright（明亮色调）、Pale（淡色调）、Very Pale（灰白色调）、Light Grayish（浅灰色调）、Light（隐约色调）、Grayish（灰色调）、Dull（浊色调）、Deep（深色调）、Dark（暗色调）共 11 个阶段。

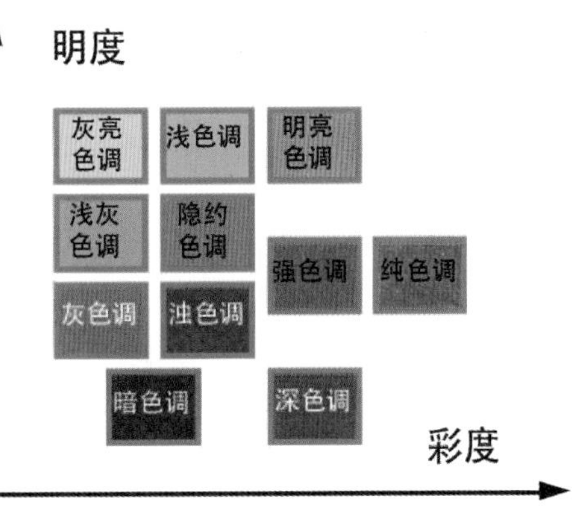

色调的11个阶段

纯色调（Vivid）是没有混合任何色彩的纯色；强色调（Strong）与纯色调相比，明度值相似，彩度要比纯色调低一个阶段；明亮色调（Bright）是在纯色调的基础上混合了白色，并且明度值高；淡色调（Pale）与明亮色调相比，混合的白色更多一些，彩度值为中，而明度值为高，它接近于彩色蜡笔色调；灰白色调（Very Pale），因为混合了很多白色，所以几乎可认为是白色，彩度非常低；浅灰色调（Light Grayish）因为混合了明亮的灰色，不但看起来非常柔和，而且也可以感到具有一定的深度；隐约色调（Light）和明亮色调（Bright）很相似，但是隐约色调（Light）中混合了更多的黑色，彩度和明度也低了一个层次；灰色调（Grayish）几乎接近于纯正的灰色，是比较难区分的色调之一；浊色调（Dull）具有隐约和低沉的意思，其明度和彩度都位于中间的位置。深色调（Deep）的彩度为中上，明度较低；暗色调（Dark）的明度最低、彩度也最低，这种色调几乎看不到色相。

TONE \ HUE	R	YR	Y	GY	G	BG	B	PB	P	RP
V										
S										
B										
P										
VP										
Lgr										
L										
Gr										
Dl										
Dp										
Dk										

Neutral	
N9.5	
N9	
N8	
N7	
N6	
N5	
N4	
N3	
N2	
N1	

色调和色相分布图（引自韩国IRI色彩研究所研究成果）

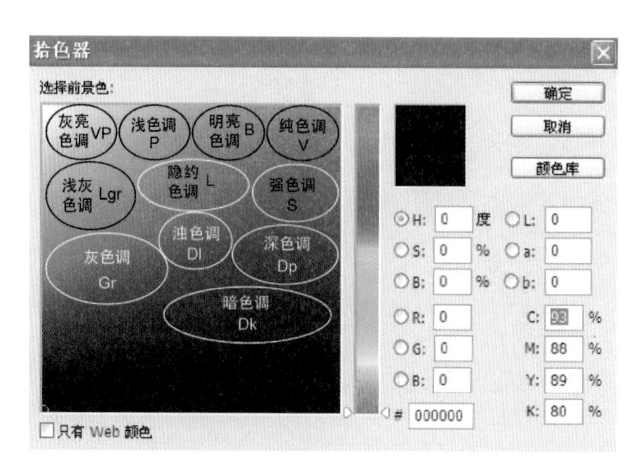

在Photoshop调色板中色调的分布

1.类似色调配色

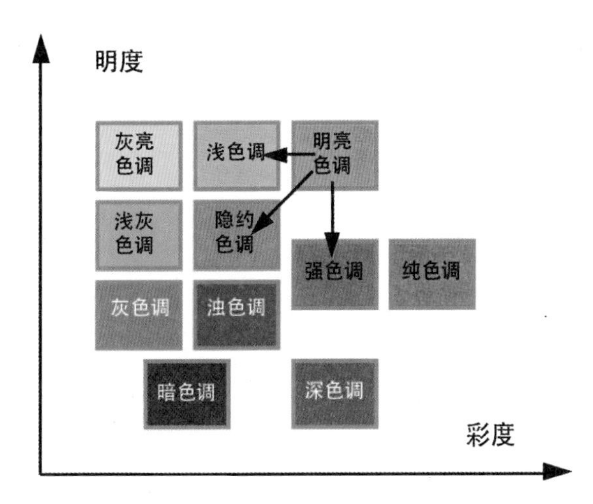

类似色调关系

美的微波炉的促销网站主要介绍一些促销活动。网站的主体色为大红色、赭石红和深红色，红色在类似的几个色调中呈现微妙的变化，营造出喜悦欢快的气氛，刺激消费者购买商品。

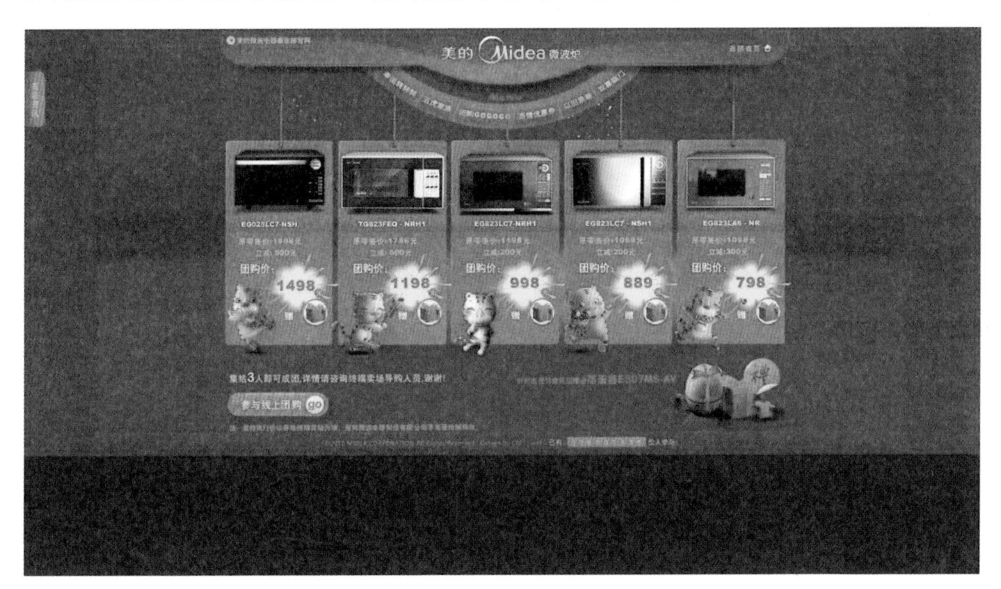

名称：美的微波炉

地址：wbdq.midea.com.cn/2010/newyear/#/happiness

主色彩　R103 G000 B000

辅助色彩　R192 G050 B000

强调色彩　R224 G217 B162　R255 G242 B000

2.相反色调配色

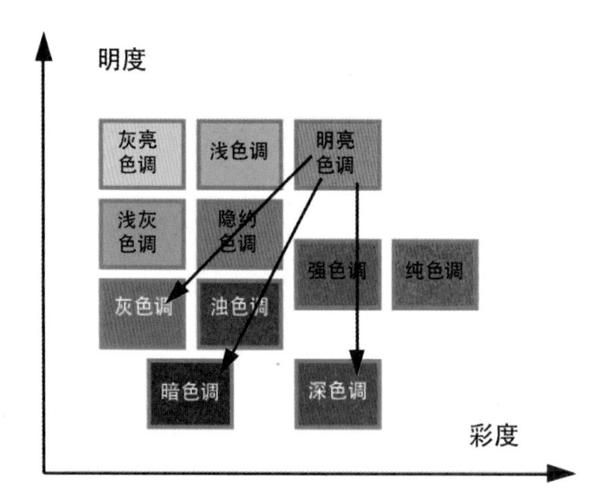

相反色调关系

蒂芙尼是美国著名的珠宝品牌，网站采用大面积低纯度、高明度的青绿色和小面积高纯度、中明度的青绿色，用色来源于蒂芙尼产品的外包装。整个网站给人的感觉洁净、高雅，能很好地突出产品的定位。

名称：蒂芙尼

地址：www.tiffany.cn

主色彩 R255 G255 B255

辅助色彩 R232 G246 B247 R203 G203 B203

强调色彩 R000 G000 B000 R130 G215 B208

1.1.5 冷暖

色彩的冷暖是人体本身的经验习惯赋予我们的一种感觉。“冷”和“暖”这两个词是源自指温度的经验。如太阳、火的温度很高，它们所射出的红橙色有导热的功能，使人有温暖感。像大海、远山、冰、雪等环境有吸热的功能，这些地方温度比较低，有寒冷感。这些生活印象的积累，使视觉变成了触觉的先导，只要一看到红橙色，心里就会产生温暖的感觉；一看到蓝色，就会觉得冰冷、凉爽。所以，从色彩的心理学来考虑，红橙色被定为最暖色，绿蓝色定为最冷色，或称为暖极、冷极，离暖极近的称为暖色（红、橙、黄、棕一类色），容易有温暖感、亲切感；离冷极近的称为冷色（蓝、蓝绿、蓝紫一类色）容易使人有寒冷感、孤寂感。绿和紫被称为冷暖的中性色，使人感觉平和、舒适。无彩色中白色偏冷，灰色有中性的温和感。

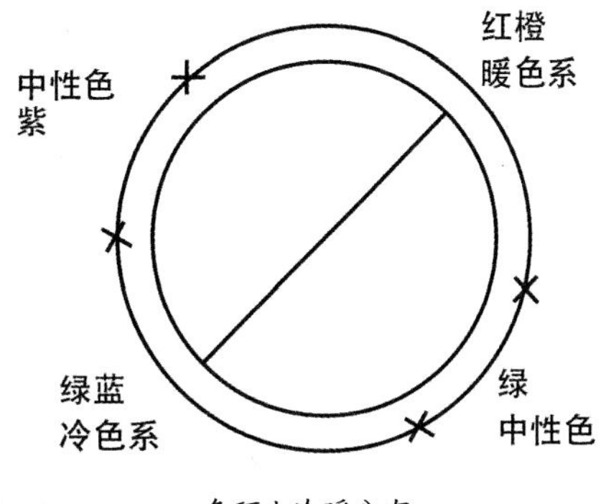

色环上冷暖分布

冷暖对比的复杂表现力

冷 色	暖 色
阴影	阳光
透明的	不透明的
镇静的	刺激的
稀薄的	稠密的
淡的	深的
远的	近的
轻的	重的
女性的	男性的
微弱的	强烈的
湿的	干的
理智的	旺盛的
圆滑的曲线形	方角的直线形
缩小	扩大
流动的	静止的
冷静	热烈

1.冷色

啤酒网站很多都采用这种幽幽的绿色，而嘉士伯啤酒网站将这种激情的“冷”发挥到了极致，这种冷色实际上来源于啤酒瓶的颜色，但是经过各种光影处理，变得激情四射。

名称：嘉士伯啤酒

地址：www.carlsberg.com.cn

主色彩	R000 G037 B000
辅助色彩	R000 G000 B000
	R084 G215 B051
强调色彩	R255 G255 B255
	R243 G000 B000

安卓手机自带的录音机工具采用了拟物化的界面设计，色彩沉稳，让人能够迅速冷静与沉浸，同样的广播工具采用了冷色、质感十分强烈的设计，目的也是希望营造一种沉浸与静心聆听的氛围。

名称：安卓手机自带的录音机和广播工具

主色彩	R022 G027 B056
辅助色彩	R000 G000 B000
	R040 G040 B040
强调色彩	R255 G255 B255

2.暖色

立顿网站中饱和的黄色配合太阳发光的图形，让浓浓的暖意立刻扑面而来。

名称：立顿
地址：www.lipton.com

主色彩	R255	G215	B000
辅助色彩	R255	G255	B255
	R255	G245	B080
强调色彩	R248	G025	B025
	R122	G030	B041

58 同城是本地信息服务类应用，内容涵盖广泛。58 同城以明度、纯度较高的橙黄色作为强调色，但其主色以中性的灰色为主。灰色和橙色搭配，在简约现代中不乏生动与亲和。

名称：58 同城

主色彩	R248	G248	B248
辅助色彩	R255	G091	B011
强调色彩	R066	G066	B066
	R255	G255	B255

1.2 网页色彩的模式

1.2.1 RGB色彩模式

所有的网页开始时都在 RGB 模式中被创作出来，因为 RGB 模式适合于显示器上所有图形。显示器表面均匀分布了红色（Red）、绿色（Green）、蓝色（Blue）的小荧光物质粒子，显示器中所有颜色都是通过红色（Red）、绿色（Green）、蓝色（Blue）这三原色的混合来显示。我们将显示器的色彩显示方式称为 RGB 色彩模式。

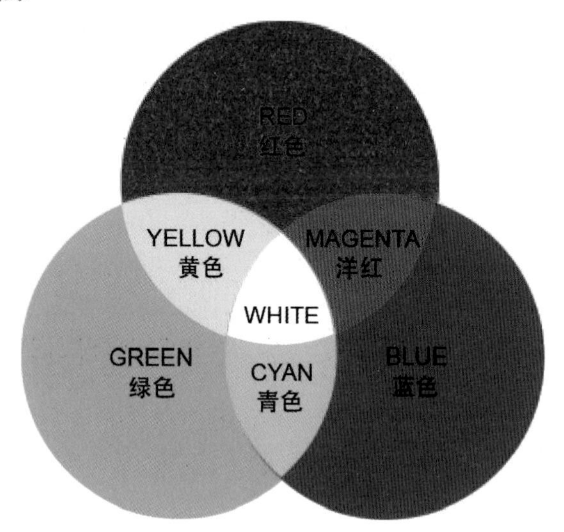

由于 RGB 色彩模式是加法混合，混合的色彩越多，光量就越多，从而提高明度，所以当最大能量的红色（Red）、绿色（Green）、蓝色（Blue）混合时，我们看到的是白色。通过适当调整三原色的能量值，可以混合出多种色调色彩，大约能产生出 1600 万种的色彩。

红色（Red）+ 绿色（Green）= 黄色（Yellow）

绿色（Green）+ 蓝色（Blue）= 青色（Cyan）

蓝色（Blue）+ 红色（Red）= 洋红（Magenta）

红色（Red）+ 绿色（Green）+ 蓝色（Blue）= 白色（White）

1.2.2 Index色彩模式

网页中的很多图像采用 Index 色彩模式，Index 色彩模式又被称为索引模式，该模式把图像限制成不超过 256 种颜色，主要目的是为了可以有效地缩减图像文件的大小，同时可以适度保持图像文件的色彩品质，很适合制作放置于网页页面上的图像文件，例如 gif 文件就是 256 色的图像或者动画格式，在网页中经常使用。

1.2.3 216种网页安全色

网页安全色这个概念，还要从网页或者说界面的色彩显示由于环境因素的影响在显示设备上出现差异谈起。

在网络环境中所显示的色彩是数字色彩（Digial Color），数字色彩是指通过由0和1构成的数字信号显示出的颜色。在不同环境中的网页的色彩会不尽相同，因为即使是同样数值的色彩也会由于显示设备、操作系统、显示卡以及浏览器的不同而有不尽相同的显示效果。

首先是由于我们的计算机使用了Windows、MAC、Linux等不同的操作系统，而这些操作系统内置的调色板之间存在着或多或少的差异。

其次，计算机所使用的显卡的优劣也会直接影响颜色的显示效果，例如分别使用支持8位真彩色（256种色彩）和32位真彩色（256万种色彩）显卡的两台计算机显示同一个网页的效果会有很明显的差异。

再次，使用不同浏览器显示同一网页也会产生差异，因为不同的浏览器内置了不尽相同的调色板。所以即使你的网页使用了非常合理、非常漂亮的配色，如果每个人观看的效果各不相同，那么网页的整体感觉就会受到影响，设计师的意图也不能完好地传达给浏览者。

那么如何解决网页色彩受环境影响这一问题呢？

目前的解决方法是采用216种网页安全色（216 Web Safety Color）。216种网页安全色是指在不同硬件环境、不同操作系统、不同浏览器中都能够正常显示的色彩集合（调色板），也就是说这些颜色在任何终端浏览用户显示设备上的显示效果都是相同的。所以使用216网页安全色进行网页配色可以避免色彩失真的问题。

网络安全色是当红色、绿色、蓝色色彩数字信号值为0、51、102、153、204、255时构成的色彩组合，它一共有216种，其中彩色210种，非彩色6种。216种网页安全色在需要实现高精度的渐变效果或者真彩图像或照片时会有一定的欠缺，但用于显示徽标或者二维平面效果时却是绰绰有余的。

216种网页安全色是一个网页设计师必备的常识，可以利用它拟定出更安全、更出色的网页配色，当然我们也并不需要刻意地追求使用局限在216种网页安全色范围内的色彩，而是更好地搭配使用216种网页安全色和非网页安全色。目前人们常用的有多种不同的216种网页安全色调色板，之所以会开发多种不同的216网页安全色调色板，是为了便于不同习惯的设计师利用自己最喜欢的方式选择色彩。

HUE 色相 TONE 色调	R 红	YR 橙	Y 黄	GY 黄绿	G 绿	BG 青绿	B 蓝	PB 蓝紫	P 紫	RP 紫红	无彩色
V 纯色调	ff0033	ff9900	ffff00	99ff33	00ffCC	00ffff	0099ff	3366ff	cc33ff	ff33cc	N9.5
	Ff3333	Ff3300	ffff33	99ff00	00ff33	33ffff	0033ff	3300ff	cc00ff	Ff00cc	ffffff
S 强色调	cc3333	ff6600	cccc00	99cc00	33cc99	33cccc		3333ff	9900cc	Cc3399	N9
	cc0000	ff0000	66cc00	66ff00	33ff66	00cc66	0099cc	0000ff	Cc00cc	ff00ff	ffffff
B 明亮色调	ff6666	ff9933	ffff66	ccff00	33ffcc	66ffff		0066ff	cc66ff	ff66cc	N8
	Ff3366	Ff6633	66ff33	66ff33	66ff66	00ff99	3399ff	0000ff	Cc33ff	Ff33ff	Cccccc
P 淡色调	Ff9999	Ff9966	Ffff99	Ccff66	66ffcc	99ffff	33ccff	6666ff	Cc99f	Ff99cc	N7
	Ff0066	Ffcc00	Ccff33	66ff66	33ff66	33ff99	00ccff	6633ff	Cc66cc	Ff66ff	ffffff
VP 灰白色调	ffcccc	Ffcc99		Ccff99	ccffcc	ccffff		9999ff		ffccff	N6
	Ff6699	Ffcc33	ffffcc	99ff66	99ff99	66ff99	99ccff	9933ff	ccccff	Ff99ff	999999
Lgr 浅灰色调	Cc9999	Cc9966	Cccc99	99cc99	99ffcc	99cccc	66ccff	6699ff	9999cc	Cc99cc	N5
	Cc3366	Ff9966	66cc66	33cc33	33ff33	00ff66	00cccc	6600ff	9966ff	Ff3399	ffffff
L 隐约色调	Cc6666	Cc9933	Cccc66	99cc66	66cc99	66cccc		0066cc	9966cc	Cc6699	N4
	Cc0066	Cc9900	Cccc33	99cc33	33cc00	00cc99	3399cc	3300cc	9900ff	Cc3366	666666
Gr 灰色调	996666			669966	339966	669999		6666cc	666699	996699	N5
	Cc3300	996600	999966	33cc00	00cc00	009900	6699cc	6633cc	663399	Cc0099	ffffff
Dl 浊色调	990033	Cc6600	999933	669933	009966	339999	336699	3366cc	9933cc	993399	N2
	Cc0033	Cc6633	999900	33cc33	009933	009933	333399	3333cc	6600cc	990099	333333
Dp 深色调	993333	996633	666600		006633	009999	006699	0033cc	660099	990066	N1
	990000	993300	666633	669900	336633	006666	333366	000099	000066	993366	000000
Dk 暗色调	660033	663300	333300	336600	[illegible]	336666	003366	003399	330066	663366	
	663333	660000	333300	006600	003333	006666	000033	330099	330033	660066	

1.3 色彩在界面中的作用

1.3.1 主辅色与强调色

网页或 APP 界面通过一些存在某种关系的不同色彩组合来整体营造网站的视觉氛围。要了解某种或者某些色彩在网页或者界面当中所起到的作用，第一步就是了解其担当的角色。这些色彩有主角有配角，在其中所起的作用就有了主次之分，可分为主色、辅助色和强调色。

1.主色

主色是指界面色彩组合中的主要色相、色调，占绝对优势的、代表总体色彩感觉的颜色，它往往贯穿于网站 /APP 中所有的页面，出现次数最多，就好比乐曲中的主旋律，其他配色一般不会超过主色的视觉面积。

2.辅助色

辅助色是仅次于主色的，是用于烘托主色、配合主色的辅助色彩，以对比或调和的形态出现。

3.强调色

强调色常常是指和主色彩形成对比的色相、色调，面积较小但引人注目。例如色相对比主要是使用补色，色调对比是利用巨大的明度差异以及色彩面积上的对比。公司名称、标志、重要标题等需要重点突出的部分通常使用强调色。

在配色时注意强调色的使用面积，小面积能起到强调作用，过大则会颠倒主次。红色、黄色等注目度高的色彩常常充当强调色。

美宝莲睫毛膏网站用饱和明亮的黄色作为主色贯穿始终，和睫毛膏瓶身的黄色一致，这里我们可以体会到在考虑产品类宣传网站的主色时，可选择产品包装或者本身的颜色作为一个切入点。和睫毛膏瓶身上的紫色文字一样，在网站界面中出现的紫色也是强调色的角色，在导航和广告标题中起到强调作用。黑色则以辅助色的身份在网站界面中出现。

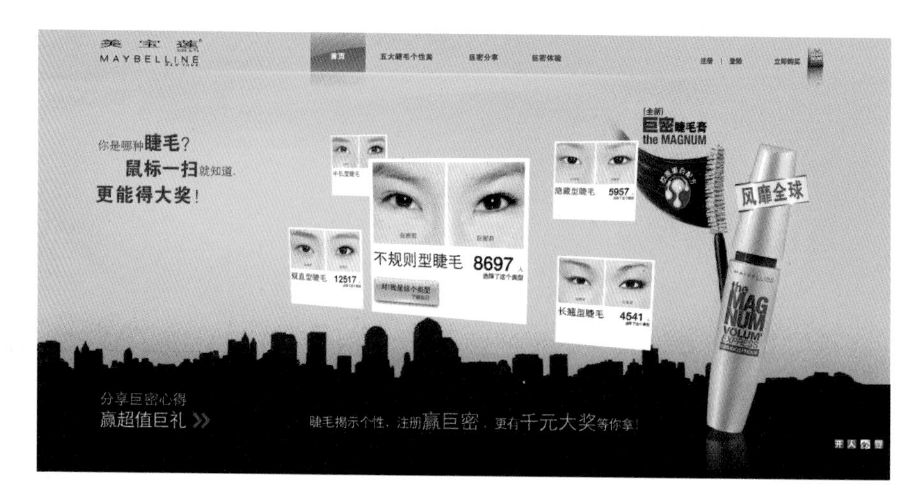

名称：美宝莲睫毛膏广告网站

地址：www.maybellinechina.com

主色彩		R255 G230 B033
辅助色彩		R000 G000 B000
强调色彩		R096 G039 B147

1.3.2 营造氛围塑造风格

界面中的色彩最主要的作用就是营造氛围、塑造风格。

色彩决定了访问者对界面的第一印象，对营造整体氛围发挥着至关重要的作用，从色调、色相两方面来看：

- 色调决定着网页的整体印象，营造网页氛围，如纯色调（vivid）、强色调（strong）华丽而强烈；浅色调(pale)、隐约色调（light）高明度中彩度显得柔和、明亮、舒适；深色调（deep）、暗色调（dark）、灰色调（gray）则给人严肃、沉重的印象。
- 而色相是由于不同色相的色彩会带给人们不同联想，主要利用色相的象征作用。

色彩能够很好地营造界面气氛，引起受众不同的情绪体验。色彩是先于任何其他视觉元素进入浏览者印象的，其印象也是最为持久的。色彩能带给人冷暖、轻重、软硬、动静等不同的感受，这些感受在不同时间、不同场合，和人们积极或消极的情感体验联系在一起。

很多色彩由于其本身的特质和长期约定俗成的象征意义，在消费者脑海中和某种情感已形成了强有力的连接。例如可口可乐网站中大量使用的红色既是人们十分熟知的企业标准色，同时红色本身营造的激情欢乐的氛围符合品牌所倡导的精神，也给了浏览者积极的情绪体验。

设计者可以充分地利用色彩情感效应的规律，根据所宣传产品、企业的特点、网站目标受众的喜好、以及希望传达的情感类型来选择色彩。用独特的配色形成独特的风格，因为唯有独特个性才能给受众留下深刻的印象。

Mazda3 官网采用深色调营造出冷峻、现代、酷感十足的氛围，并采用橙色、金属色作为强调色，塑造出 Mazda 3 完美男性冷静、果敢、追求完美、不失激情的独特风格。

名称：Mazda3 官网

地址：www.mazda3.cn

主色彩 R008 G026 B036

辅助色彩 R157 G165 B167

强调色彩 R255 G255 B255 R031 G126 B184 R225 G155 B031

旁氏网站可作为化妆品网站的配色的典型代表，白色或者淡雅的灰白色成为明亮色调的主色，浅色调的粉红、粉蓝作为辅助色，纯色调紫红作为强调色，色相、色调都存在对比关系，但由于面积得当，所以统一和谐又不失丰富细腻，传达出温和、美丽、轻松的品牌个性。

名称：旁氏

地址：www.ponds.com.cn

主色彩 R255 G255 B255

辅助色彩 R242 G147 B205

R122 G196 B231

强调色彩 R166 G038 B123

R055 G059 B070

1.3.3 强化视觉区域、引导视觉流程

色彩在网页或者界面中的另外一个重要作用，就是配合网站 /APP 版式结构，强化视觉区域，例如区分各个内容版块（如不同的频道、栏目）。另外，色彩还可以引导视觉流程，利用色彩主次关系来服务于不同层次的信息传达，控制浏览者关注点的变化过程，例如利用强调色来突出最重要的信息，利用色彩的变化提醒浏览者页面或栏目的跳转。

toysrus 玩具反斗城是全球最大的玩具及婴幼儿用品专门零售商之一，其韩文版网站在利用色彩区分内容与版块上运用得很好，二级页面采用不同的粉色、橙色等主色来打破单一版式的单调感。在首页中将二级页面的主色包含到导航设计中，这种色彩的前后呼应与延展使得用户在浏览网站时，更加明确所在的版块和位置，提高了网站的可用性。

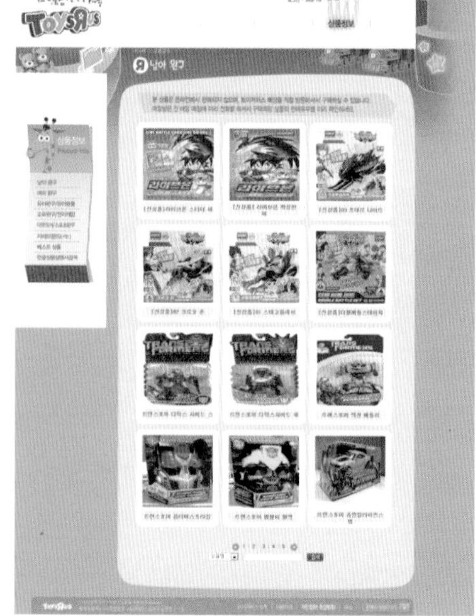

名称：toysrus 玩具反斗城

地址：www.toysrus.co.kr/to/main.do

主色彩
R005 G137 B211
R244 G144 B178
R246 G180 B076

辅助色彩
R255 G255 B255
R255 G218 B231
R248 G238 B204

强调色彩
R229 G016 B098
R245 G129 B031
R121 G192 B065
R013 G091 B171

在单个网页中同样也可以利用色彩来强化视觉区域，全球人道主义组织的网站中的二级页面，设计师将组织内最主要的八个领域的工作通过不同色相但类似色调的色块来区分，而且每种色块的颜色在各自对应的三级页面中进行了延续。

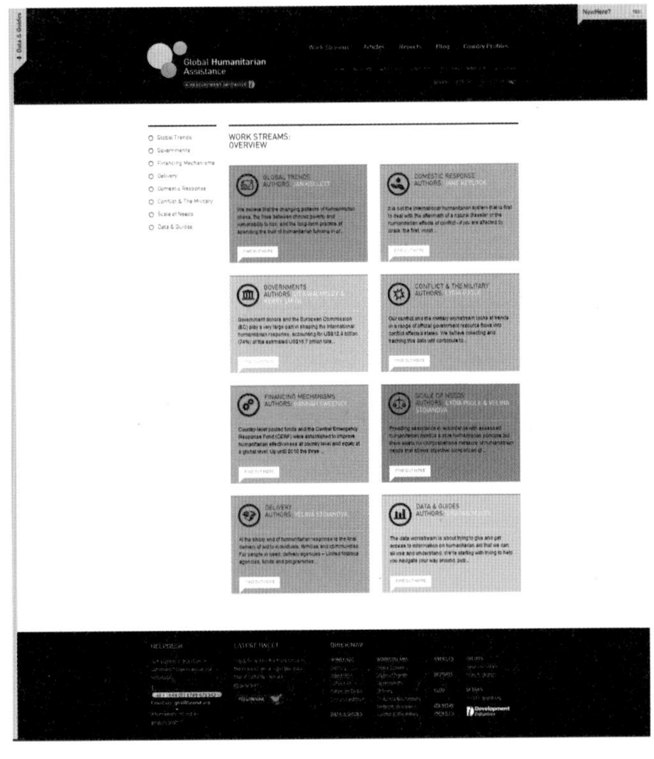

名称：国际人道主义组织网站

地址 :www.globalhumanitarianassistance.org

主色彩　R255 G255 B255

辅助色彩　R000 G000 B000

强调色彩　R255 G215 B000

1.4 配色原则

界面配色中要遵循三大原则：准确、整体、个性。

1.4.1 准确

1.与企业形象相符、与整合营销传播相融

很多已经有了企业形象识别系统的企业，为了强化公司形象，在选择公司站点的网页配色时往往首选 VI 系统中的标准色彩。

IBM安全实验室韩文版网站，采用了IBM品牌的标准色（蓝色）作为贯串网站始终的色彩，并和灰色、白色等色彩进行灵活搭配，很好地强化了受众心目中IBM高科技、高品质的品牌印象。

名称：IBM

主色彩 R203 G203 B203 R255 G255 B255

辅助色彩 R066 G076 B088

强调色彩 R033 G087 B136

可口可乐品牌的标准色（红色）是世界上最著名的红色之一，旗下各种网站对红色的使用也是不遗余力，尽管都是红色，但是针对不同活动、不同国家，还是做到了灵活运用、因地制宜。上图是可口可乐的中文官方网站。

名称：可口可乐中国网站

地址：www.coca-cola.com.cn

主色彩 R255 G255 B255

辅助色彩 R170 G170 B170

强调色彩 R255 G000 B000

上图是可口可乐的 icoke 广告活动网站，色彩搭配上和可口可乐企业官网十分近似，以白色为主色，红色为强调色，传达给浏览者温暖、欢快的感受。

和可口可乐中国官方网站不同的是，icoke 广告站点不同于信息为主的官方网站，主要是通过强烈的色彩吸引受众的注意力，使用红色的面积会大于前者。官网因为需要营造方便、快捷的信息阅读环境，使用强烈的红色会更加谨慎。

名称：可口可乐公司（中国）官方活动网站

地址：happy.icoke.cn/campaign/cwm/index.aspx

主色彩 R255 G255 B255

辅助色彩 R141 G141 B141

强调色彩 R224 G032 B045

R040 G033 B040

从这两个案例的对比中，我们可以看到企业形象识别系统中的标准色在网站中的使用并非千篇一律，一定要根据站点的具体用途来灵活使用，一般来说，官网和广告网站由于目的不同使用起来存在较大区别。

2. 了解色彩心理形成的社会文化环境，充分考虑用户的感觉

互联网设计与当下的经济、社会、文化结合保密。设计师需要懂得人们对色彩的感觉，除了色彩的直感效应，即生理上的感觉，更多是来自于色彩的社会感觉，即在不同时间、空间和国家、民族环境中，色彩在人们心目中的意义。色彩的流行与其所处社会经济、政治、文化密切相关，设计师在选择色彩时务必考虑这些因素才能用色准确恰当，才能真正获得用户的认可。

作为设计师，我们要时刻牢记设计是一种沟通、是一种对话，而不是设计师自我表现和自我满足，设计师要通过色彩这一视觉语言和用户进行情感交流。良好的用户体验来源于对用户感觉的充分考虑，特别是从年龄、性别、族群等特征进行区分。

露得清是美国的一个护肤品牌，有多个针对不同人群、不同年龄段的护肤产品。品牌的设计者深知针对不同年龄人群的色彩喜好来设计产品包装和构建网络视觉形象。对熟龄女性采用了红色，对年轻女孩采用金黄色，而针对男士则采用深色调的黑色、灰色和蓝色。针对各种人群都使用的保湿产品，则采用营造莹润水环境的浅蓝色。

主色彩	□	R255 G255 B255
辅助色彩	■	R218 G218 B218
强调色彩	■	R225 G029 B051
	■	R103 G103 B103

主色彩	■	R246 G216 B143
辅助色彩	□	R255 G255 B255
强调色彩	■	R149 G065 B036
	■	R103 G103 B103

主色彩	■	R018 G026 B039
辅助色彩	■	R140 G145 B155
	■	R059 G095 B125
强调色彩	□	R255 G255 B255
	■	R173 G011 B030

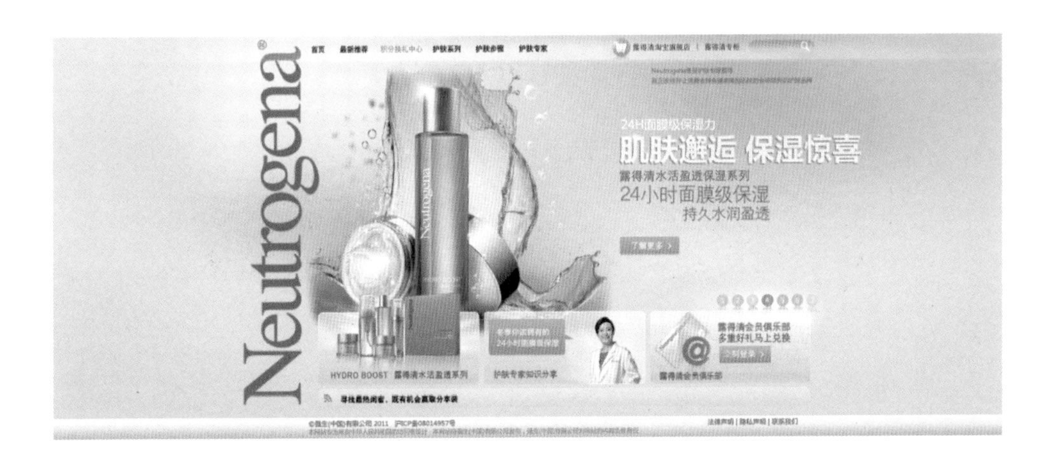

名称：Neutrogena 露得清官方网站

地址：www.neutrogena.com.cn

主色彩	■	R161 G219 B243
辅助色彩	□	R255 G255 B255
强调色彩	■	R000 G131 B201
	■	R103 G103 B103

1.4.2 全局观、整体感

界面中的色彩设计需要体现整体的统一感、均衡感及其整体和部分的协调。

1.主页和辅页采用统一的主色彩

如果整个界面都采用主页上的色彩形式，即网站二、三级页面和主页都是以同一色彩作为基础，在相同的情况下，可通过变化布局、强调位置、使用多样的彩图等方式来打破统一化造成的单调乏味。

BOSCH洗衣机广告网站以白色为主色，贯穿各个页面，整个网站各个页面始终使用白色，但是通过多变的版式同样使得受众获得丰富的视觉感受。

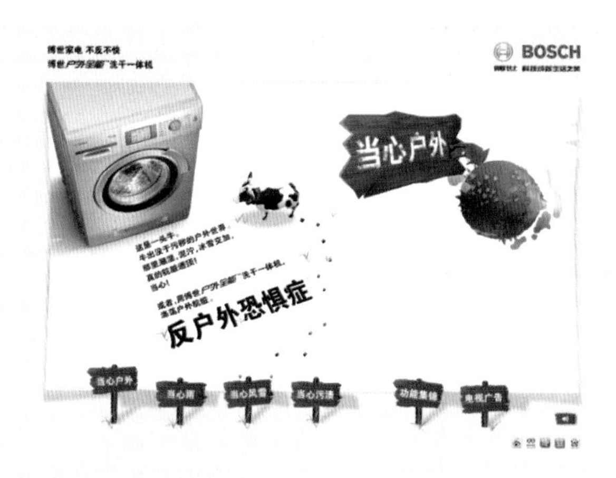

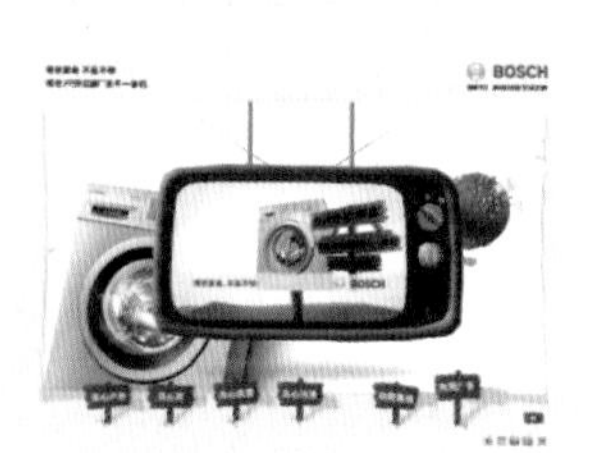

名称：BOSCH洗衣机

主色彩 R244 G244 B244

辅助色彩 R255 G255 B255

R214 G234 B188

强调色彩 R080 G073 B048

R234 G052 B035

2.主辅页采用不同色相的主色

如果主辅页采用不同色相的主色，色彩变化跨度很大则容易形成凌乱不统一的感觉，那么可以通过采用不同色相、类似色调来加强统一感。

第五季楼盘推广网站与前面的BOSCH网站不同，采用相反的色彩搭配方式，首页和各个二级页面采用完全不同的色相，粉色、蓝色、黄色和绿色，非常丰富，这些对比强烈的色彩应用在同一网站中并不冲突的原因在于：它们的色调类似（都属于明亮色调），而且页面保持了结构和版式的统一性。

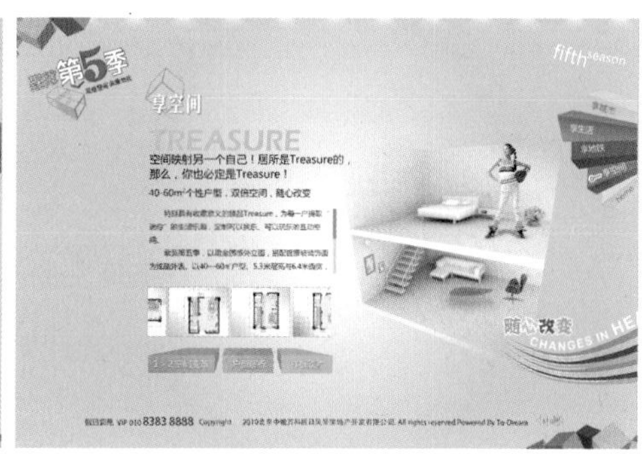

名称：万科第五季楼盘

主色彩	R224 G050 B147
	R061 G206 B255
	R255 G206 B010
辅助色彩	R240 G156 B203
	R198 G241 B255
强调色彩	R255 G255 B255
	R074 G190 B218

3.考虑图片和网站色彩计划之间的关系

随着网速的提升、上网流量限制的减少，图片在网页以及手机应用中的比例越占越大，不仅是网页，越来越多的应用开始使用精美的大图。图片的使用，能为用户带来更好的视觉体验。图片相比文字，色彩层级更加丰富，永远比文字有着更多的吸引力。一张精美大图，本身就是一件艺术品，运用到界面中，能提升整个界面的视觉感染力。

精美大图的使用，多集中于餐饮、购物、新闻、音乐类网站或移动应用中。特别是在餐饮和购物类网站或者移动应用，精美的大图展示胜过千言万语的介绍，比文字更能直接地触及用户的心灵深处，刺激消费；音乐类网站或者应用中的精美图片，艺术气息强烈；新闻类网站或者应用中大图的使用，能缓解长时间阅读文字所造成视觉疲劳，而且能增加其真实性，使内容更加生动。

精美大图运用的好坏取决于界面的色彩搭配。一般来说，设计讲究的网站为保证视觉体验的流畅性，会对所有使用的图片做一些修饰，使其能融入到色彩氛围当中。我们常常看到一些应用图片很多的界面，其主色大多都是白色、灰色等无彩色，目的就是为了突出色彩精美、丰富的图片。

让彩图的色调和界面的色调自然地搭配在一起还有两个技巧。第一种技巧就是在彩图中选择一个核心色彩，作为界面的强调色或者菜单色彩。如 170000+ Recipe 应用界面就是这个技巧的典型案例。强调色（浅赭石红）可以看做是从食物彩图中提炼出来的核心色彩，作用于九宫格布局菜单图标的色彩和搜索框的色彩。

170000+ Recipes 是一个专门介绍西餐各色菜谱知识的应用，收集了众多精美实用的西餐菜谱可供用户赏析。用户可以从中认识到各色各样不同风味的菜谱并学习制作。界面采用牙黄灰作为主色，搭配着浅赭石红、浅棕色，整个界面色调温和、清新、细腻，视觉感受很舒服。首页选择的图片很吻合界面整体视觉风格，引起用户的食欲。界面简洁大气，图标的造型设计也十分简洁直观。

让彩图的色调和界面的色调自然地搭配的第二种技巧就是先决定整体网站色彩后，再相应制作出照片和彩图。例如由环球音乐和索尼联合推出的一个音乐视频应用 VEVO 中大量运用到精美的图片。

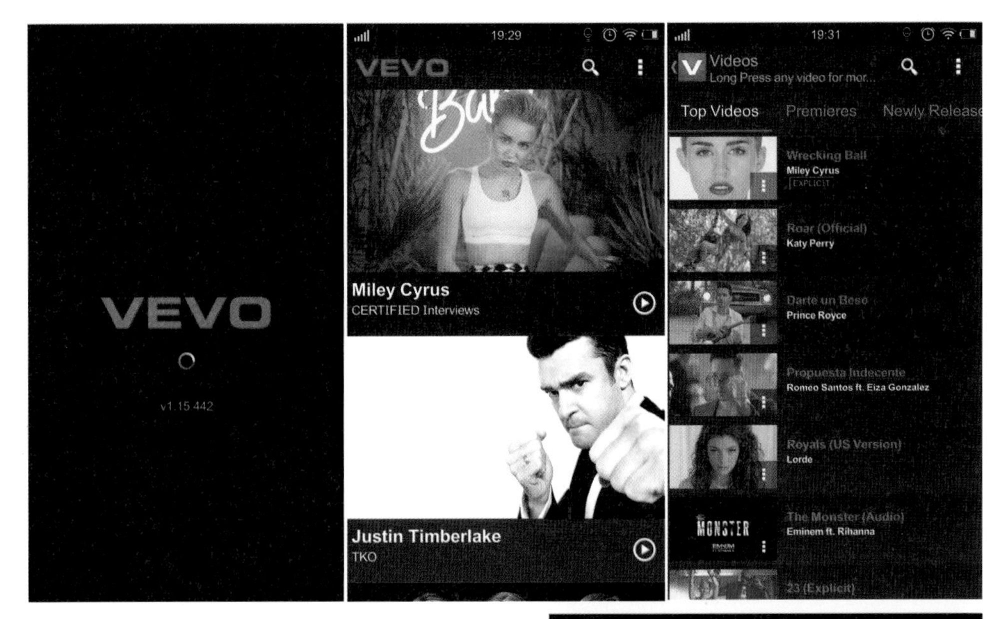

VEVO 的主色调以黑色为主，由灰色到黑色的渐变，酷感时尚，更重要的是黑色、灰色可谓是百搭色。推荐歌手的图片也经过精心选择和处理，能与主色调相呼应，细节把握十分完美，尽管图片众多，但始终和界面色调比较协调。

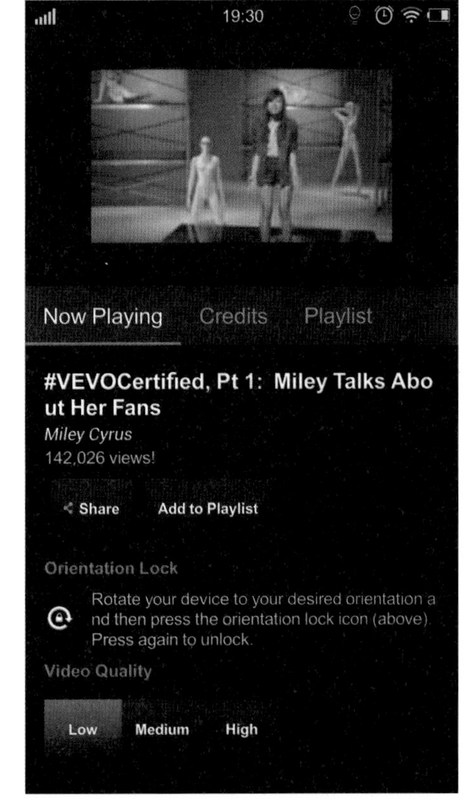

名称：VEVO

主色彩　R000 G000 B000

辅助色彩　R036 G036 B036

强调色彩　R223 G033 B000

1.4.3 个性

基本色相的数量是有限的，但配色方案及给人的感受却是无限丰富的。比如客户要求以“粉红”色相来作为主色，但是其实“粉红”涵盖的范围是很广的。鲜亮饱和的粉红、柔和淡雅的粉红，这些粉红形成的情感差异很大，印象自然不同。

本书中所列举的配色感觉关键词，如自然的、温和的、华丽的，以及按色相配色，具有一定的典型性和普遍意义，是日后经常用到的创作参考，但不能程式化，即使是同一行业类型的项目，传达类似的情感类型，色彩的表达方式也是多种多样的，必须深入挖掘每个客户自身的特点，从设计细节入手，创作出其独特的配色方案，和版式、文字、插图等其他视觉元素构成一个令人印象深刻的个性的视觉风格，从众多的网站中脱颖而出。

例如婴幼儿网站常用的色彩有浅粉色（最常见的主色）、浅蓝色、明黄、橙黄、浅绿色，基本都是采用亮色调和浅色调。如果进行创造性的个性化设计，就会造成缺乏新意的雷同，这类网站最为突出的问题就是在网站色彩设计上容易出现同质化。为了避免受众的审美疲劳，很多网站也力图创新，例如贝因美网站尽管使用的是最为常见的粉红色，但很好地搭配了鲜亮的蓝色，并很好地突出了其品牌色（红色），消除过于粉嫩的感觉。帮宝氏网站使用其品牌的标准色（青绿色）作为强调色，运用精彩的大图片作为网站的背景，很好地烘托了气氛，让人过目不忘。

名称：贝因美

地址：www.beingmate.com

主色彩 R255 G245 B230

辅助色彩 R255 G255 B255

强调色彩 R068 G186 B229

R233 G028 B036

名称：帮宝适

主色彩　R190　G190　B190

辅助色彩　R255　G255　B255

强调色彩　R027　G161　B154

R253　G125　B044

读书笔记

第2章

基于色相的配色

- 基于红色系的配色
- 基于橙色系的配色
- 基于黄色系的配色
- 基于绿色系的配色
- 基于蓝色系的配色
- 基于紫色系的配色
- 基于黑色系的配色
- 基于白色系的配色
- 基于灰色系的配色
- 配色灵感的来源

2.1 红色系

很多人通常会被周围的人问到喜欢什么颜色，大多数人往往脱口而出红色、绿色、蓝色等等，但很少有人说深红色或者淡蓝色，其实大多数人的答案是色环上主要色相的名称，而少部分人的答案中其实不仅说明了色相，而且还界定了色调。普通人对色彩的理解常停留在单一的色相层面，而设计师所应该具备的能力是对色彩更为丰富的理解和定义。例如谈到红色，有饱和鲜艳的红色，有高亮度的粉红色，还有低亮度的暗红色等细腻的层次。

2.1.1 红色的联想与象征

色彩的联想		色彩情感特征	色彩的性格	适用题材
具 象	抽 象			
火焰、太阳、鲜血、国旗、消防车、圣诞老爷爷、中国。	温暖、生命力、革命、国家与民族、热情、危险、兴奋、性感。	积极方面：引人注目，兴奋和动感，刺激起各种热烈的情感，是最有感染力的色彩之一。消极方面：暴力血腥带来的恐惧。	积极热情，富于煽动性；充满活力，敢做敢为；野性、冲动。	运动品牌、跑车、越野车，快餐食品、辛辣食品、表现政治、革命和节庆题材。

红色宛如一个充满活力、热情和力量的人，强烈吸引人们的视线，它常常作为有攻击性、活跃的、代表权力的色彩进行使用。

在网页界面中主色彩使用饱和的红色，能够体现出热情、娱乐的感觉，有非常强烈的效果，但这样的站点相对比较少，因为很多人不太敢于大范围使用鲜艳的红色。与饱和的红色相比，网站的主色彩更多采用明度低的红色或低彩度的红色。饱和的红色在网页中大多数情况是用于强调色，鲜明的红色极易吸引人们的目光。APP界面同样如此。

观察与红色的配色关系，如果红色和橙色、黄色等暖色搭配在一起，会产生温暖的感觉；如果和黄色、绿色调配在一起，可以营造出快乐的氛围。由于红色是象征权力的色彩，如果与黑色、黄色一起配色，给人一种充满力量的感觉；与黑色、灰色的搭配，可以得到现代而且激进的感觉；而低亮度的红色通过冷静沉重的感觉营造出古典的氛围。

1.红色配色案例分析

红色在中国人心目中占有特殊的位置，饱和的红色是表达喜悦等欢快情绪的最佳色彩。伊利谷粒多牛奶广告网站界面沿用谷粒多牛奶包装上的红色作为主色，形象代言人身着红色服装被包裹在丝质般的白色牛奶之中，浓烈的色彩极富视觉冲击力，品牌形象令人印象深刻。

名称：伊利谷粒多官方网站

地址 :gld.yili.com

主色彩　R152　G028　B049

辅助色彩　R239　G239　B239　R188　G162　B082

强调色彩　R255　G255　B255　R255　G158　B000

京东商城手机客户端的界面采用明度和纯度都较高的大红色为主色，浅灰色和深灰色作为辅助色，导航的强调色为白色，尽管界面信息量大，但通过色彩区域区分出了信息的层次，很好地引导用户顺畅地交互，更好地完成交易。

名称：京东商城 APP

主色彩　R209　G019　B036

辅助色彩　R237　G237　B237

R054　G054　B054

强调色彩　R255　G255　B255

R000　G000　B000

网易新闻属于新闻阅读类手机应用，明度高的灰色为主色易于阅读，作为强调色的明度较低的红色沿用了网易的品牌色，成为区别于其他新闻应用的标志性用色。每阅读完一条新闻，标题就会从深灰色变成浅灰色，十分有利于用户识别。文字在指示性上作用不同，颜色和字体大小也不同。界面给人整洁、有条理的感觉。

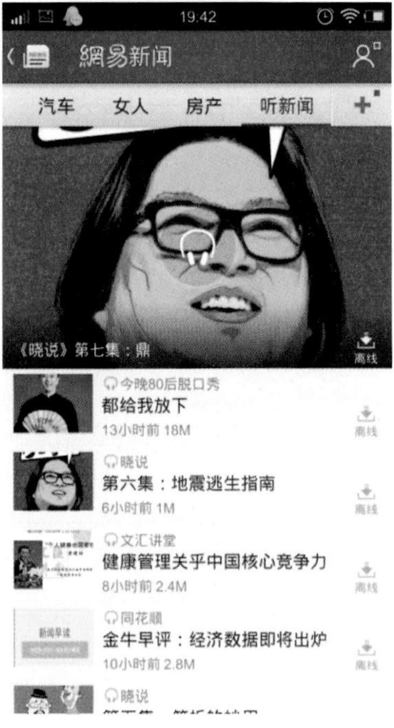

名称：网易新闻

主色彩		R239 G239 B239
辅助色彩	■	R047 G047 B047
	■	R128 G128 B128
强调色彩	■	R191 G020 B000

1trick 设计公司移动站点的首页和联系页面以红色为主色，黑色为强调色，红色和黑色的组合赋予公司现代感与时尚感，突出了作为设计公司的独特品味。

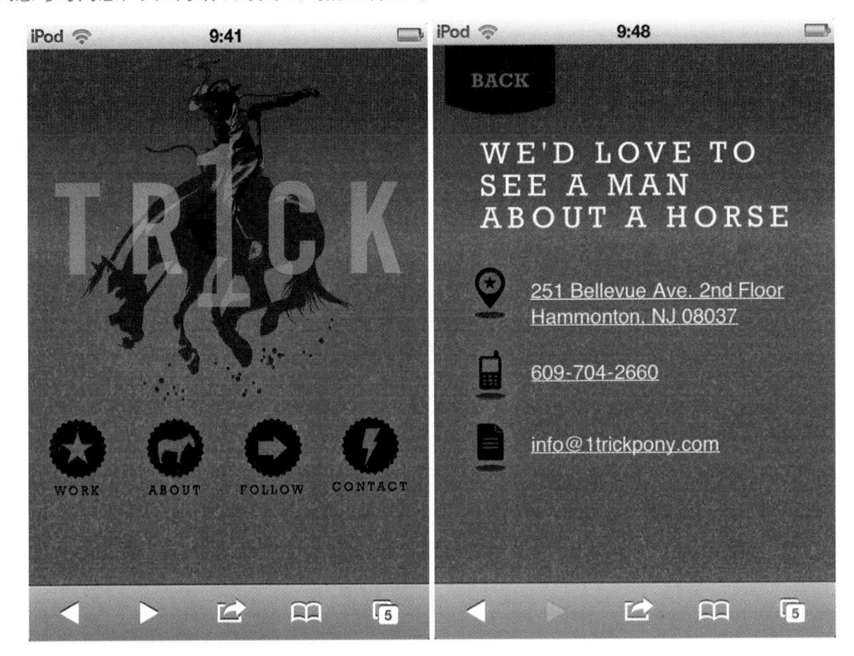

名称：1trick 设计公司

主色彩	R248	G028	B012
辅助色彩	R150	G002	B028
	R255	G255	B255
强调色彩	R000	G000	B000

2. 常用红色配色方案

R 204 G 0 B 51	R 51 G 51 B 51	R 204 G 204 B 0	R 255 G 0 B 51	R 51 G 51 B 153	R 204 G 204 B 0	R 204 G 0 B 51	R 0 G 0 B 0	R 153 G 204 B 0	R 204 G 0 B 51	R 0 G 0 B 0	R 0 G 51 B 153
R 206 G 17 B 9	R 248 G 127 B 17	R 225 G 220 B 22	R 206 G 17 B 9	R 255 G 255 B 255	R 247 G 199 B 174	R 255 G 102 B 102	R 255 G 204 B 204	R 255 G 153 B 102	R 206 G 17 B 9	R 248 G 127 B 17	R 113 G 15 B 18
R 206 G 17 B 9	R 225 G 220 B 22	R 82 G 154 B 101	R 206 G17 B 9	R 172 G 209 B 209	R 248 G 127 B 17	R 206 G 17 B 9	R 255 G 255 B 255	R 64 G 176 B 179	R 206 G 17 B 9	R 235 G 165 B 192	R 94 G 176 B 173

2.1.2 粉红色的联想与象征

色彩的联想		色彩情感特征	色彩的性格	适用题材
具 象	抽 象			
饱和的粉红色：小女孩健康的脸色、娇艳的花朵；不饱和的浅粉红：少女的衣裳。	饱和的粉红色：柔美、未成熟的青春。不饱和的浅粉红：少女的情怀、柔弱。	积极方面：有趣、兴奋。玫瑰色感觉很健康，生动饱和的粉红色与红色一样充满动感。消极方面：不成熟，有时人工味重，矫揉造作。	女性的象征色，美丽、生气勃勃，未成熟的清新与浪。平易近人，有亲切感。	廉价的玩具（洋娃娃），新奇的塑料制品。在化妆、美容等行业使用。易随时尚波动，不如红色持久。

粉红色是非常女性化的颜色，色调、明度深浅不一的各种粉红营造出或柔和或华丽的不同气质，是装点女性站点的最佳选择。

明亮（bright）的粉红色能够表现出可爱、乖巧的感觉，生动饱和的粉红色能够表现出超凡的华丽，苍白（very pale）色调则表现出高雅的气质。粉红色通常不能随意在站点中使用，但使用恰当往往会给人留下深刻的印象。

粉红色配色案例分析

名称：baskinrobbins韩国网站

地址：www.baskinrobbins.co.kr/icemas/index.jsp

主色彩 R239 G165 B216

R255 G255 B255

辅助色彩 R232 G058 B143

R000 G202 B235

强调色彩 R253 G242 B088

使用明亮的粉红色是一种传达可爱感的最有效手段，baskinrobbins韩国网站以明亮的粉色作为主色，搭配同样色调的蓝色、黄色和白色，加上手绘自由曲线式的造型，非常能吸引年轻女性和儿童的目光。

R 255 G 204 B 204	R 255 G 255 B 204	R 204 G 255 B 255	R 235 G 165 B 192	R 225 G 223 B 68	R 183 G 219 B 58	R 255 G 204 B 204	R 255 G 255 B 153	R 204 G 204 B 255	R 235 G 165 B 192	R 64 G 176 B 179	R 235 G 177 B 90

SeventyOneLab 设计工作室网站首页和二级页面中生动饱和的粉红色成为抓人眼球和塑造个性气质的关键。不同深浅的粉红色在页面中相互呼应，统一且不单调。

SeventyOneLab
www.seventyonelab.com

WALLPAPER FOR PHONO.COM	jpg
LA BA PALAIS	print
BAT	CD-Rom
EEGMUSIC	website
EEGMUSIC - EASON	website
EEGMUSIC - JOEY	website
EEGMUSIC - NICHOLAS	website
EKINWORLD.COM	website
GENERATION INFINITY	CD-Rom
SEVENTYONELAB.COM V2.0	website
BUBUBULL SICKBAG	illustration
COVER FOR PIXELSURGEON	jpg
ADOBE PACKAGING	print
STYLES OF THE FIFTIES	print
VANCOUVER	photo

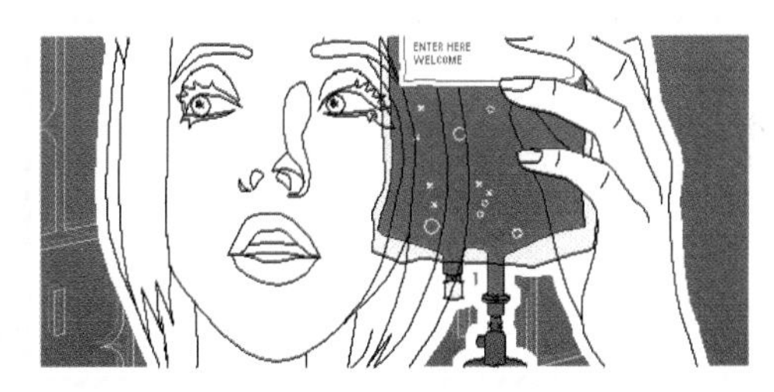

WORKS

COVER FOR PIXELSURGEON.COM

jpg
view 1.

名称：SeventyOneLab 设计工作室

地址：www.seventyonelab.com

主色彩 R255 G001 B126 R255 G255 B255

辅助色彩 R249 G015 B014 R251 G151 B185 R251 G198 B216

强调色彩 R096 G187 B244

Victoria's Secret（维多利亚的秘密）是世界著名的内衣品牌，访问其移动网站首先出现的是极富视觉冲击力的海报图片浏览，在最后一张海报浏览完成之后是用 SHOP NOW 导航将访问者引导至其电子购物平台，用 FIND A STORE 导航引导用户利用移动设备的地理位置感知功能来提供最近的商店位置信息。海报页面中粉红色作为主色，华丽生动，而在电子购物平台和地理信息服务部分的粉红色作为了小面积的强调色，色彩得到了延伸又体现了应用的灵活性。前者是营造一种浪漫华丽的气氛，而后者是以信息为先，以白色为主色，更加便于信息的阅读，而深浅不同的粉红色则在导航、标题和按钮中很好地完成了强调色的任务。

名称：Victoria's Secret

主色彩 R242 G104 B155

R255 G255 B255

辅助色彩 R135 G046 B066

R250 G133 B175

强调色彩 R214 G109 B149

R 215 G 95 B 135	R 12 G 165 B 145	R 235 G 205 B 105	R 200 G 50 B 115	R 127 G 200 B 199	R 107 G 42 B 143	R 200 G 50 B 115	R 236 G 206 B 216	R 43 G 127 B 198	R 176 G 23 B 124	R 0 G 0 B 0	R 206 G 17 B 9

蘑菇街是一款分享购物类应用，在这里可以随时浏览时尚扮美单品，可以分享个性搭配，晒入手宝贝，分享扮美心得，还可以免费试用大牌正品，参加精彩活动。蘑菇街主色为苍白色调（very pale）的粉色，奠定了典雅的基调，明亮色调（高彩度的深粉色）作为强调色，整个应用清新、甜美而又充满时尚的韵味。

名称：蘑菇街

主色彩 R239 G237 B235

辅助色彩 R062 G062 B062

R255 G255 B255

强调色彩 R242 G079 B115

R 236	R 235	R 200	R 200	R 102	R 105	R 200	R 235	R 196	R 200	R 217	R 160
G 206	G 165	G 147	G 147	G 92	G 65	G 147	G 225	G 217	G 147	G 164	G 136
B 216	B 192	B 168	B 168	B 90	B 80	B 168	B 232	B 214	B 168	B 141	B 158

营造高雅感的粉红的配色方案

2.1.3 紫红色的联想与象征

色彩的联想		色彩情感特征	色彩的性格	适用题材
具 象	抽 象			
葡萄酒的色泽，天鹅绒，成熟女性的服装。	成熟、高贵。	轻熟女的象征色，奢华、浪漫，宛如三四十岁的女性，褪去青涩，华丽而充满魅力。	优雅与魅力。有时又有神秘、艺术气质在内。	一些贵重的物品，尤其是女性奢侈品，如高级时装、化妆品等。

紫红色配色案例分析

步步高音乐手机品牌紧贴其目标消费群所关注的潮流文化，赞助快乐女声这一在年轻人当中颇有人气的电视选秀活动。其广告网站以饱满的紫红色作为主色彩，迷离的紫红色模拟着选秀舞台上的绚烂灯光效果，导航采用明亮的绿色、粉色、橙色等糖果色，对目标受众的色彩倾向把握准确，很好地传达出“快乐女生快乐粉丝季”的主题氛围。

名称：步步高音乐手机

主色彩 R137 G015 B088

辅助色彩 R165 G020 B139

R090 G012 B111

R210 G011 B198

强调色彩 R251 G195 B112

R127 G203 B239

R 153 G 0 B 102	R 255 G 204 B 0	R 204 G 0 B 51	R 200 G 50 B 115	R 127 G 200 B 199	R 107 G 42 B 143	R 153 G 0 B 102	R 0 G 0 B 0	R 0 G 153 B 102	R 176 G 23 B 124	R 0 G 0 B 0	R 206 G 17 B 9

意大利神圣的诱惑香醋网站的配色风格在食品类网站中独树一帜，采用了在高级化妆品、服装等奢侈品类中常用的暗紫红色，目的是为了强调其独特的传统和工艺，成功塑造了醋类调味品中的奢侈品的形象。

名称：意大利神圣的诱惑香醋广告网站

主色彩 R129 G039 B075

辅助色彩 R000 G000 B000

R050 G015 B021

强调色彩 R087 G147 B013

唯品会是广州唯品会信息科技有限公司旗下的、致力于打造中高端名牌特卖的新型 B2C 电子商务网站。其网站专注于一二线名牌服装、鞋子、箱包、配饰、香水、化妆品等产品的特价在线售卖，考虑到这类产品的主要消费者是有较强经济实力的白领女性，所以主色采用高明度、低彩度的苍白色调的浅紫色，强调色采用中明度、中彩度的紫红色，营造出优雅大方的氛围，给人高贵、时尚的印象。

名称：唯品会

主色彩	R243 G238 B244
辅助色彩	R225 G210 B217
	R198 G198 B198
	R170 G073 B114
强调色彩	R207 G018 B120

R 204 G 153 B 102	R 255 G 204 B 204	R 189 G 63 B 179	R 102 G 51 B 102	R 204 G 204 B 204	R 204 G 153 B 204	R 153 G 153 B 0	R 153 G 0 B 51	R 0 G 0 B 0	R 176 G 23 B 124	R 0 G 0 B 0	R 204 G 204 B 204

营造高雅感的紫红色配色方案

2.2 橙色系

2.2.1 橙色的联想与象征

色彩的联想		色彩情感特征	色彩的性格	适用题材
具 象	抽 象			
太阳的光芒，丰收的庄稼，美味的水果，卡通、玩具的颜色。	明朗、丰收、可口、活跃、新鲜、愉快、食欲、能量。	积极方面：轻松、明快、乐、饱满、热烈、新奇。消极方面：廉价、不成熟、不严肃的感觉。	性格外向，好玩、社交性、孩子气。	玩具、游戏、廉价的塑料制品，吸引孩子与年轻人，3－6岁孩子最爱的颜色之一。橙色和美味的水果联系在一起，能和红与黄一样刺激食欲，所以多用于快餐。

橙色随着色调的不同，会带给人们不同的感受。高亮度橙色的网站 /APP 通常给人一种晴朗新鲜的感觉，而中等色调的橙色类似于泥土的颜色，经常用来创造自然的氛围。所以橙色是一种可以通过变化色调营造出不同氛围的典型色彩，它既能表现出青春活力也能体现出沉稳老练，因此橙色在网站 /APP 中的使用范围非常广泛。

饱和鲜艳的橙色与黄色、蓝色、绿色搭配，可以给人愉快、亲近的感觉，当橙色色调降低，就会变成褐色，整个界面就会散发出秋天的味道。橙色和紫色这对互补色的配色，可以营造出独特的个性氛围。

在网页设计中使用橙色，一定要注意面积的控制。当以高彩度的橙色作为页面主色彩时，整个页面生动活泼，当橙色作为辅助色（特别是强调色）出现时，往往起到画龙点睛的作用，体现更加突出的鲜活感。

此外，橙色给人一种有味道的感觉，能充分挑起人们的食欲，所以和食品相关的站点多使用橙色。

1. 橙色配色案例分析

分析芬达第九课堂网站以高彩度橙色作为主色的原因，至少有三点：首先芬达品牌的标准色之一就是橙色，旨在强化品牌印象；其次芬达饮料是橙色产品，橙色总是和食品联系在一起；再者橙色所代表的新鲜和好奇，使其成为青少年最喜爱的色彩之一，和产品消费人群定位相符。

名称：芬达第九课堂广告站点

地址 :fanta.qq.com/index2.html

主色彩 R253 G134 B016

辅助色彩 R246 G109 B037

R251 G178 B040

R255 G227 B154

强调色彩 R255 G247 B031

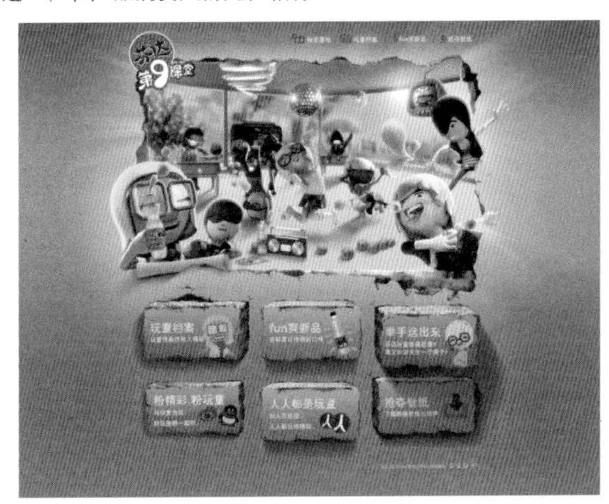

美宝莲活力维他网站用大面积饱和明亮的橙色很好地传达了活力维他新鲜活力、年轻动感的品牌个性，高彩度的绿色、粉色、紫色像跳跃的音符在页面中起到强调的作用，白色和亮灰色的存在使得页面获得色彩平衡，而不会因使用过多高彩度色彩而过火过愣。

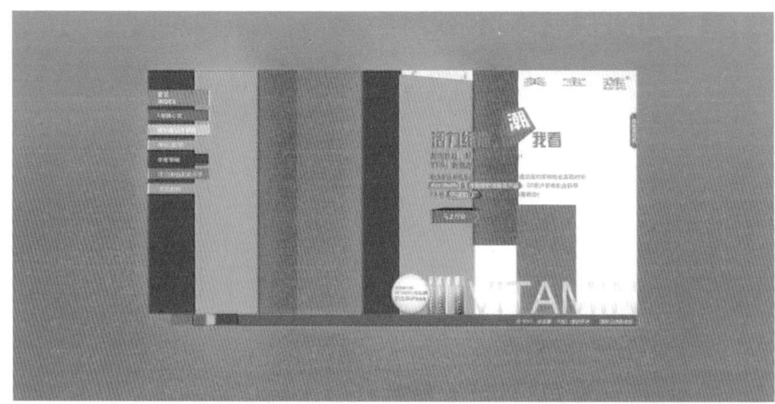

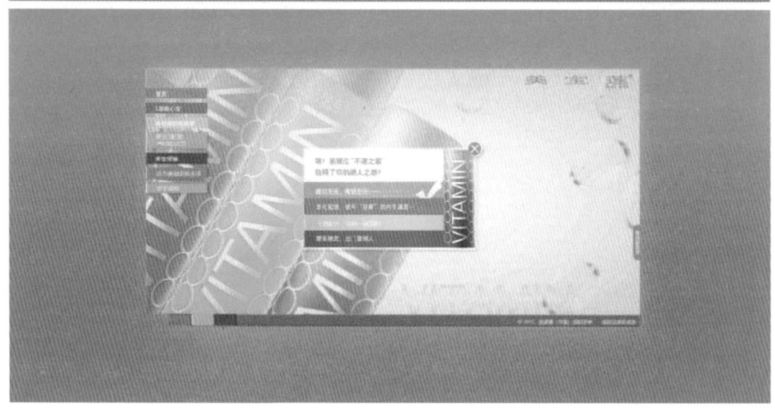

名称：美宝莲活力维他广告站点

主色彩 R237 G118 B000

辅助色彩 R242 G148 B000　R232 G232 B232　R221 G047 B072

强调色彩 R125 G030 B094　R125 G030 B094

R 255 G 153 B 0	R 255 G 255 B 0	R 0 G 153 B 204	R 255 G 153 B 0	R 255 G 204 B 0	R 153 G 204 B 51	R 255 G 102 B 0	R 255 G 255 B 255	R 0 G 153 B 204	R 255 G 102 B 0	R 255 G 255 B 255	R 153 G 204 B 51
R 255 G 153 B 0	R 204 G 255 B 0	R 204 G 51 B 153	R 255 G 153 B 0	R 255 G 255 B 0	R 255 G 0 B 51	R 255 G 153 B 0	R 153 G 204 B 51	R 153 G 0 B 153	R 255 G 153 B 0	R 153 G 0 B 153	R 0 G 153 B 204

营造鲜活感的橙色配色方案

巴西儿童服饰网站 marisol，使用中等色调的橙色和绿色，并利用衣料的质感得到了秋天般自然温和的效果，在众多使用高彩度色彩的儿童品牌网站中独树一帜。

名称：marisol 巴西儿童服饰网站

地址：www.marisol.com.br

主色彩 R251 G240 B195

辅助色彩 R160 G135 B034 R106 G108 B042 R228 G221 B166

强调色彩 R203 G101 B037

R 204 G 153 B 51	R 255 G 255 B153	R 204 G 204 B 51	R 248 G 224 B 170	R 245 G 248 B 190	R 247 G 199 B 174	R 204 G 153 B 51	R 204 G 204 B 153	R 102 G 0 B 0	R 204 G 153 B 51	R 158 G 91 B 49	R 106 G 99 B 16

营造秋天感觉的橙色配色方案

大众点评属于本地生活类应用，通过定位发现身边的美食和团购活动，继而扩展到购物、美容、娱乐等其他生活服务。主色是白色，辅助色和强调色是明度和纯度较高的橙黄色，橙色给人明朗、美味的联想，亲和力强。

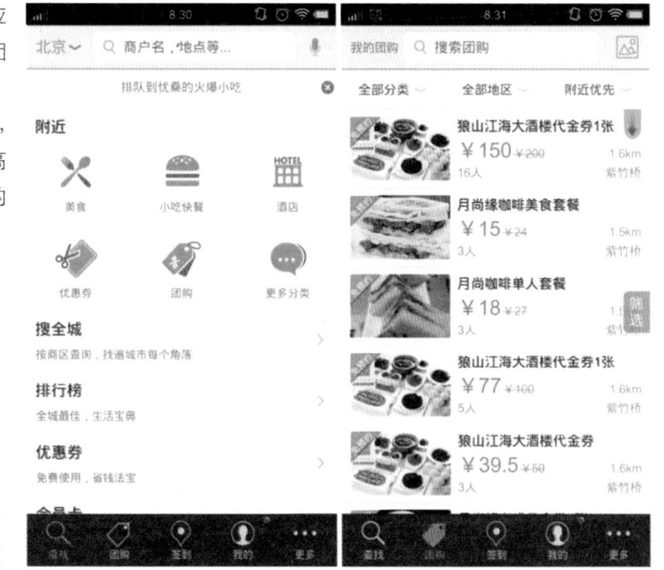

2. 棕色的联想与象征

色彩的联想		色彩情感特征	色彩的性格	适用题材
具 象	抽 象			
泥土、砖、皮肤的古铜色、树干、落叶、过去的遗物、皮革。	大地、乡土、年老、古典、成熟、深沉、安全、环保、信赖、温暖而单纯、无聊、沉重。	积极方面：沉稳、坚实、硬朗、有岁月的沉淀，深深扎根的踏实感与信任感。消极方面：当象征脏、守旧、衰败枯竭时，引发人们厌恶、失望、郁闷、悲悯等情绪。	健康、踏实、诚恳、有阅历可信赖。	人们认为温暖的棕黄色是比较古典的颜色，只适合表现乡土气息或休闲服装中，但现在并不完全如此，各种棕色以新的面貌出现，在食品行业中广泛使用，如面包、咖啡、谷物、巧克力等，表示食品的环保、有机。

棕色是和自然相连的色彩，源于原木、泥土、皮革、传统家具等的面貌，给人质朴、踏实、怀旧的感觉，当它与其他色彩进行搭配时，应根据用途相应变化。

3. 棕色配色案例分析

棕色有时亦被人们称为咖啡色，因此以棕色为主色成为咖啡相关网站配色的首选。为打破大面积暗色调棕色带来的沉闷感，采用模拟灯光效果使网站色彩获得轻重之间的平衡，明度反差极大的白色、橙色作为强调色运用于标志、标题和内文，也为页面带来一丝轻松。

名称：EDIYA 咖啡馆

地址：www.ediya.com

主色彩	R048 G034 B025
	R229 G222 B206
辅助色彩	R108 G090 B070
	R137 G087 B052
强调色彩	R241 G151 B054

R 120	R 170	R 125	R 158	R 194	R 179	R 85	R 246	R 113	R 85	R 179	R 0
G 90	G 135	G 145	G 91	G 180	G 145	G 50	G 223	G 15	G 21	G 167	G 0
B 25	B 65	B 80	B 49	B 137	B 101	B 14	B 192	B 18	B 8	B 32	B 0

R 120	R 0	R 81	R 111	R 15	R 137	R 150	R 15	R 81	R 150	R 150	R 20
G 90	G 0	G 25	G 86	G 130	G 15	G 116	G 130	G 25	G 116	G 150	G 76
B 25	B 0	B 83	B 26	B 32	B 18	B 50	B 32	B 83	B 50	B 140	B 119

营造成熟感觉的棕色配色方案

OrangeFive 的设计风格不同于常见的果汁品牌，大胆使用了深色调的棕色作为界面的主色，和前面提到的 EDIYA 咖啡馆一样，也是营造一种黑暗背景下灯光映衬的浪漫情调。

名称：OrangeFive

主色彩 R057 G026 B005

辅助色彩 R000 G000 B000

R190 G149 B069

强调色彩 R020 G147 B004

R232 G077 B023

出行助手是一款实时查询工具，主要提供对美食、购物、酒店、公交设施、生活服务等信息查询的应用，为人们出行提供实时方便的信息。整体设计以棕色的皮革质感为主，以现实生活的物品作为象征物进行表现，拟物化的设计特征明显，肌理材质表现细腻。

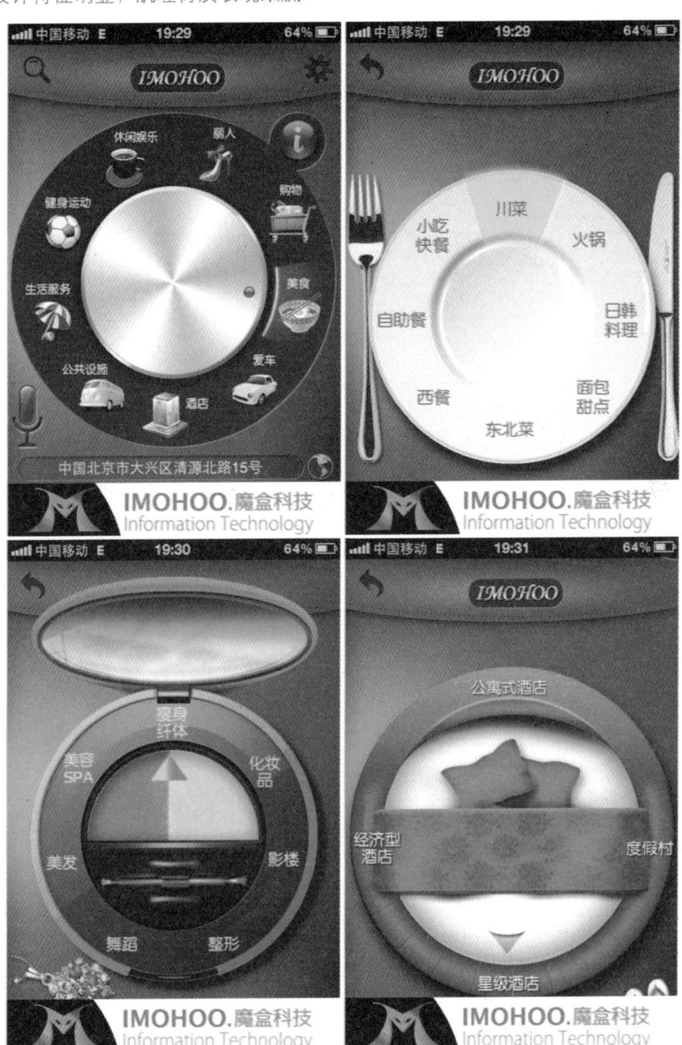

名称：出行助手

主色彩 R100 G039 B020

辅助色彩 R060 G016 B003

R131 G078 B064

强调色彩 R094 G201 B221

R225 G001 B001

R164 G025 B104

多米电台是一款集电台播放和音乐播放于一身的音乐类应用。主色、辅助色和强调色在反差强烈的不同明度的棕色层次中变化，并配以木纹和金属的肌理设计，整个感觉浓郁而富有自然情调，很有小资风格。

名称：多米电台 iPhone 版

主色彩	R217 G205 B189
	R067 G049 B035
辅助色彩	R043 G026 B016
	R214 G199 B178
强调色彩	R192 G146 B071

2.3 黄色系

2.3.1 黄色的联想与象征

色彩的联想		色彩情感特征	色彩的性格	适用题材
具 象	抽 象			
阳光、光线、香蕉、奶油、中国人的肤色、交通警告标志。	光明、温暖、可口、动感、乐观、色情、警示、嫉妒、吝啬、佛教。	积极方面：温暖与生机。饱和的黄表现活泼与动感，柠檬黄有种发酸的青涩感，黄绿越接近绿，就感觉越冷。消极方面：黄色在象征低俗、淫秽、危险和警示时，会引起人们厌恶、惊恐的心理感受。	引人注目、鲜明、亲和、生机勃勃。	黄色由于和香蕉、奶油联系在一起，所以有种可口的感觉，在食品和餐厅经常被使用。美国消费者喜欢奶油黄，而不喜欢黄绿。黄和黑搭配有巨大的视觉冲击力，黑表现出力度，而黄色代表亲切。

黄色是在界面配色中使用最为广泛的颜色之一，因为黄色本身具有一种明朗愉快的效果，像红色、橙色、黄色等暖色，给人以温暖、温和的感觉。另外黄色还可以引起食欲，营造出生机勃勃的氛围，因而得到大部分人的喜爱。黄色在儿童站点以及针对年轻人的网站中的几乎每一个角落都找到了自己的发挥空间，通过结合紫色、蓝色等颜色可以得到温暖愉快的积极效果。在界面设计中，如果需要对某个地方进行强调，就可以运用黄色，黄色是界面设计中最为常用的强调色。

黄色配色案例分析

芝司乐网站以黄色为主色，黄色是容易引起食欲的颜色而且芝司产品本身就是黄色的，使用黄色与其食品类网站的特点和产品本身的颜色相符。以蓝色为辅助色，以红色为强调色，和品牌的标志有很好的呼应，同时黄色和蓝色这种对比色相的运用，塑造了品牌活泼生动的个性。

主色彩 R245 G200 B083

辅助色彩 R231 G046 B060　R253 G230 B154

强调色彩 R000 G041 B137

R 255 G 255 B 0	R 179 G 139 B 190	R 127 G 199 B 150	R 255 G 255 B 0	R 17 G 126 B 131	R 94 G 176 B 113	R 64 G 46 B 146	R 255 G 255 B 0	R 206 G 17 B 9	R 216 G 69 B 139	R 255 G 255 B 0	R 17 G 126 B 131

黄色与对比色、互补色的配色方案

黄色和黑色是明度反差最大的组合，用黄色和黑色来表现 Greyp 兼具摩托车和自行车的优点，充满科技的智慧与人性，十分得当。

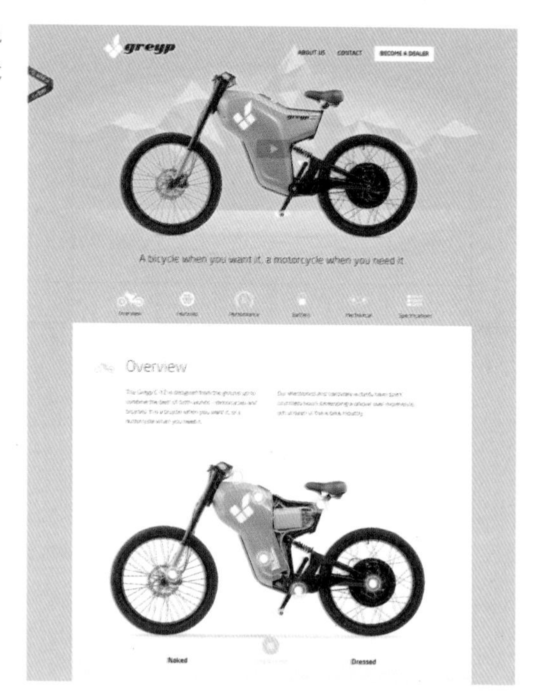

名称：Greyp Bikes
地址：www.greyp-bikes.com

主色彩		R255 G200 B000
辅助色彩		R255 G255 B255
强调色彩		R017 G017 B017

Baby Mars 是一个供低龄儿童进行数学等方面训练的教育 APP，黄色给人一种丰富、阳光、积极的印象，给人愉快的心理暗示，该应用界面以黄色为主，搭配饱和的红色、绿色等色彩，营造出活力四射的欢乐氛围，十分吸引孩子们的眼球。

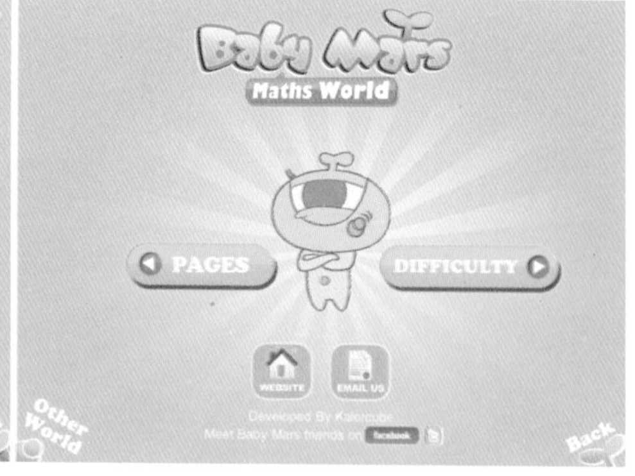

名称：Baby Mars 儿童教育应用

主色彩		R239 G192 B060
辅助色彩		R146 G211 B131
强调色彩		R092 G103 B133

Nitu Didi Recipes 是一款为喜欢烹饪、想要轻松简单就能做出可口美味的食谱。你可以轻松查找菜谱、每个配方的指示，连同以前的用户评论、热量和卡路里信息，还有“我的厨房”功能。主色是高明度、高彩度的灰色，辅助色为灰蓝色，强调色为黄色、红色和蓝色。这样的颜色搭配，使得这款菜谱应用更加具有吸引性，更有食欲。

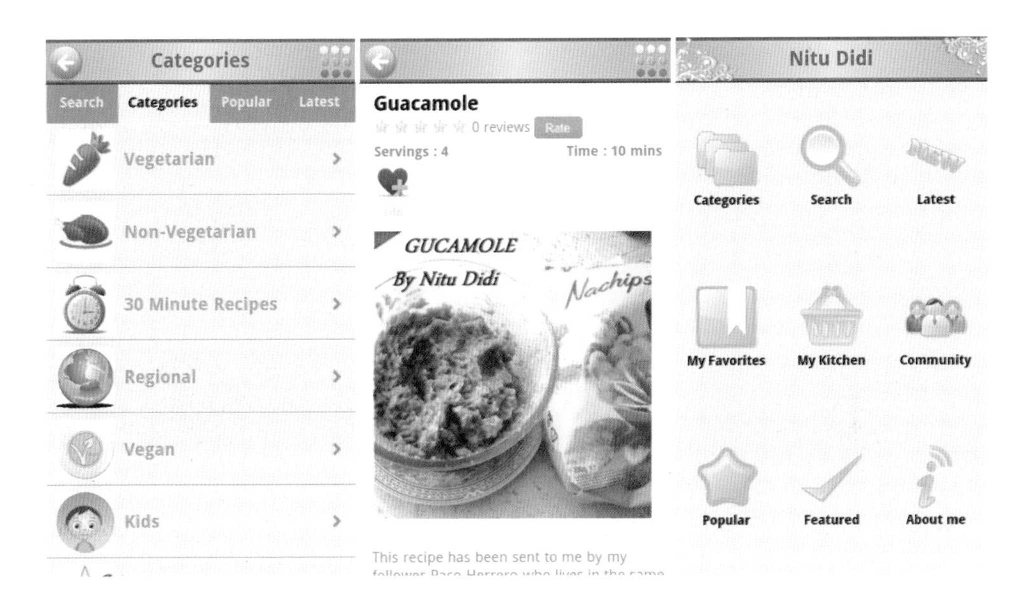

名称：Nitu Didi Recipes

主色彩 R236 G237 B241

辅助色彩 R120 G140 B167

R122 G179 B190

强调色彩 R255 G194 B004

R 249	R 245	R 235	R 245	R 194	R 156	R 247	R 248	R 131	R 247	R 248	R 255
G 249	G 248	G 177	G 248	G 180	G 145	G 246	G 127	G 191	G 246	G 127	G 34
B 115	B 190	B 90	B 190	B 137	B 70	B 25	B 17	B 31	B 25	B 17	B 13

黄色与邻近色的配色方案

2.4 绿色系

2.4.1 绿色的联想与象征

色彩的联想		色彩情感特征	色彩的性格	适用题材
具 象	抽 象			
无尽森林、草原、各种花草的背景、蔬菜。	自然、生命、希望、春天、和平、健康、中性、安全感。	翡翠绿代表优雅，深绿意味稳定、沉着，与财富和声望有关；嫩绿有新鲜、清新、生机勃勃的感觉；孩子和青少年喜欢黄绿色的扎眼与新奇；蓝绿色代表了蓝和绿两种优秀特质，令人愉快，很有吸引力。	平静、温和、安全、信赖、丰富、活力。	绿几乎可以和各种颜色搭配，与玫瑰红、黄色、紫色、蓝色、橙色搭配都有很好的效果。蓝绿适合个人卫生用品，因其给人带来抚慰。黄绿色可能引起反胃的感觉，不适合餐厅、船、飞机的内饰及相关环境及产品的包装。在食品中，菠菜绿和海藻绿容易被消费者所接受。

绿色是界面设计中使用最为广泛的色彩之一。和自然、环境有关联的团体，或者和健康、医院、药店有关，还有教育、公关等很多的网页/APP都运用绿色。绿色和蓝色给人以亲切友好的感觉，如果两种色彩搭配在一起，给人舒适和安全的感觉，如果稍微添加一些活泼的黄色和橙色，可以形成一种童真的氛围，朝气蓬勃、欢快。绿色和黄色搭配给人以年轻的感觉。绿色和红色搭配，健康而有活力。绿色和紫色搭配在一起就成了中性色彩。当搭配使用白色时，可以得到自然的感觉。

1. 绿色配色案例分析

Cocolemon站点是绿色、蓝色和黄色搭配的典型代表，强调色（白色）在界面的穿插也很到位。网页中心彩图中的色彩搭配颇为用心，模特身着黄色连衣裙，和网站Logo以及柠檬片的黄色相得益彰。黄色与绿色、蓝色与白色的搭配在NEWS栏目标题中同样也得到了运用，和界面大背景有很好的呼应。

主色彩 R000 G173 B239

辅助色彩 R133 G195 B048

R205 G242 B137

强调色彩 R255 G255 B022

绿色是很多企业宣传中乐于使用的颜色，作为中性色的绿色象征着自然、生命、希望、和平、健康、安全，都是给人非常正面积极的印象，而且绿色几乎和任何颜色都可以搭配。韩国 acehealing 王牌床垫席梦思家居产品网站采用不同色调的绿色共同传达大自然的感觉和绿色环保安全的理念。

名称：韩国 acehealing 王牌床垫席梦思家居产品网站

地址 :acehealing.co.kr

主色彩 R113 G115 B032

辅助色彩 R146 G131 B092 R255 G255 B255

强调色彩 R000 G172 B220 R255 G242 B000

R 153 G 204 B 51	R 102 G 204 B 204	R 255 G 153 B 204	R 94 G 176 B 113	R 235 G 177 B 90	R 64 G 176 B 179	R 27 G 152 B 61	R 248 G 127 B 17	R 247 G 246 B 25	R 27 G 152 B 61	R 247 G 246 B 25	R 255 G 34 B 13

营造活泼感的绿色配色方案

卡尼尔网站中隐约的绿色给人清凉舒爽的联想。首页中长页面的设计，绿色、灰色和黄绿色背景主色的变换，给人连绵不断又富于变化的感受。对类似色彩的渐变和晕染效果的处理，增加了网站的婉约气质。

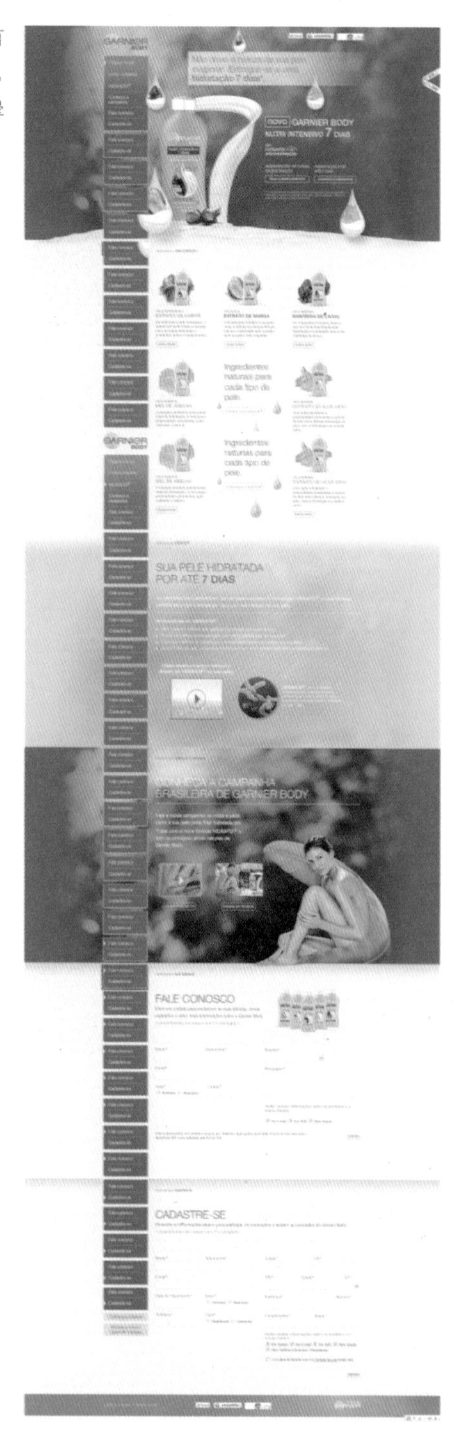

名称：卡尼尔

地址：www.garnier.ca

主色彩	R025 G098 B053
	R239 G239 B239
	R180 G204 B116
辅助色彩	R104 G163 B097
强调色彩	R253 G152 B048

R 127 G 199 B 150	R 196 G 217 B 214	R 127 G 200 B 199	R 127 G 199 B 150	R 255 G 255 B 255	R 211 G 181 B 208
R 27 G 158 B 45	R 131 G 191 B 31	R 153 G 204 B 153	R 27 G 143 B 57	R 139 G 182 B 142	R 44 G 160 B 160

营造平静感的绿色配色方案

赶集网是中国目前最大的分类信息门户网站之一，为用户提供房屋租售、二手物品买卖、招聘求职、车辆买卖、宠物票务、教育培训、同城活动及交友、团购等众多本地生活及商务服务类信息。企业理念是帮助百姓更便利地获取优质生活服务信息，且安全免费。绿色符合大众的审美需求，且寓意生机与安心，与赶集网的品牌精神十分契合。

名称：赶集网

主色彩	R255 G255 B255
辅助色彩	R245 G245 B245
强调色彩	R103 G202 B041
	R255 G119 B051
	R023 G178 B230

2. 黄绿色配色案例分析

黄绿色是新鲜的颜色，蕴含幼小、明亮、新的开始等意义。黄绿色既能表现出黄色的温暖，也能表现出绿色的清新。总的来说，黄绿色主要用于表现温暖亲切的自然感觉，或者用于表达高科技神秘虚幻的感觉。黄绿色与蓝色搭配使用能够表现出自然的感觉，当和灰色搭配在一起，有高技术含量的印象，能够表现出未来虚幻的那种独特感觉，在儿童和年轻人相关的类型比较喜欢应用黄绿色。

在界面配色中如果能够采用产品本身的色彩作为主色，是很容易获得客户认同的方案。新西兰奇异果果肉清新自然的黄绿色在首页中得到了大面积充分地运用，图片背景中的光亮和白色文字使得同一的界面中产生局部细微的对比变化。

名称：佳沛新西兰奇异果

主色彩 R208 G232 B096

辅助色彩 R164 G191 B048 R087 G094 B017 R048 G093 B028

强调色彩 R255 G043 B038

Cisco London 2012 是一个讲述思科团队为伦敦奥运会打造最先进的网络基础设施的移动网站，选用黄绿色作为主色，传达出奥运会作为体育赛事的年轻活力与自然，搭配蓝色和灰色也体现出其高科技企业的特质，整个界面既亲切又生动，十分新颖。

名称：Cisco London 2012

主色彩 R255 G255 B255

R184 G191 B049

辅助色彩 R206 G206 B206

R120 G153 B023

R112 G165 B155

强调色彩 R048 G085 B129

R157 G000 B000

3. 青绿色配色案例分析

青绿色可以说是草绿色的健康和蓝色的清新感觉的结合体，但在自然界中它并不多见，会给人较强的人工制作的感觉。在保留自然色彩的同时，又为其赋予了特殊的效果。

青绿色会给人带来凉爽清新的感觉，且青绿色既可以使人原本兴奋的心情冷静下来，也可以使人原本沉静的心情活跃起来。使用青绿色的网站比较多，青绿色与黄色、橙色等色彩搭配可以营造出可爱亲切的氛围。同时青绿色与紫色、红色的搭配也能获得良好的效果。

采用青绿色、白色和浅绿色的搭配表现出酒类产品清凉舒爽的特质，背景和导航按钮追求微妙而丰富的色彩层次。在浅色背景的烘托下，黄蓝对比强烈的品牌标志更加凸显。

名称：agualuca

地址：www.agualuca.com

主色彩 R255 G255 B255

辅助色彩 R172 G233 B163

R065 G192 B201

强调色彩 R252 G224 B101

R000 G052 B135

CityClinic 城市诊所的移动网站采用墨绿色，绿色给人自然、和平、安全、生命等多种积极正面的联想，在医疗类网站中使用是再恰当不过了。

名称：CityClinic

主色彩 R255 G255 B255

R005 G083 B083

辅助色彩 R020 G151 B154

R215 G215 B215

强调色彩 R157 G193 B059

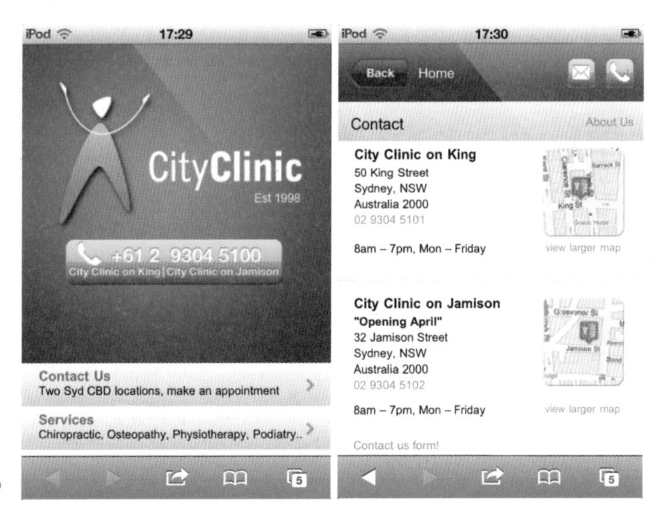

2.5 蓝色系

2.5.1 蓝色的联想与象征

色彩的联想		色彩情感特征	色彩的性格	适用题材
具 象	抽 象			
大海、晴空、水面、职业装。	沉静、理想、永恒、理性、干净、畅快、成功。	不同蓝色的情感特征不同。深色的蓝：可靠、信赖、承诺、鼓舞信心。在商业上象征权威和信誉，而比黑色友好和亲近。天蓝：放松、平静，当人们看见此色，大脑中发出类似镇定剂的化学物质，让人平静。荧光蓝、浅蓝：新奇、动感，和紫色搭配时非常活泼有趣。	可靠、信赖、严肃；有力、动感、活力。	银行、金融机构、图书馆和医院的环境，医生、护士的服装。以前在食品包装中蓝色使用不多，但在饮料中使用却可以突出纯净感，近年来在食品包装及广告中也有所突破。蓝色对男女消费者都很有吸引力。

蓝色是在网页/APP设计中使用较多的色彩，在设计中蓝色是最容易调配的颜色，但一定要根据构思来调节蓝色的明度和彩度。高对比的蓝色会营造出一种整洁轻快的印象，低对比度的蓝色会给人一种都市化的现代派印象。如果过度降低蓝色的明度和彩度，会给人以悲伤、忧郁的感觉。若要表现简洁的感觉，则不要把彩度降得过低。蓝色给人以男性化的感觉。如果与黑色、褐色、灰色系列一起配色，不但加强男性化的感觉，而且更有坚强的印象。在网页设计中蓝色、绿色和白色的搭配十分常见。冷淡的蓝色和白色一起搭配，给人以冰冷的感觉；蓝色和绿色搭配在一起给人安全的感觉，象征成功和安定，是低明度、文静的色彩；蓝色如果与紫色、黄色一起搭配，就会出现很奇幻的创意感觉。

1. 蓝色系配色案例分析

清新三得利沁心时刻网站采用高明度的蓝色作为网站的主色，想表现清新和舒畅时，蓝色多和绿色、白色搭配使用，并注意营造一种通透感。

名称：三得利

主色彩 R084 G188 B213

辅助色彩 R000 G142 B077

R192 G229 B238

强调色彩 R243 G207 B123

R 153 G 204 B 204	R 255 G 255 B 255	R 51 G 102 B 153	R 153 G 204 B 255	R 255 G 255 B 204	R 204 G 204 B 255	R 0 G 102 B 153	R 255 G 255 B 0	R 255 G 102 B 102	R 27 G 66 B 141	R 64 G 176 B 179	R 183 G 219 B 58

营造整洁轻快感的蓝色配色方案

MARINA YACHTING 是定位于都市高品味男士的时尚品牌，其移动网站通过渐变的深蓝色和灰色的搭配将成熟男性的低调、深沉、优雅的品质感表现得很充分，为了避免深色调蓝色容易造成的沉闷感，采用白色作为强调色加以点缀，并通过图片加半透蓝色色块的方法使得页面变得轻松。

名称：MARINA YACHTING

主色彩	R009 G035 B050
辅助色彩	R186 G199 B207
	R098 G118 B129
强调色彩	R255 G255 B255

R 18 G 67 B 91	R 102 G 102 B 102	R 89 G 79 B 53	R 0 G 51 B 102	R 153 G 153 B 153	R 0 G 102 B 153	R 27 G 66 B 141	R 12 G 140 B 124	R 0 G 0 B 0	R 51 G 102 B 153	R 153 G 153 B 51	R 51 G 51 B 51

营造成熟坚强感的蓝色配色方案

Instagram 是一个以美丽的方式来分享用户世界的图片社交应用软件。以深灰色和白色为主色，中明度、高彩度的蓝色为强调色，对于社交分享类的应用，蓝色似一片天空，广阔而美好，很多大用户量的社交网站或应用（如 facebook、腾讯微博）都使用了蓝色。

名称：Instagram

主色彩 R255 G255 B255

辅助色彩 R235 G235 B235

R076 G076 B076

R015 G015 B015

R211 G218 B224

强调色彩 R067 G112 B151

UC浏览器是优视公司开发的一款针对于移动平台的浏览器，联网速度快、节省流量，支持在线视频播放、拥有网站导航、移动搜索、分段下载等功能，布局明了，易于操作。配色上简单大方，蓝色给人的理性、现代和信任的联想，对于属于工具型应用的浏览器是一个十分不错的选择。

名称：UC浏览器

主色彩 R221 G230 B239

辅助色彩 R255 G255 B255

强调色彩 R059 G082 B132

2.6 紫色系

2.6.1 紫色的联想与象征

色彩的联想		色彩情感特征	色彩的性格	适用题材
具 象	抽 象			
深紫色：贵族服装、夜空；淡紫色：薰衣草、薄纱；红紫色：葡萄酒的色泽，天鹅绒，中年女性的服装。	深紫色：高贵、上流社会、忧郁。淡紫色：感伤、女性的优雅、浪漫。红紫色：成熟、贵重。	显赫而复杂的颜色，深浅搭配不同时，面貌也不同。红色（兴奋、性感）和（蓝色的平静）的矛盾混合体。有时紫色也象征着哀伤和抑郁的情感。	富于创造性，优雅，富于魅力。有时又很精灵古怪，理想主义、神秘、艺术性和独特性。	应用于那些最神秘的精神产品和最新的高科技，还有一些贵重的物品，如高级时装、化妆品、汽车等。

紫色是蕴含很多意义的色彩。首先紫色是贵族、优雅和女性化的色彩。和女性相关的网页上使用比较柔和的紫色，尤其是较暗色调的紫色可以表现出成熟的感觉。

紫色是神秘的色彩，给人以艺术的韵味，和艺术相关的领域也使用这种个性独特的色彩，有时它也给人以忧郁、神秘、魔幻的感觉。紫色还给人自由的感觉，所以也适合旅游网站，当紫色和黄色、橙色、黄绿色等补色相遇时，可以营造出个性强烈的独特氛围。如果和无彩色搭配在一起，就出现神圣、虔诚的感觉。

2.6.2 紫色系配色案例分析

BELLE（百丽）是中国鞋类最知名的品牌之一。其网站用户人群是女性，网站主体色用紫红色搭配浅紫色，营造高贵典雅的气氛。紫色所塑造的优雅和高尚风格常能博得三、四十岁处于社会中上层、追求生活品质的人群的好感。

名称：百丽

主色彩 R091 G028 B075

辅助色彩 R237 G153 B205

强调色彩 R255 G255 B255

R 91 G 60 B 105	R 113 G 100 B 100	R 194 G 166 B 159	R 135 G 156 B 162	R 88 G 58 B 102	R 0 G 0 B 0	R 66 G 42 B 67	R 177 G 20 B 92	R 0 G 0 B 0	R 66 G 42 B 67	R 15 G 90 B 20	R 85 G 77 B 20

营造尊贵成熟感的紫色配色方案

伟嘉品牌于1958年诞生在英国，经过几十年的努力，现在已经成为全世界养猫和爱猫人熟悉的国际品牌。网站的主要功能是介绍伟嘉品牌及其产品，还有一些关于养猫的常识。网站采用的主体色是紫红色，辅助色是桃红色，强调色是中黄。养猫的人群中女性占很大一部分，所以网站色彩搭配很女性化、富于成熟魅力，能很好地抓住女性消费者的眼球。

名称：伟嘉

地址：nature.whiskas.com.cn

主色彩 R138 G003 B141

辅助色彩 R209 G066 B182

强调色彩 R242 G179 B000

R 247 G 246 B 25	R 179 G 139 B 190	R 127 G 199 B 150	R 247 G 246 B 25	R 232 G 122 B 99	R 179 G 139 B 190	R 248 G 127 B 17	R 112 G 61 B 126	R 64 G 176 B 179	R 131 G 191 B 31	R 112 G 61 B 126	R 235 G 165 B 192

凸显个性的紫色配色方案

kiddicare 是一家婴幼儿产品的零售公司，类似于国内的乐友和丽家宝贝，其移动网站是婴幼儿行业网站的典型代表，柔和的亮紫色、浅色调的粉色在白色背景的映衬下格外可爱。站点中的强调色也很典型，采用了和紫色互补的黄色以及橙色和红色，这些色彩在界面中经常担当强调色。

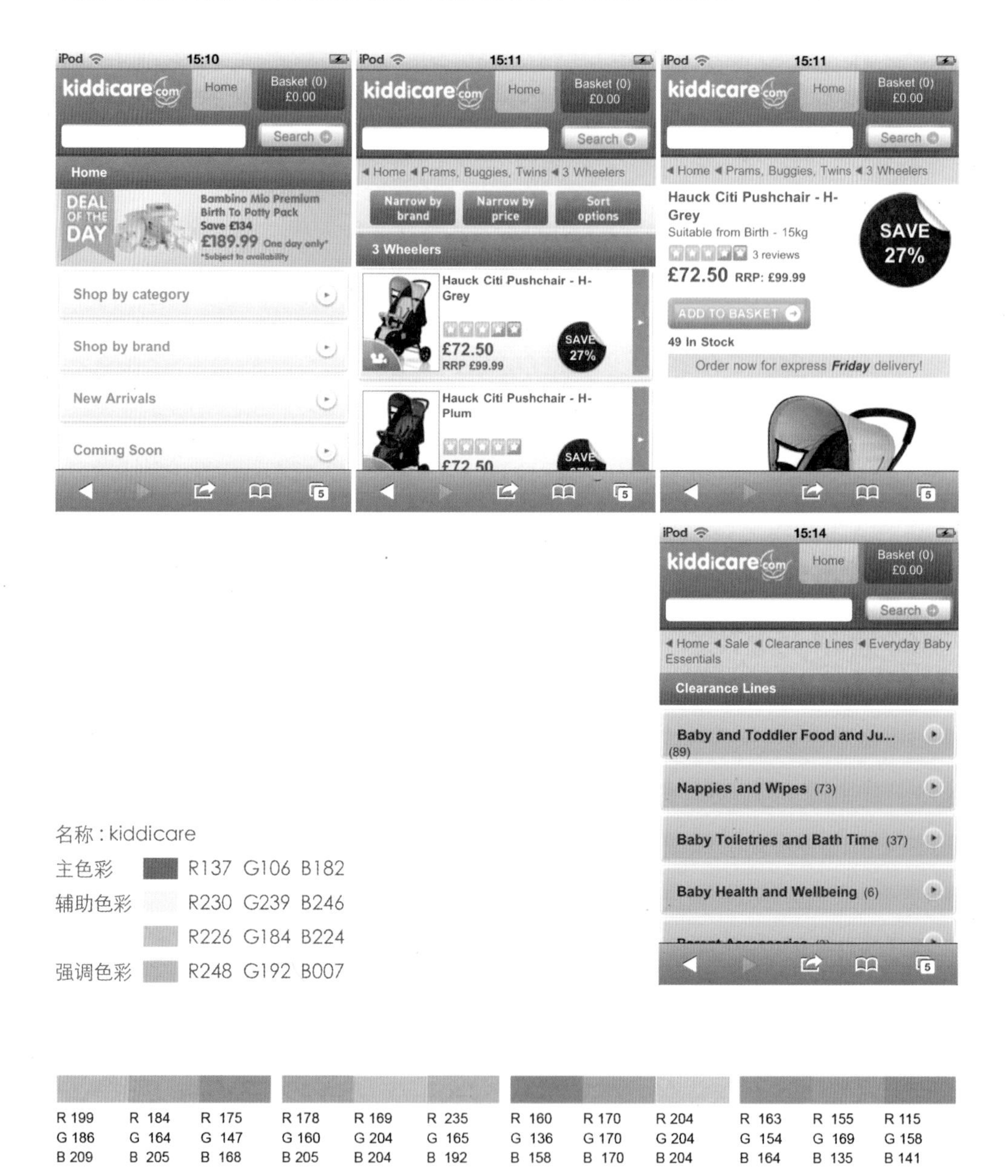

营造柔和感的紫色配色方案

SAPO Astral是一款预测每日、每周和每月的爱情预测应用，有占星术和塔罗牌的符号、文字和视频。用于的主色、辅助色和强调色的色相均为紫色，而紫色正是象征神秘未知的色彩。

名称：SAPO Astral

主色彩	R243 G243 B243
辅助色彩	R235 G235 B235
强调色彩	R112 G074 B149
	R054 G040 B093
	R192 G174 B212

2.7 黑色系

2.7.1 黑色的联想与象征

色彩的联想		色彩情感特征	色彩的性格	适用题材
具 象	抽 象			
钢铁、煤炭、法官牧师的服装。	刚劲、严肃、死亡、绝望、黑暗、恶。	积极方面：有力、男人味，优雅、贵重、现代。消极方面：哀伤、恐怖、害怕、沉默。	力量、坚毅、有震慑力，有内涵。	赋予产品力量、耐用、厚重感。在某些文化中黑色代表死亡和哀伤。近年来黑色的积极一面多于消极一面。

黑色是否定、简洁的色彩。因为是沉重、阴暗的色彩，所以和其他色彩配色时，自然而然地强调了否定的意义。黑色还象征恶、使人联想到恐怖、不安、死亡等。近年来，也给人现代、简洁的感觉。

与设计相关的网页或者时尚方面的网页，在设计上常常会使用黑色。使用低明度，可以营造出沉重、严肃的感觉。黑色和其他任何色彩都可以搭配，由于与其他色彩明度上的差异，它也经常使用在黑白分明的配色中。在使用分离配色时，黑色也经常起到点缀的作用。

2.7.2 黑色配色案例分析

轩尼诗干邑官网以黑色为主色，采用最经典的黑白对比色设计，并融合大量的图片和光影效果。黑色在传统文化中消极意义大于积极意义，但经过现代时尚品牌日积月累的改变，黑色在今日俨然称为酷、时尚、高贵的代名词了。

名称：轩尼诗干邑

地址：www.hennessy.com/us

主色彩 R000 G000 B000

辅助色彩 R230 G230 B230

强调色彩 R255 G255 B255

现代汽车 ix35 好像是神秘世界里的炫酷精灵，黑色、车身金属色和不同主题的强调色在光线的作用下交相辉映。

名称：现代汽车 ix35

地址：ix35match.beijing-hyundai.com.cn

主色彩 R000 G000 B000

辅助色彩 R025 G038 B046

强调色彩 R204 G019 B027

R047 G108 B129

G-SHOCK运动手表的移动应用竭力突出男性的坚硬与时尚，在色彩上采用带有肌理的黑色作为主色，白色和红色作为强调色，对图片的色彩也进行了处理，使之融于整体氛围内。

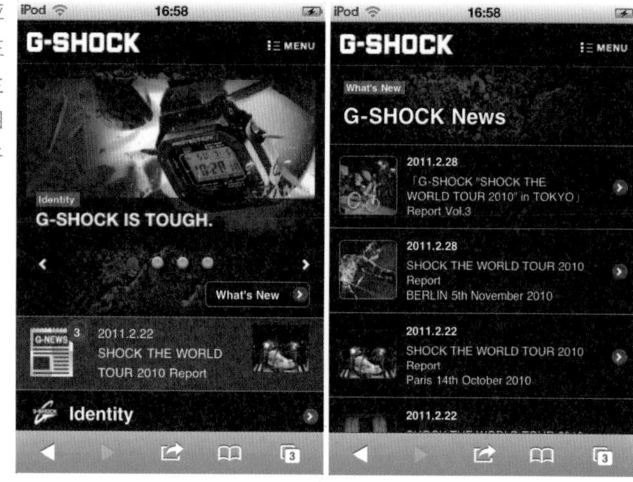

名称：G-SHOCK运动手表APP

主色彩 R000 G000 B000

辅助色彩 R062 G062 B062

强调色彩 R255 G000 B000

SHOPSTYLE是英国的一家时尚服饰专卖的购物类应用。界面只有黑色、白色和灰色组成，极其简单大方。即使是在导航键的激活状态下也只是加了个发光效果，没有在色相上变化。为配合这种简约时尚的感觉，所有图片做了背景的简化处理，基本只使用了白色和灰色两种色彩。

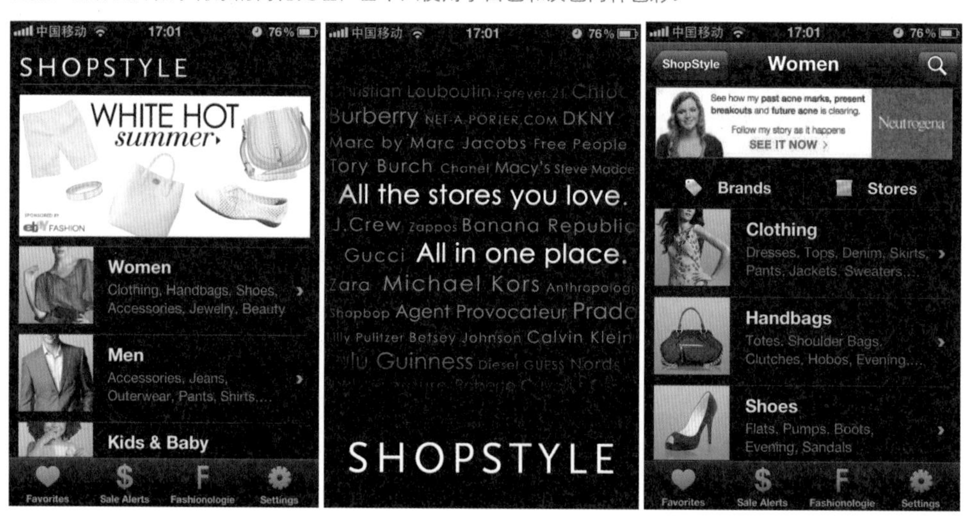

名称：SHOPSTYLE

主色彩 R000 G000 B000

辅助色彩 R065 G065 B065

R142 G142 B142

强调色彩 R251 G007 B000

2.8 白色系

2.8.1 白色的联想与象征

色彩的联想		色彩情感特征	色彩的性格	适用题材
具 象	抽 象			
冰雪、婚纱、白云、大米、白糖、盐。	纯真、高洁，在中国文化代表死亡。	积极方面：纯洁、简洁、明亮、平静、和平、朴素、清洁。消极方面：虚无感、寂寞感和死亡的联想、冷淡。	纯洁、朴素、安静。	赋予产品一种透明、洁净的感觉。适用于婴儿产品、个人护理产品。奶白比纯粹的白显得友好，有一种可口的联想，常用于餐厅环境和食品包装及广告。

白色是干净的色彩。在没有添加任何其他色彩的网页中，主色彩常常会使用白色。它是清洁、纯真、和平的象征，具体让人联想到婚纱、雪、医院。在善与恶中，与黑色相对照，象征善。白色易与其他任何色彩进行搭配，给人以都市化、现代、简洁的感觉。有时也会显得单调。虽然白色是干净的颜色，但如果使用的面积过多，会令人感觉过多的空白，反而会使人感到空虚、烦闷。

2.8.2 白色配色案例分析

石神井口腔是日本一家提供矫正牙齿、治疗牙病的口腔诊所，其网站是白色为主色的典型例子，整个界面大量留白，用色极简，仿佛就让人置身在洁净的医疗环境中。绿色勾线的小图标和装饰线打破了大面积白色带来的空虚感，绿色和白色的搭配让人感受到自然安静的氛围。

名称：日本石神井口腔外科

地址：www.shakujii-dc.com

主色彩 R255 G255 B255

辅助色彩 R230 G230 B230

强调色彩 R110 G185 B043

R079 G070 B063

Hormel（荷美尔）是一家专门提供肉类制品的厂商，其移动网站界面采用的是奶白色，而不是普通的白色，因为奶白色在美国文化中通常是和食品联系在一起的。

名称：Hormel（荷美尔）

主色彩　R255 G255 B255

辅助色彩　R234 G234 B234

R236 G229 B210

R179 G193 B202

强调色彩　R169 G019 B031

idaily 新闻类阅读应用，可以通过微博转发或评论，还可以定位了解新闻事件与自己的距离。界面以白色为主，首页将图片放在视觉流程的中心，占界面几乎一半，图片下方附注时间地点和简介，帮助用户加深了解。文字按照重要程度分为黑色、灰色和浅灰色三种，更好地引导视觉流程。整体给人干净简洁的感觉。

名称：idaily

主色彩　R248 G248 B248

辅助色彩　R224 G224 B224

强调色彩　R000 G000 B000

2.9 灰色系

2.9.1 灰色的联想与象征

灰色是双重的色彩，可以使人感到安静、被动、静态的色彩。灰色简洁、现代的感觉非常强烈，所以在界面设计中常常作为主色彩或者辅助色彩使用。灰色的性格比较随和，它适合和任何色彩搭配，和其他色彩一起配色时，可以起到衬托的作用。

2.9.2 灰色配色案例分析

国际人道主义救援组织的网站采用安静的灰色，简洁现代，其强调色亮黄色和灰色是一对经典组合，在很多网页中都曾出现。

名称：国际人道主义救援组织

地址：www.globalhuman

主色彩 R038 G038 B038

辅助色彩 R021 G021 B021 R073 G073 B073

强调色彩 R255 G223 B000

CHARLES LUCK 移动网站提供了各种石材的产品展示和公司愿景，灰色在其网站中担任重要角色，不同深浅色调的灰色区分了信息的层次，灰色这种无彩色也易与各种色彩的石材颜色搭配。

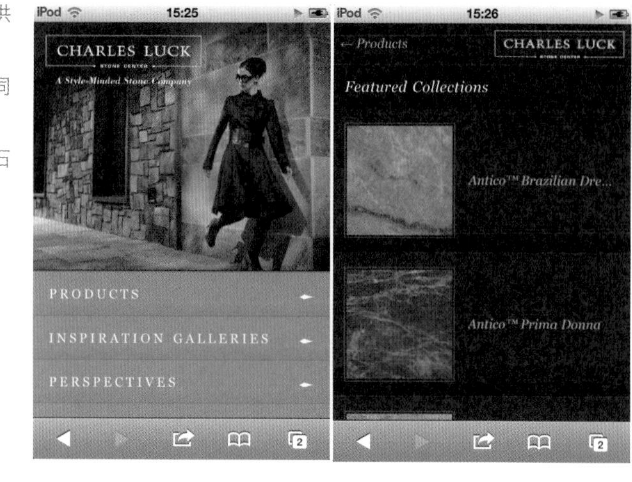

名称：CHARLES LUCK

主色彩 R044 G040 B041

辅助色彩 R032 G030 B031

R036 G032 B029

强调色彩 R159 G147 B135

Nike training club 推出一款锻炼身体的移动 APP，界面以浅灰色为主，图标制作细致，图片都是没有边框的大图，方便用户学习锻炼内容，在视觉上则营造一种简约跃动感。文字采用不同的灰色，突出重点部分。导航的强调色为蓝色，界面最终强调色为绿色，均与整体色调协调统一。

名称：Nike training club

主色彩 R243 G243 B243

辅助色彩 R213 G213 B213

R122 G197 B226

R000 G000 B000

强调色彩 R176 G193 B061

R222 G030 B051

摄影画报的手机客户端为读者营造了完美的黑白灰艺术世界，为了保持这种单纯的气质，应用中所有界面除了大图，文字、背景等都采用各种灰色调的设计，就连导航用的小图都统一为黑白色调。不同粗细的等线体字体的使用使得整体界面在统一中不失对比，营造了专业、现代、精致的摄影艺术氛围。

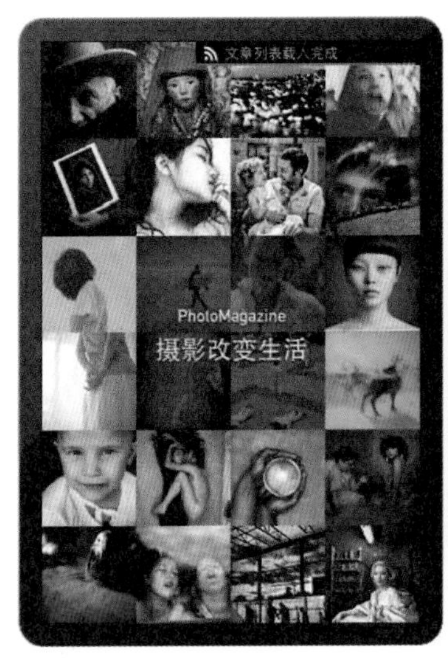

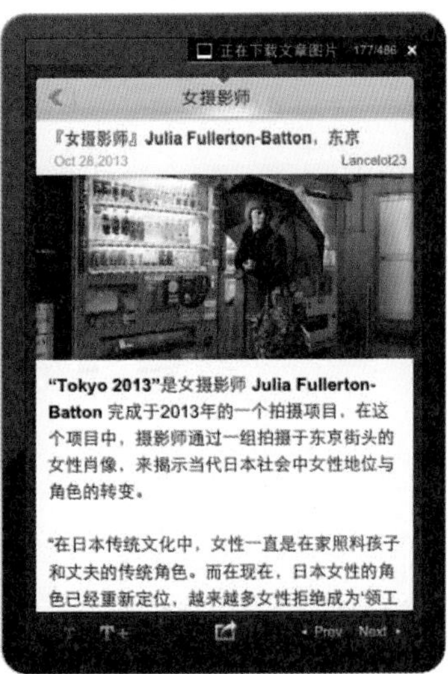

名称：摄影画报

主色彩　R245　G245　B245

辅助色彩　R204　G204　B204

强调色彩　R000　G000　B000

2.10 配色灵感的来源

为网站或者其他数字媒体作品搭配出最出色的色彩感觉，学习和分析相关学科设计作品以获得灵感是一条非常重要的途径。

生活之中处处充满灵感，纵观各个设计门类，时尚产业和室内家居恐怕是距离人们生活最近的两个门类。时尚行业常常会开启每年流行色的先河，家居环境的多样性往往也是反映出当今时代人们审美的倾向和偏好。

我们在界面的色彩搭配中经常会看到活泼鲜艳的有彩色和冷静中性的无彩色的搭配。下图网站界面中橙色和各个层次的灰色和白色的搭配就是很典型的例子。这种配色营造出一种简约又不失活力的感觉，满足人们两种心理层次的需求。

橙色

人类悠久的艺术历史为我们留下了的艺术作品，尤其是绘画大师超乎想象的色彩搭配，或激越畅快，或高雅大气，或轻柔婉约。例如荷兰后印象派大师梵高的代表作《星空》，全画的色调呈现蓝绿色，画家用波浪般急速流动的笔触表现星云和树木，在他笔下，星云和树木像一团正在炙热燃烧的火球，正在奋发向上，色彩上强烈的互补具有极强的表现力，给人留下深刻的印象。

这种大面积深蓝色彩和小面积鲜艳橙色的搭配用在网页上可以营造一种深深的沉浸感，气氛强烈，重点突出。

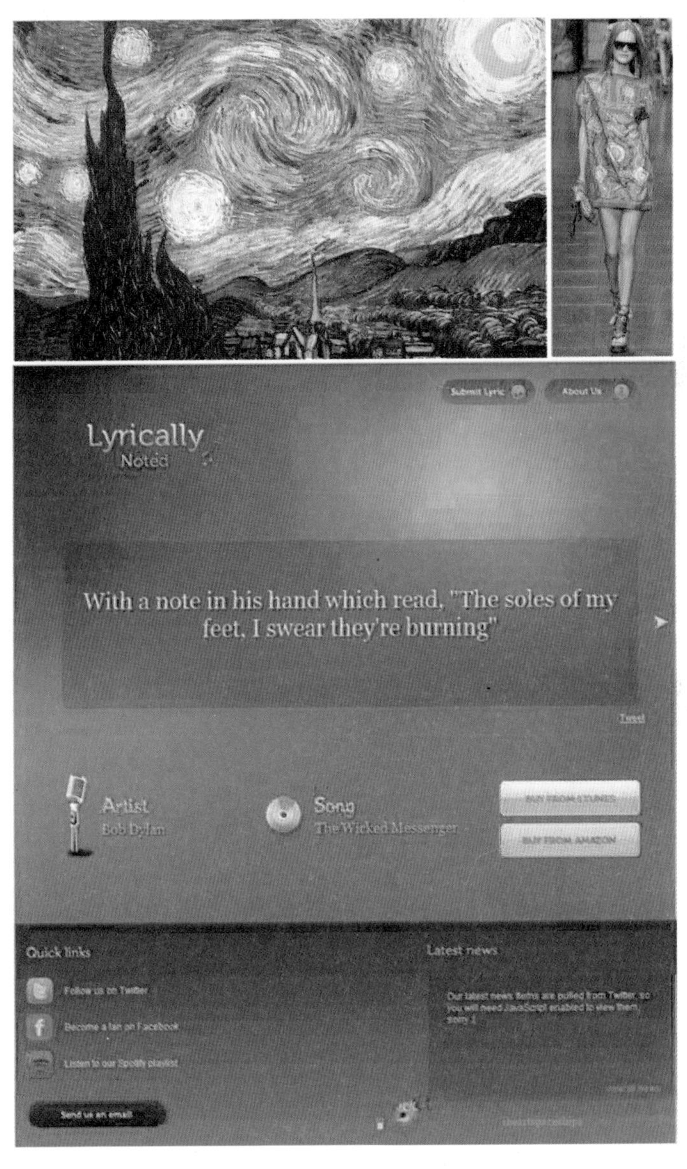

蓝色

所以平时如果参观画展或者在别的媒介上看到优秀的绘画作品、设计作品时，可以做个有心人，把色彩进行提炼和总结，把搭配方式记录下来，在设计数字媒体作品时以作参考。

大自然是最好的色彩老师，也是配色灵感的最大来源。我们在生活中经常会看到绿树红花、蓝天红日等很多补色关系的搭配，给人很强烈的印象。在网页中运用时可以参考大自然搭配色的具体色调，并调整色彩的面积大小，使得配色既强烈又简洁。

红色

第3章

基于色彩印象的配色

- 色彩印象空间
- 温和印象的配色
- 隐约印象的配色
- 高尚印象的配色
- 可爱印象的配色
- 欢快印象的配色
- 动感印象的配色
- 洁净印象的配色
- 自然印象的配色
- 优雅印象的配色
- 华丽印象的配色
- 稳重印象的配色
- 现代印象的配色

3.1 色彩印象空间

人类在长期实践过程中发现，无论是自然界的色彩还是人工创造的色彩，都能感觉到色彩与人的情感之间有着感应效果。一般来说，这种感应可以从两个方面来研究。

一种是由色彩的物理性刺激直接导致的某些心理体验，可称为色彩的直感性心理效应，如高明度色刺眼，使人心慌，饱和的红色鲜艳夺目，使人兴奋。

另一种是色彩的间接性心理效应，主要指色彩的联想与象征，如红色通常和人们印象中的火、血、红旗等概念相关联，很容易让人联想到革命、暴力、热情，从而构成色彩的总体印象，这种感应比前者来得更强烈、更有深层含义。

色彩的这两种心理效应具有一定的普遍性，是设计构思中选择色彩的重要依据。

色彩能带给人冷暖、轻重、软硬、动静等不同的感受，这些感受都明显带有色彩直感性心理效应的特征。

柔和

动态的 ← → 静态的

快乐的	和睦的 活力的 新鲜的	明亮的 清澈的 轻盈的 浅薄的 爽快的	柔和的 细微的 整洁的	透明的 欢乐的	软弱的 文弱的
有趣的 轻快的 年轻的	可爱的 快乐的 甜蜜的 快活的 回味无穷的 新颖的	女性化的 芳香的 亲切的 感性的 温暖的	情感的 自然的 田园式的	柔韧的 有条理的 温和的 朴素的 安定的	宁静的
激情的 活泼的 新鲜的	自由的 装饰的 韵律的 地域性的 吵闹的 多样的	幻想的 丰富的 空闲的 充裕的 有魅力的 成熟的	舒适的 方便的 感觉的 优雅的 帅气的 东方化的	端庄的 简便的 整洁的 简单的	整齐的 浓郁的 隐约的
突出的 个性的	繁杂的 出色的 人工化的	华丽的 清爽的 冷淡的 高科技的	单纯的 高级的 简练的 有品味的 格式化的 保守的	古典的 安详的 高尚的	静态的 纯朴的
精力充沛的 实用的 强力的	革新性的 现代的 时髦的 功能性的 坚韧的	进步的 都市化的 西方化的	女性化的 传统的 理智的 男性化的 坚定的	典雅的 古老的	文静的 老练的 忧郁的
强烈的	粗糙的 狂野的	生硬的	坚固的 深邃的 沉重的 黑暗的	忠厚的 浑浊的	

生硬

用形容词定义色彩印象

色彩和人的感觉都是丰富而富于变化的。所以在设计实践中，设计者必须研究针对不同的受众，什么风格的色彩是令其愉快的。比如对于儿童和青少年来说，体现出活泼有趣的视觉语言往往能引起其愉快的感受；对于成熟女性，可能优雅浪漫风格的视觉语言更能引起愉快的体验；而对于男性来说体现出力量与成熟的视觉语言更有吸引力。

本书中着重总结界面色彩设计中的一些规律，在网站的色彩设计中，需要了解规则，同时也需要在掌握规则基础上的独特创新。色彩运用上如果长期使用概念化的色彩，会使同类网站/APP面貌千篇一律，受众会产生厌烦心理，所以色彩的选择上有时应该反其道而行之，往往会获得意想不到的成功，例如当几乎所有的饮料都选择带给人们清凉感受的冷色时，可口可乐却与众不同地使用了红色，用火一般的激情去感染消费者，大获成功。

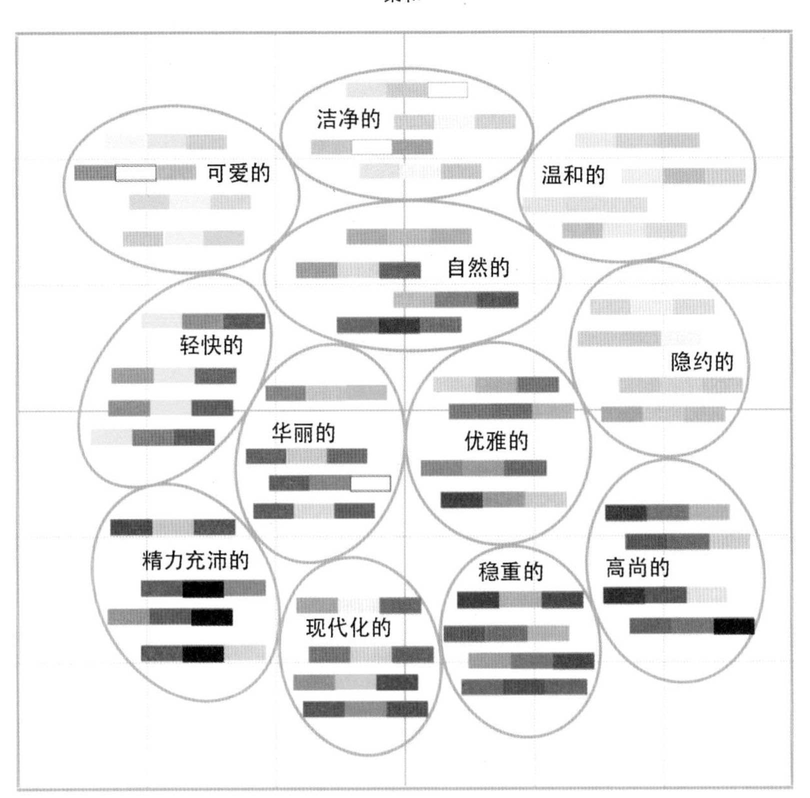

色彩印象空间

3.2 低彩度印象配色

就低彩度印象配色而言，含灰的亮色，有柔软感，飘逸感，含灰的纯色及暗色有坚硬感和结实感。

3.2.1 温和印象的网页配色

温和的

柔和的

感性的

淡淡的

清新的

女性化的

TONE \ HUE	R	YR	Y	GY	G	BG	B	PB	P	RP
V										
S										
B									●	
P	●	●						●	●	●
VP	●	●		●		●	●	●	●	
Lgr										
L										
Gr										
Dl										
Dp										
Dk										

Neutral	
N9.5	
N9	
N8	
N7	
N6	
N5	
N4	
N3	
N2	
N1	

◀色调与色相分布

温和的印象色调与色相分布（引自韩国IRI色彩研究所研究成果）

表现温和柔美风格的色彩组合，色相上一般是不同深浅的粉红、玫瑰红、橙色以及清新的嫩绿和不饱和的浅黄等偏暖的亮色为主，没有过于强烈的对比，营造出一种温柔、亲切、舒适的氛围，用以象征女性的青春与柔美。这些色彩给人轻盈、朦胧和娇美的感觉，在情绪上令人愉悦而不过于兴奋，平静而不觉得单调厌烦，所以化妆品、针对年轻女性的服装饰品、家居日用品的广告经常使用体现温和柔美风格的配色方案。温和的色彩多是轻盈的色彩，彩度较低，色相上多采用橙色、黄色，合理的配色会传达一种亲切感。

Kappa的“每天‘美’一步”活动网站旨在吸引城市二十多岁追求美丽健康的年轻女性参与每日健身活动，网站的界面要体现出青春、亲切的氛围，低彩度、高明度的粉红色搭配白色自然是首选方案。

主色彩		R104 G190 B210
辅助色彩		R255 G255 B255
		R058 G109 B058
强调色彩		R255 G064 B139
		R237 G028 B036

女性个人护理产品网站大多采用温和配色方案，高洁丝网站采用高明度、轻盈的浅蓝色为主色，以中明度的黄色和红色为强调色，充分传达出轻柔美学品牌之理念。

主色彩 R189 G232 B244

强调色彩 R000 G162 B217 R230 G121 B141

辅助色彩 R254 G227 B130 R255 G032 B000

CAMPLUXE 是澳大利亚的一家网上商店，售卖范围是豪华户外露营产品，网站整体配色给人亲切柔和的感觉。网站 Logo 中的圆形图案在其导航中作为导航图标的造型被再次强调，七个导航图标的色彩色相不同但色调基本保持一致，鼠标滑动到其中某个图标，其下对应的色块就会变成与所选图标一致的颜色，这种配色方法的运用一方面使得用户不容易在网站中迷失，用色彩帮助其定位，另一方面又使得二级页面不会因为版式一致而变得单调，色彩起到丰富和区分的作用。

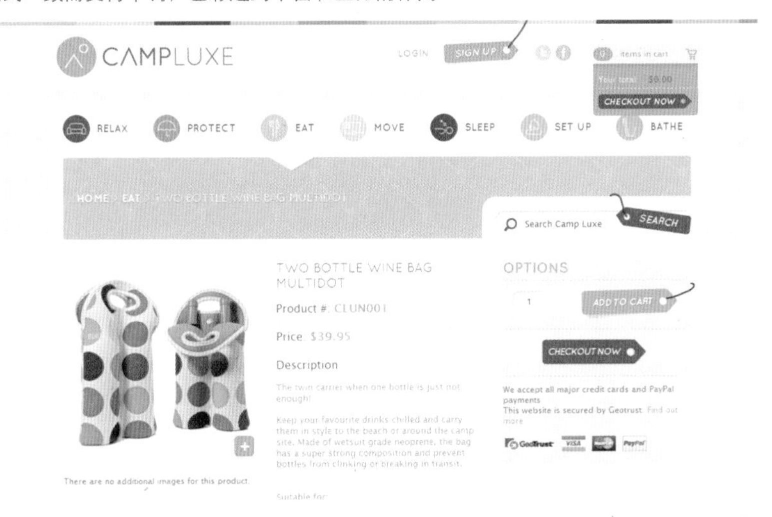

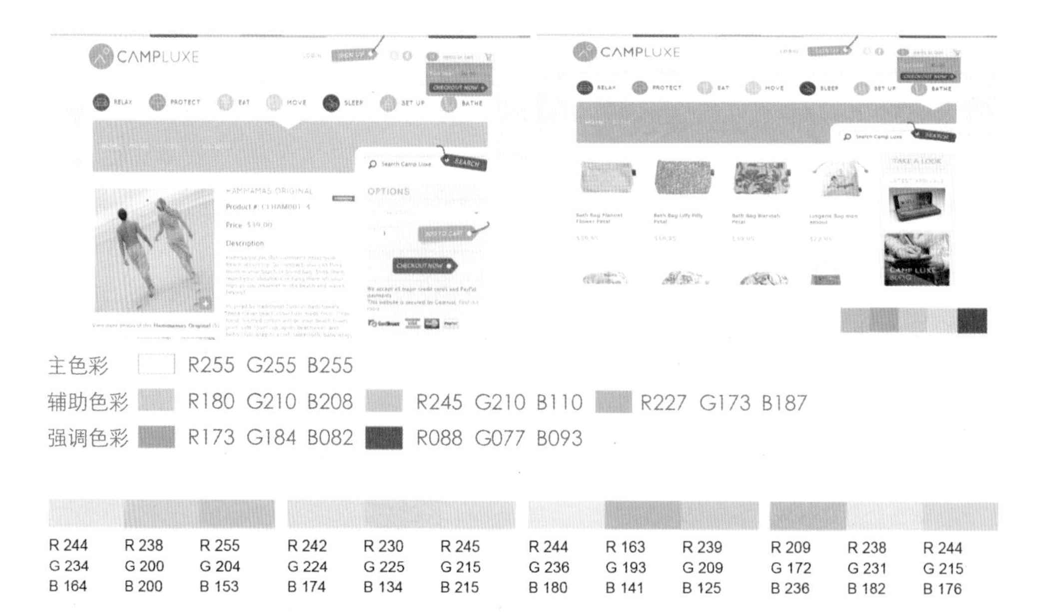

体现温和感配色方案

3.2.2 隐约印象的网页配色

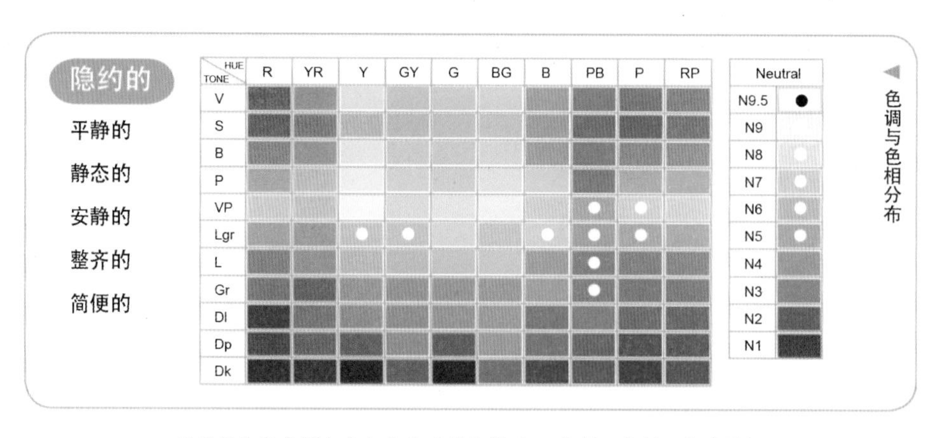

隐约的印象色调与色相分布（引自韩国IRI色彩研究所研究成果）

体现隐约感的配色关键是各个色彩的色调差异很小，没有强烈的对比，属于同一色调或者类似色调。在色相上多采用灰色系和蓝色系，并且彩度都降得比较低，大多都是含灰的明度适中的颜色。这种配色能营造出静态、简洁、舒适的感觉，用来表现都市年轻男士的儒雅气质，同时也适用于一些学术教育机构的网页色彩定位。中明度、低彩度的色调适用于有大量信息的内页，长时间阅读不容易引起视觉疲劳。为防止过于统一而缺乏页面视觉兴奋点，可以在局部加入小面积的高彩度或者色调差异极大的颜色来加强对比。

Criterion Collection 是一个电影评论交流的平台，信息量大，分类细致，学术氛围比较浓厚，变化细微的浅灰色调使得整个页面朴素安静，适合长时间的阅读，网站整体简洁儒雅。

名称：criterion

地址：www.criterion.com

主色彩	R255 G255 B255
辅助色彩	R235 G235 B235
	R193 G193 B193
强调色彩	R000 G000 B000
	R080 G129 B143

东道设计是国内著名的设计公司，致力于品牌的设计与管理。网站主体色为白色，辅助色则选用了一系列中高明度、低彩度的颜色作为辅助色，强调色则为黑色及红色。整体风格简洁素雅，凸显沉稳与干练。

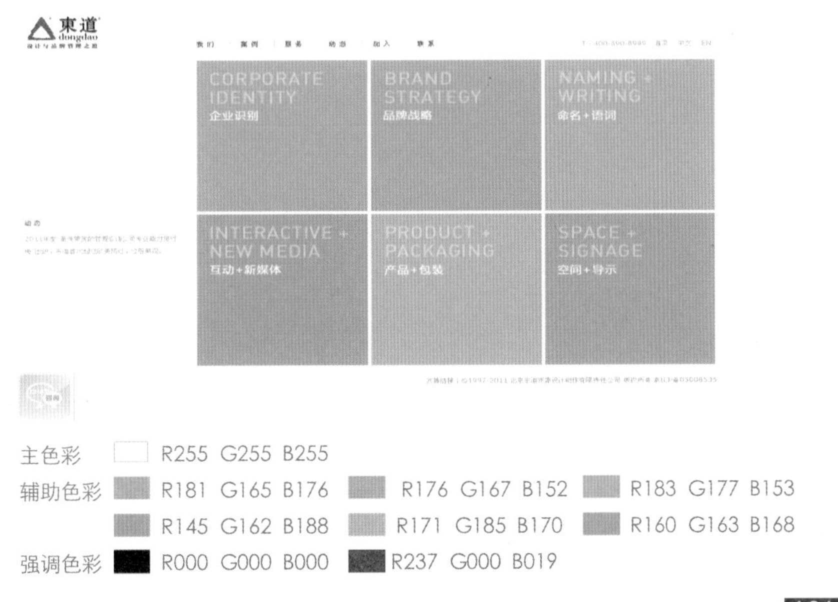

主色彩	R255 G255 B255		
辅助色彩	R181 G165 B176	R176 G167 B152	R183 G177 B153
	R145 G162 B188	R171 G185 B170	R160 G163 B168
强调色彩	R000 G000 B000	R237 G000 B019	

马德森单车是一个自行车的网上销售平台，网站的色彩搭配是彩度较低、明度较高的隐约感觉，网站的强调色为鲜艳饱和的橙色，出现在网站 logo 和 Shop 按钮和菜单字体中，十分抢眼，好似简洁舒适的静谧空间中出现的快乐音符。

名称：Madsen Cycles

地址 :shop.madsencycles.com

主色彩 R219 G228 B223

辅助色彩 R208 G219 B215

R053 G066 B074

强调色彩 R229 G127 B026

R 202	R 238	R 219	R 197	R 192	R 219	R 169	R 177	R 186	R 148	R 192	R 193
G 200	G 227	G 207	G 202	G 192	G 236	G 201	G 209	G 184	G 148	G 192	G 166
B 216	B 216	B 205	B 162	B 192	B 241	B 183	B 213	B 218	B 184	B 192	B 204

体现隐约感的配色方案

3.2.3 高尚印象的网页配色

高尚的

传统的

高雅的

严格的

古典的

有品味的

TONE \ HUE	R	YR	Y	GY	G	BG	B	PB	P	RP
V										
S										
B										
P										
VP										
Lgr			●							
L			●							
Gr	●									
Dl	●	●	●						●	
Dp	●									
Dk	●	●	●					●		

Neutral	
N9.5	
N9	
N8	●
N7	
N6	
N5	
N4	
N3	
N2	
N1	●

色调与色相分布

高尚的印象色调与色相分布（引自韩国IRI色彩研究所研究成果）

体现高尚感的配色关键是采用较低的明度和彩度。它可以使人感觉到典雅之美，用它可以营造出静态、沉静的氛围。“高尚的”是一种适合中年女性的形容词，所以在色相上常常会使用能够象征女性的赤红色或者紫红色系，给人以传统的、有品味的高雅印象。

干邑是法国干邑或周边地区生产的一种用葡萄酿造的白兰地，是著名的葡萄酒品牌。干邑必须以铜制蒸馏器双重蒸馏，并在法国橡木桶中密封酿制 2 年才可称为干邑。网站主要功能介绍干邑品牌和其最新动态。网站采用的主体色是黑色，辅助色是高明度、低彩度的紫红色，强调色是金色。这种色彩搭配使整个网站散发出一种高贵的气息，给人以传统、高雅、有品味的印象。网站采用大量精致的图片，图片的色调和网站吻合，提升了网站的视觉体验。

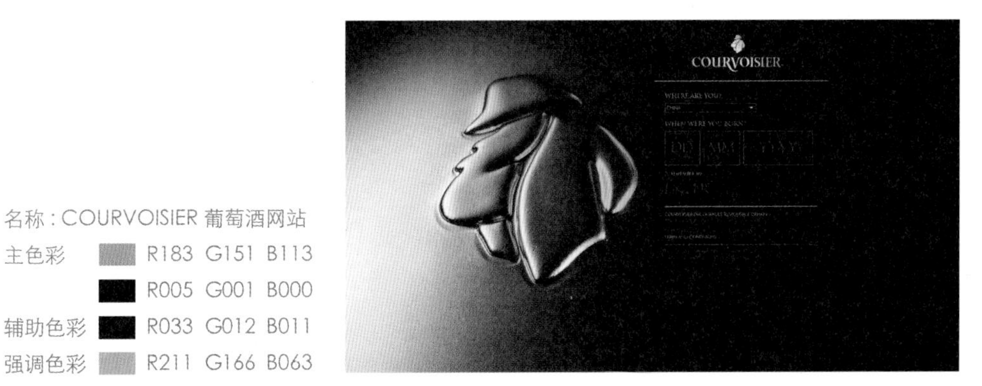

名称：COURVOISIER 葡萄酒网站

主色彩 R183 G151 B113

R005 G001 B000

辅助色彩 R033 G012 B011

强调色彩 R211 G166 B063

华润集团始于 1938 年的香港“联和行”，至今是内地最具实力的综合型房地产公司之一。下图网站是华润公司开发的平门府楼盘网站。网站的主体色采用的是中明度、低彩度的土黄，辅助色是金色和棕色，强调色是低明度的黑色。通过精美水墨画的运用营造宁静、高贵的氛围，散发着浓烈的复古气息，很吻合平门府楼盘“私园独地”、“古董土地”的定位。

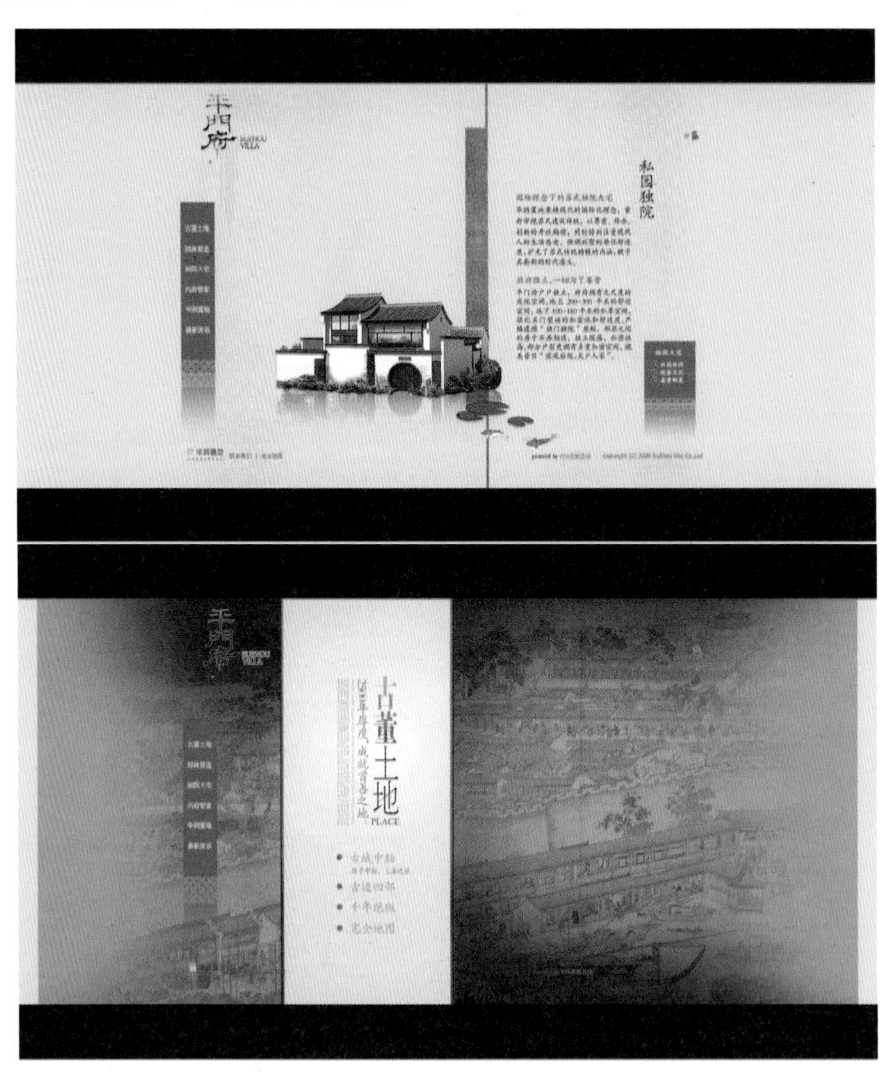

名称：平门府

主色彩 R236 G215 B168

辅助色彩 R079 G054 B000

强调色彩 R001 G001 B001

该网站是一个名叫 jelenajovovic 的网页设计师和插画设计师的个人网站，主要是介绍个人的一些作品和人生经历。网站采用的主体色是低明度、低彩度的紫红色，强调色是高纯度的橙色，出现在页头部分的图片中的网站按钮中。

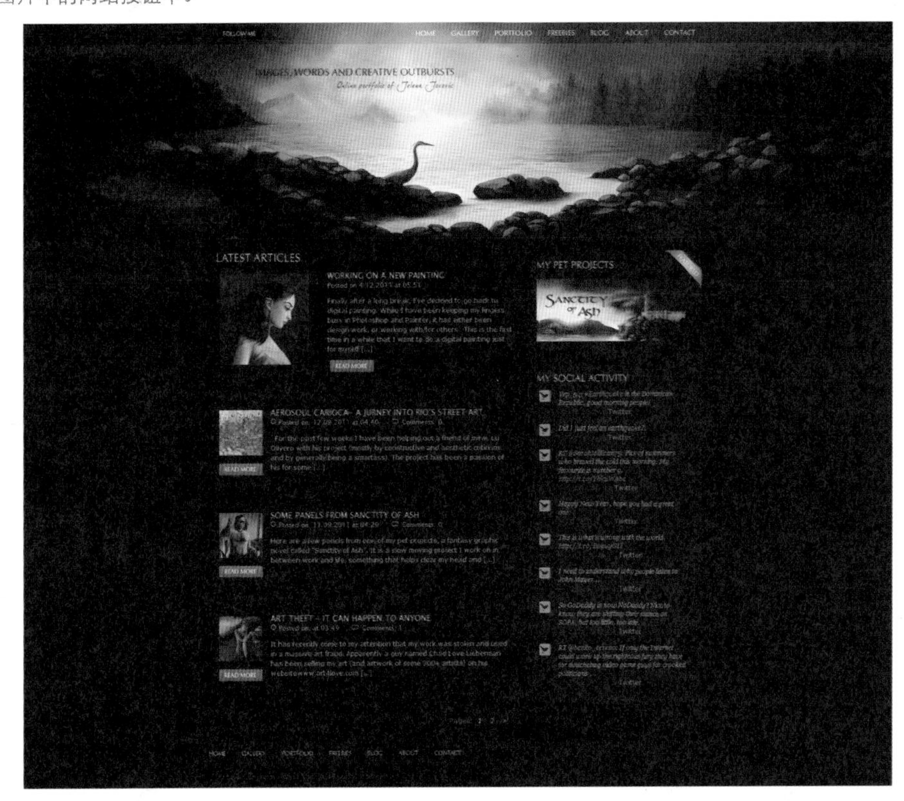

名称：jelenajovovic

地址：jelenajovovic.com

主色彩 R025 G006 B012

辅助色彩 R014 G005 B008

强调色彩 R239 G227 B179

R208 G077 B032

R 113	R 95	R 217	R 150	R 87	R 0	R 114	R 135	R 219	R 111	R 102	R 213
G 15	G 50	G 216	G 33	G 97	G 0	G 36	G 109	G 165	G 61	G 102	G 204
B 18	B 100	B 213	B 130	B 97	B 0	B 36	B 43	B 129	B 93	B 51	B 139

体现高尚感的配色方案

高尚印象的配色往往整体明度都比较低，处理不当容易发闷，这个网站的处理给了我们一些启示，可以利用彩图中的明暗对比来实现界面明度上的平衡。

3.3 高彩度印象配色

3.3.1 可爱印象的配色

可爱的

有趣的

明亮的

愉快的

儿童般的

TONE \ HUE	R	YR	Y	GY	G	BG	B	PB	P	RP
V		●								
S										
B	●	●	●			●	●		●	●
P			●	●		●	●			
VP										
Lgr										
L										
Gr										
Dl										
Dp										
Dk										

Neutral	
N9.5	
N9	
N8	
N7	
N6	
N5	
N4	
N3	
N2	
N1	

◀色调与色相分布

可爱的印象色调与色相分布（引自韩国IRI色彩研究所研究成果）

可爱的感觉最接近于四季中的春天。主要使用绿色系列的黄绿色、红色系列中的粉红色，黄色和橙色也被常常使用。与相同色相相比，更多地用不同的色相搭配，营造出多彩的氛围，这也是它的一个特征，总的来看所用的明度和彩度都比较高。这种配色适合儿童网站，给人以明朗、温暖的感觉，适合可爱、童真的构思。

Gymboree 是婴幼儿服饰的电子商务网站。网页运用了鲜亮的绿、黄、粉、蓝，不同的页面采用不同的颜色背景，女婴产品页面采用较暖的粉色，而男婴产品页面则采用较冷的蓝色，充分利用了色彩对信息的识别性进行引导。

名称：gymboree

地址：www.gymboree.com

主色彩	R255 G255 B255
辅助色彩	R178 G198 B092
	R255 G187 B047
	R047 G109 B161
	R255 G144 B175
强调色彩	R114 G074 B013

Boobebe 是一家婴幼儿服装的网站，它的配色为我们学习处理黄色和紫色这对互补色彩的关系提供了借鉴，互补色搭配在面积上要有主次关系，黄色占大面积作为主色，紫色作为强调色出现在 logo、导航、重要的按钮和内容区域当中。再将黄色和紫色的色调统一为明亮色调，并使用同色调的蓝色、绿色进行穿插，使得黄与紫的互补对比再一次得到调和，整体氛围多彩、可爱、充满童真的幻想。

名称 : boobebe

地址 : boobebe.com.br

主色彩　R248　G202　B057

辅助色彩　R255　G255　B255

强调色彩　R182　G138　B173

　　　　　R003　G159　B220

这是卡通人物 Mocmoc 形象的网站。大面积使用较高明度和彩度的粉色是营造可爱印象的不二法门。

名称 : Mocmoc 形象网站

地址 : www.babymocmoc.cn/moc

主色彩　R255　G183　B210

辅助色彩　R245　G245　B245

强调色彩　R135　G055　B000

R 207	R 240	R 255	R 255	R 255	R 255	R 187	R 255	R 255	R 229	R 248	R 183
G 242	G 249	G 193	G 111	G 255	G 183	G 246	G 255	G 228	G 180	G 252	G 230
B 253	B 64	B 227	B 146	B 255	B 139	B 118	B 130	B 91	B 244	B 117	B 82

体现可爱感配色方案

3.3.2 欢快印象的配色

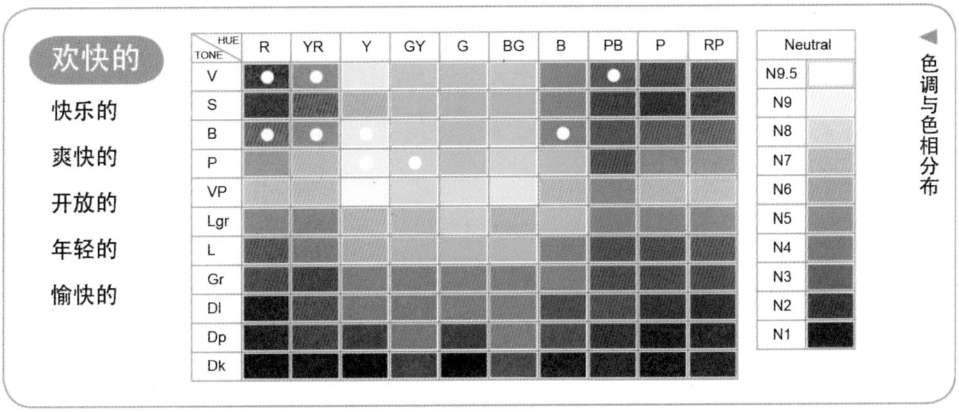

欢快的

快乐的

爽快的

开放的

年轻的

愉快的

TONE \ HUE	R	YR	Y	GY	G	BG	B	PB	P	RP
V	●	●						●		
S										
B	●	●	●				●			
P			●	●						
VP										
Lgr										
L										
Gr										
Dl										
Dp										
Dk										

Neutral
N9.5
N9
N8
N7
N6
N5
N4
N3
N2
N1

色调与色相分布

欢乐的印象色彩色调分布图（引自韩国IRI色彩研究所研究成果）

高明度、高彩度的黄色、橙色、绿色和玫瑰红，各种对比色和互补色之间的搭配，可以营造出积极、充沛、跳跃、欢乐无限的感觉，常常让人联想到大袋的美丽糖果和节日里五彩的礼花，这种活泼有趣的色彩组合对儿童青少年有着非凡的吸引力。无论是儿童产品、游戏娱乐产品的广告，还是节庆海报，这些高注目度的色彩都能很快抓住受众的注意力，引起欢乐兴奋的情绪体验。

欢乐的印象配色中彩度较高，传达一种少年生机勃勃、奔跑的感觉，但不如动感有力来得狂野和强烈，从明度上与动感有力相比要高一些，但比可爱的明度又低一些，介于两者之间。从配色情况来看色调的差异不大，常使用类似色调。

M＆M＇s巧克力豆凭借奇趣、炫彩的品牌形象，独特的产品形式，以及品牌和音乐的紧密联系，赢得了当代年轻人的喜爱。与“只溶在口、不溶在手”的著名广告语同样经典的是巧克力豆的彩色外衣，网站选用了M＆M＇s的卡通形象以及用色风格，欢快活泼的配色不仅强化了网站的可识别性，也符合主流的年轻消费者年轻而多彩的风格。

地址：www.mms.com.tw

主色彩 R251 G203 B036

辅助色彩 R187 G026 B032　R020 G134 B058　R017 G122 B200

R235 G175 B015　R249 G122 B000

强调色彩 R083 G047 B022

Yipori 是一个个人网站，里面展示了作者的一些网页插画作品，同时还将插画做成了各种尺寸的桌面壁纸提供免费下载。整个网站延续了插画形象和风格，运用了大量插画作品中的卡通形象，色彩鲜艳跳跃，十分欢快，整体感觉十分可爱。其主色（蓝色）和其对比色相、互补色搭配在一起使得页面整体气氛变得活跃，十分符合 Yipori 网站目标人群（青少年）的喜好。为了使页面各种饱和鲜艳的小色块之间得到一定程度的调和，用黄绿色担当间隔色，页面底部白色的使用使得页面有轻盈感。

地址：www.yipori.com

主色彩 R060 G160 B192

辅助色彩 R152 G198 B046　R117 G108 B019

强调色彩 R210 G027 B081　R241 G087 B000　R198 G085 B151

R147 G021 B024

WebbliWord 是一款网络虚拟人生性质的游戏，用户申请账号后可根据自己的喜好装扮自己的角色，在游戏中，用户有自己的私人空间，甚至是自己的家，在游戏中用户可以购买自己想换的衣服或者其他物品来装扮自己的人物或者自己的家，还可以在虚拟世界里看电影、玩游戏，结交其他玩家，进行聊天甚至去游览别人的家和其他地方。

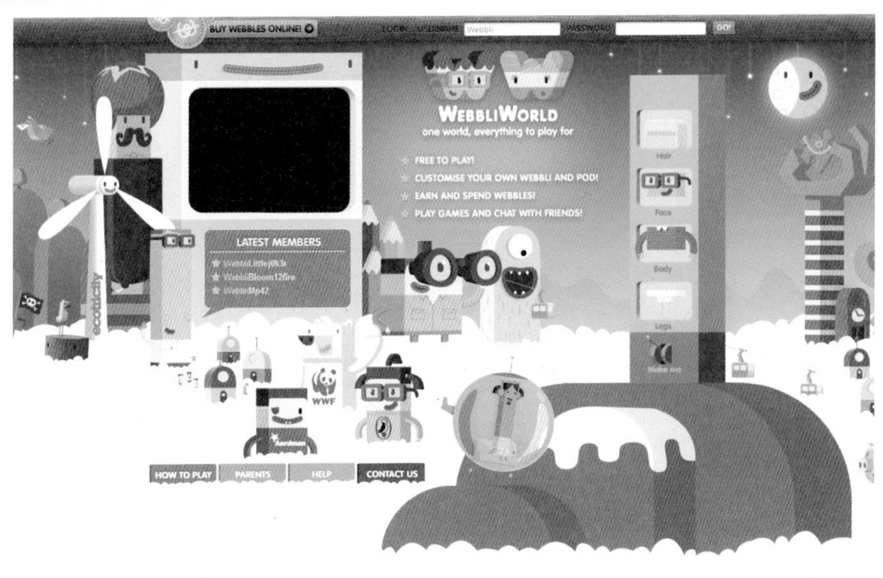

名称 : WebbliWord

地址 :www.webbliworld.com

主色彩	R138 G203 B173
辅助色彩	R176 G094 B058
	R255 G255 B255
强调色彩	R255 G113 B027
	R255 G255 B255
	R184 G255 B255

网站中使用了大量的高彩度色彩，色相的种类繁多，同时在造型风格上也采用了十分可爱的卡通风格，使整个网站给人一种十分欢快并且丰富多彩的感觉，十分贴切地展现了这款游戏的主题——“在这里你能体验到丰富多彩、充满乐趣的人生”。

R 247 G 246 B 25	R 248 G 127 B 17	R 206 G 17 B 9	R 27 G 160 B 51	R 247 G 246 B 25	R 206 G 21 B 118	R 248 G 127 B 17	R 247 G 246 B 25	R 27 G 66 B 141	R 247 G 246 B 25	R 197 G 71 B 142	R 104 G 49 B 122

体现欢快感的配色方案

3.3.3 动感印象的配色

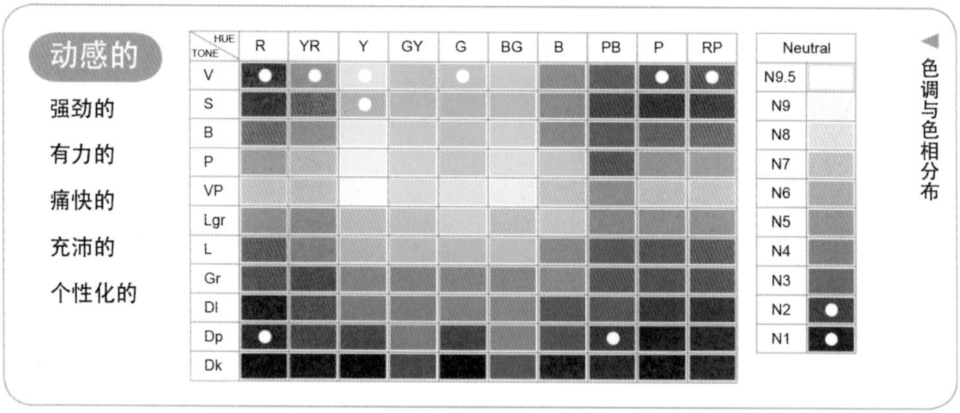

动感的

强劲的

有力的

痛快的

充沛的

个性化的

TONE \ HUE	R	YR	Y	GY	G	BG	B	PB	P	RP
V	●	●	●		●				●	●
S			●							
B										
P										
VP										
Lgr										
L										
Gr										
Dl										
Dp	●							●		
Dk										

Neutral	
N9.5	
N9	
N8	
N7	
N6	
N5	
N4	
N3	
N2	●
N1	●

色调与色相分布

动感的印象色调色相分布（引自韩国IRI色彩研究所研究成果）

动感、激情，火一般的炽热情感，可通过各种大面积暗色和中明度纯色对比的色彩组合来传达，占主导地位的暖色与深色搭配可以营造出戏剧感和兴奋感，最具有代表性的是各种颜色与黑色的组合，如红色与黑色，蓝色或紫色与黑色，黄色与黑色。

动感有力的风格和活泼有相似之处，但更成人化、男性化一些，所以这些色彩组合常常会在以男性为目标受众的汽车、音响、运动产品的广告中出现。色彩搭配通常是色调的差异较大，比如多采用高明度的白色或者黄色搭配低明度的黑色或其他暗色，两类色彩的明度差异大，看起来动感更强烈。

还有的配色方案和三色旗类似，适合应用在动感运动或者休闲运动领域的设计当中。动感有力、激情狂热会让我们联想到体育竞赛，体育类站点中，大多使用动态的、强烈的颜色并赋予鲜明的对比效果，而且在这类站点中，黑色总是占据着非常重要的位置。

邓禄普轮胎官网的一个小型的专题网站，主要是针对年轻的用户，采用一个以邓禄普轮胎为主要元素的智能机器人，更贴切和形象地宣传邓禄普轮胎，扩大品牌的影响力。网站配色来源于公司VI系统色彩，网站采用的主色为高纯度柠檬黄，辅助色为高明度的灰色，强调色是黑色，在营造动感氛围的同时很好地强化了公司的品牌视觉形象。高纯度的柠檬黄和灰色、黑色搭配极具现代感，结合富有冲击力的倾斜式版式、错落的导航，将品牌发现未来、不断创新的激情动力表现得淋漓尽致。

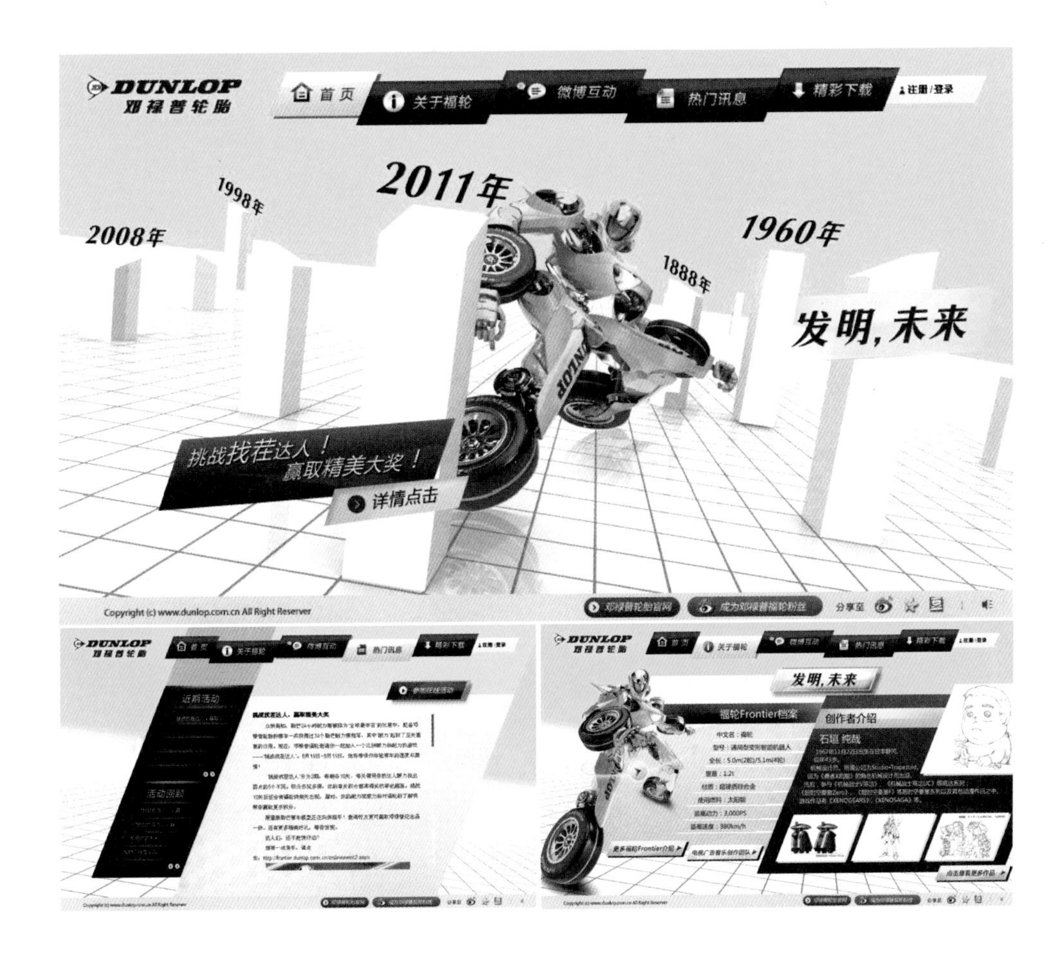

名称：邓禄普轮胎

主色彩 R254 G229 B014

辅助色彩 R221 G221 B221

强调色彩 R006 G006 B008

PUMA Bioweb 站点向我们展示了运动类网站的经典配色，大面积的黑色和中明度的蓝色、橙色营造出英雄题材电影般的力量感和崇高感。白色大字体的广告标题异常醒目，PUMA 品牌的红色起到了画龙点睛的作用。

名称：PUMA Bioweb

地址：www.puma.com/bioweb

主色彩	R005 G005 B005
辅助色彩	R054 G105 B173
	R249 G135 B047
	R054 G105 B173
强调色彩	R234 G005 B005
	R255 G255 B255

R 236 G 114 B 4	R 2 G 67 B 126	R 0 G 0 B 0	R 182 G 30 B 22	R 0 G 0 B 0	R 225 G 220 B 22	R 177 G 20 B 92	R 0 G 0 B 0	R 27 G 131 B 59	R 0 G 51 B 102	R 255 G 204 B 0	R 189 G 9 B 60

体现动感有力的配色方案

3.4 中间彩度印象配色

洁净的、自然的、优雅的、华丽的、稳重的、现代的，这些感觉都源于中间彩度印象的配色方案，尽管这六种印象的配色都属于中间彩度，但由于明度和色相上的差异，所呈现出来的风格面貌是多种多样、丰富多彩的，在网页色彩搭配中应用广泛。

3.4.1 洁净印象的配色

洁净的

爽朗的

简单的

透明的

轻的

纯净的

HUE / TONE	R	YR	Y	GY	G	BG	B	PB	P	RP
V								●		
S										
B							●	●		
P							●	●		
VP				●		●	●	●		
Lgr										
L										
Gr										
Dl										
Dp										
Dk										

Neutral	
N9.5	
N9	
N8	
N7	
N6	
N5	
N4	
N3	
N2	
N1	

色调与色相分布

洁净的印象色调与色相分布（引自韩国IRI色彩研究所研究成果）

表现简洁爽朗风格的色彩组合一般来说色相比较单一，多为同类色或相邻色，常使用各种色调的蓝色、蓝绿、绿和淡紫色，多是高明度、低彩度的颜色。这些色彩给人平静的感觉，理性与睿智的联想，其中浅蓝和白色还有放松心灵的作用，所以这类色彩组合多为都市年轻的白领男士所喜好。“洁净的”明度值最高，彩度位于中间的位置。通常色相上较多使用能够联想起水的蓝色和白色。另外即使选择了灰色，也会使用高明度的灰色。

Laneige 是韩国著名的化妆品品牌，属于 AmorePacific（韩国排名第一）的美容化妆品公司旗下品牌。网站中白色背景映衬下的各种高明度蓝、紫、绿等色彩透亮晶莹，水润洁净的氛围将补水专家的产品特色表现得淋漓尽致。

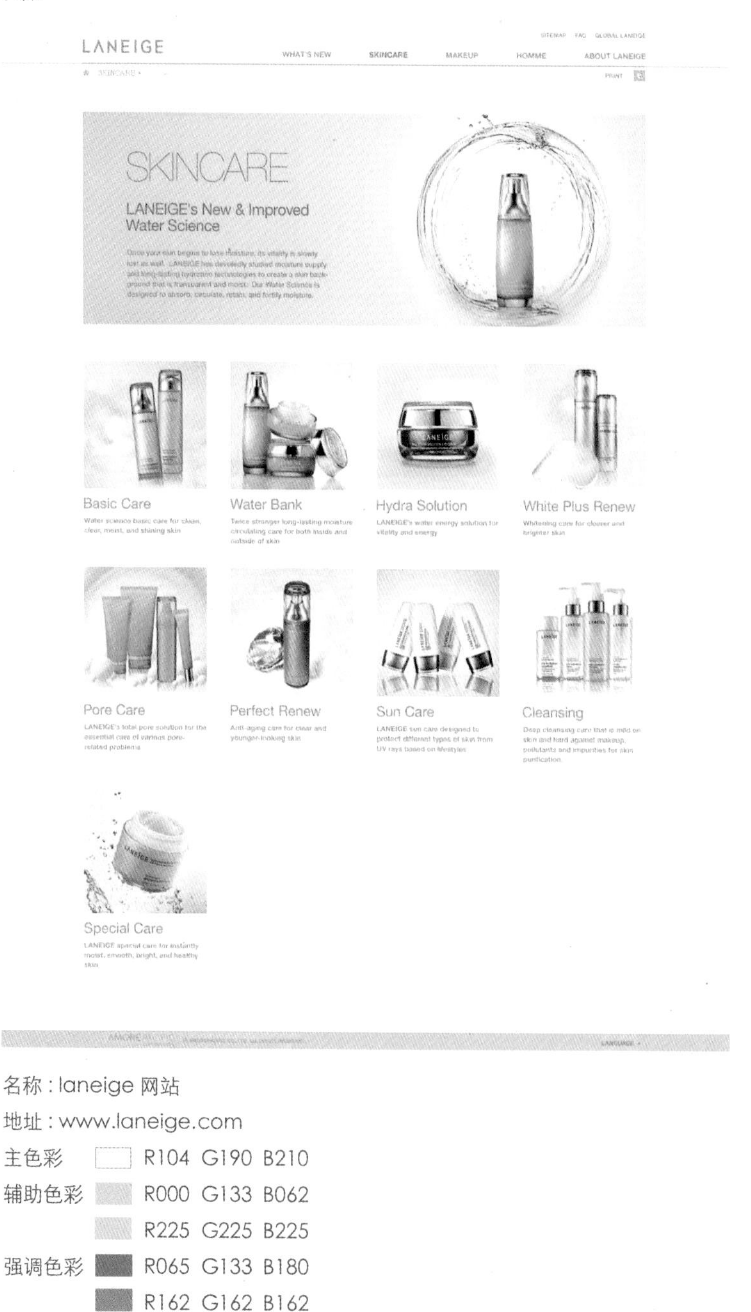

名称：laneige 网站

地址：www.laneige.com

主色彩 R104 G190 B210

辅助色彩 R000 G133 B062

R225 G225 B225

强调色彩 R065 G133 B180

R162 G162 B162

koa 是一种从九种新鲜的水果和蔬菜中萃取，富含多种矿物质和维生素的饮料。为了体现其无害、零卡路里、净化身心的特质，网站界面采用近乎无彩色的极简设计。淡淡的灰白肌理衬托着素雅的黄绿色，让人感觉放松、零压力，十分准确地传达了 koa 纯净、自然、环保的品牌精神。

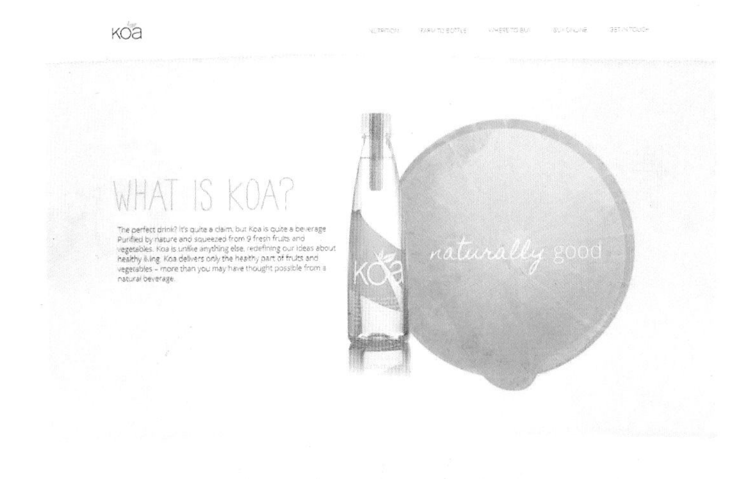

名称 : Enjoy Koa

地址 : www.drinkkoa.com

主色彩 R243 G245 B231

辅助色彩 R255 G255 B255 R208 G225 B161

强调色彩 R151 G178 B045 R042 G037 B038

R 127	R 255	R 153	R 179	R 153	R 255	R 191	R 245	R 211	R 207	R 234	R 153
G 200	G 255	G 153	G 253	G 204	G 255	G 226	G 241	G 181	G 194	G 234	G 204
B 220	B 255	B 153	B 221	B 225	B 255	B 210	B 221	B 208	B 234	B 234	B 255

体现洁净感的配色方案

3.4.2 自然印象的配色

自然的

平稳的

温和的

亲近的

朴素的

秋天般的

TONE \ HUE	R	YR	Y	GY	G	BG	B	PB	P	RP
V										
S										
B		●								
P				●						
VP		●		●						
Lgr	●	●	●	●						
L		●	●	●						
Gr										
Dl			●	●						
Dp										
Dk		●								

Neutral
N9.5
N9
N8
N7
N6
N5
N4
N3
N2
N1

◀色调与色相分布

自然的印象色调与色相分布图（引自韩国IRI色彩研究所研究成果）

自然印象的配色，所使用的色彩当然与大自然的色彩非常接近。它的色彩主要是在自然界中具有代表性的绿色系列，或者褐色系列，并处于中间彩度值的位置。整体的色彩感觉是安静的氛围。自然的色彩给人静态、淡雅的印象，使用低彩度，散发着东方的气息。

这是个卖食品的意大利网站，产品涉及到橄榄、面包、酱等食品，采用的配色使人感觉自然舒适，体现产品的健康与安全。主色运用了营造自然风格最为常见的暖灰色，使用带有木纹肌理的棕色作为辅助色，按钮处运用的橄榄绿不仅与网站标志相呼应，并好似森林里的朵朵新芽，生机盎然。

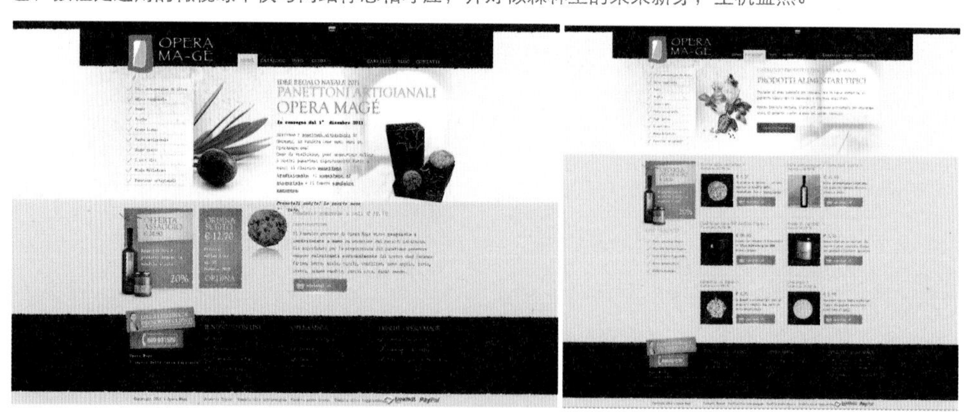

名称：operamage

主色彩 R231 G225 B201

辅助色彩 R245 G242 B235 R016 G012 B012

强调色彩 R141 G137 B001 R119 G051 B030

良渚文化村是杭州西北部依傍良渚文化遗址和绿地水网的生态环境，是中国第一个多种功能复合的原创性近郊小镇。它将“田园城市”的理想、有机生长的理念与特定地域的历史文脉紧密结合起来，形成有生命力的、可持续的、值得纪念的当代田园城镇生活体验。其网站从色彩到版式、文字和图片的处理都在着力表现这种田园诗意，其中水彩质感的建筑是整个网站的点睛之笔。

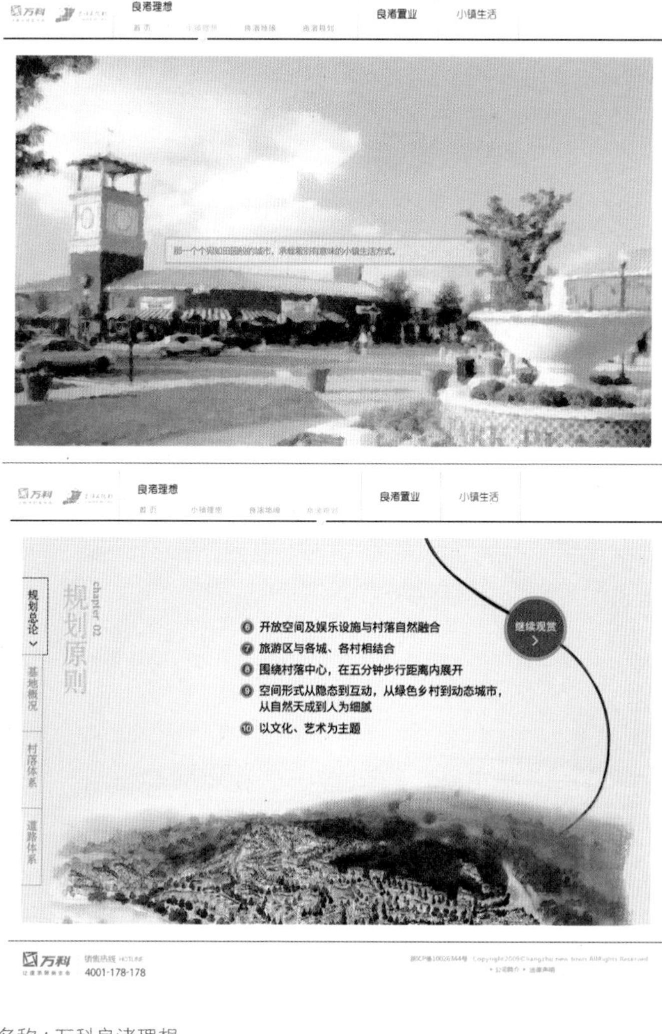

名称：万科良渚理想

地址：www.inliangzhu.com

主色彩　R241 G229 B200

辅助色彩　R255 G255 B255

强调色彩　R096 G067 B040　R193 G218 B066

卡尼尔的主力消费群年龄较小，产品大多属轻薄温和质地，追求自然无瑕的肤质。绿色在塑造品牌自然年轻的个性上无疑是很好的选择。代言人身上的年轻自然气质，与卡尼尔品牌自然、健康、活泼的个性，十分吻合。

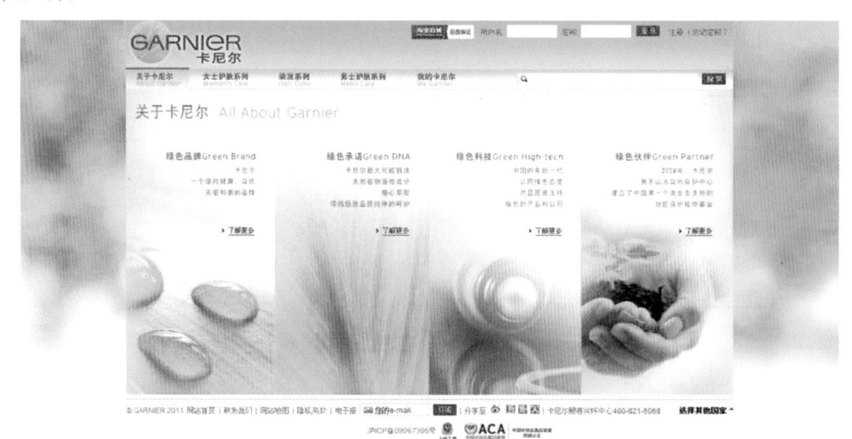

名称：卡尼尔品牌官网

地址：www.garnierchina.com

主色彩　R097 G194 B080

辅助色彩　R192 G215 B070　R255 G255 B255

强调色彩　R000 G078 B048　R215 G000 B033

R 106	R 85	R 158	R 134	R 227	R 80	R 150	R 194	R 155	R 235	R 188	R 119
G 99	G 50	G 91	G 153	G 219	G 96	G 160	G 180	G 169	G 177	G 109	G 74
B 16	B 14	B 49	B 70	B 110	B 21	B 163	B 137	B 135	B 90	B 19	B 57

表现自然的配色方案

3.4.3 优雅印象的配色

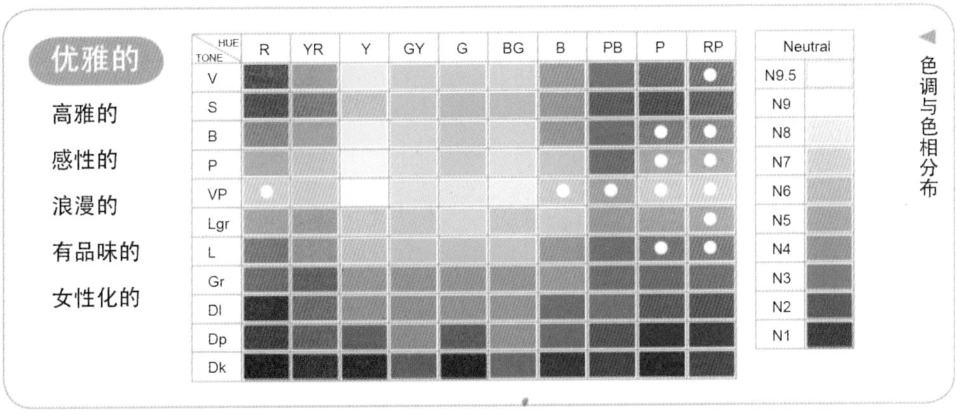

优雅的

高雅的

感性的

浪漫的

有品味的

女性化的

TONE \ HUE	R	YR	Y	GY	G	BG	B	PB	P	RP
V										●
S										
B									●	●
P									●	●
VP	●						●	●	●	●
Lgr										●
L									●	●
Gr										
Dl										
Dp										
Dk										

Neutral	
N9.5	
N9	
N8	
N7	
N6	
N5	
N4	
N3	
N2	
N1	

色调与色相分布

优雅的印象色调与色相分布（引自韩国IRI色彩研究所研究成果）

以都市成熟女性及中产阶级雅皮士为目标的广告，常常用表现优雅风格的色彩组合来烘托气氛，色相多为深紫红色、深橄榄绿、褐色、中性灰等冷色居多，营造高贵典雅的气氛，多用于高级女装、香水、珠宝的广告中。

这种配色方案同样是想传达一种高贵与品质，但较之古典稳重却要更活跃些、年轻些。浪漫和优雅经常联系在一起，浪漫色调更明快一点，粉红和浅紫的搭配兼具紫色的神秘和红色的激情，是表现浪漫主题的最佳色彩组合。

优雅和浪漫风格常能博得三、四十岁处于社会中上层，追求生活品质的人群的好感。优雅是代表女性化的形容词之一，多采用能够强调女性化的紫色和红紫色。具有中间的彩度值和明度值，多采用渐变这种印象柔和的配色方法。

该网站是韩国的女性内衣网站。网站用户人群是女性，优雅是代表女性化的形容词之一，所以采用能够强调女性化的紫色和红紫色。网站的主体色是深紫红色，辅助色是粉紫色，强调色是粉桃红色。粉红和紫的搭配兼具紫色的神秘和红色的激情，营造高贵典雅的气氛，极具浪漫气息。

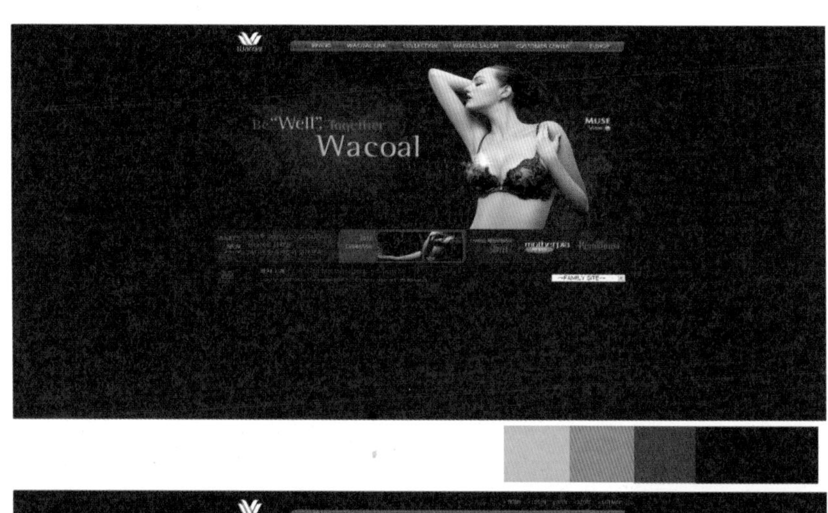

名称：wacoal

地址：www.wacoal.co.kr

主色彩 R062 G002 B028

辅助色彩 R115 G028 B071

R211 G089 B140

强调色彩 R230 G162 B207

哈根达斯（Haagen-Dazs）是世界著名的美国冰淇淋品牌。网站以浅黄色作为主体色，色调很温和自然，似乎能嗅出奶油的气味。红色在精致的金色丝带包裹下，在浅色调的映衬中十分抢眼，是塑造网站优雅个性的点睛之笔。整个网站散发着浪漫、优雅、高贵的气息，很吻合一个经典品牌却历久弥新的形象。

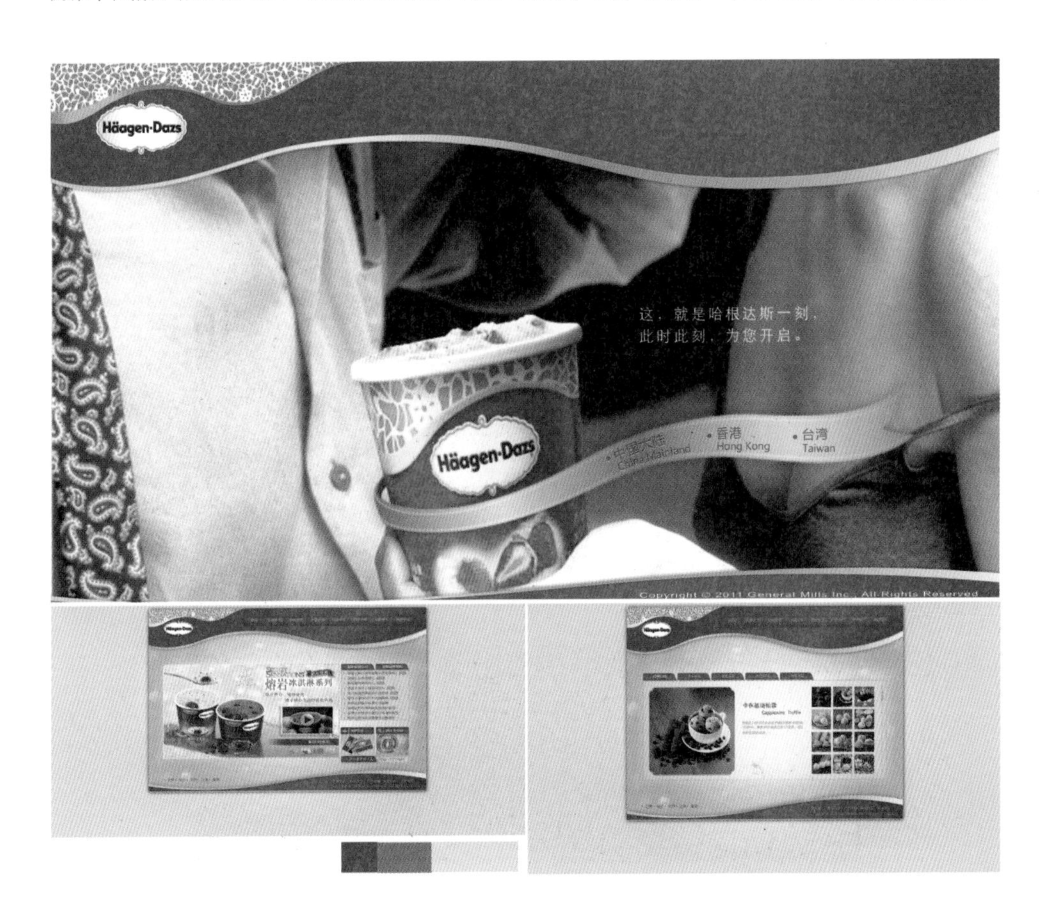

名称：哈根达斯

地址：www.haagendazs.com.cn

主色彩 R242 G215 B160

辅助色彩 R141 G125 B065

强调色彩 R163 G000 B000

宝诗龙（Boucheron）是法国著名珠宝品牌，GUCCI 集团旗下的顶级珠宝品牌，成立于 1858 年，因其完美的切割技术和优质的宝石质量闻名于世，是珠宝界的翘楚，奢华的表征。宝诗龙是世界上为数不多的始终保持高级珠宝和腕表精湛的制作工艺和传统风格的珠宝商之一。网站主色为黑色，深紫色和深紫红色为辅助色，金色为强调色，力求塑造高贵典雅的品牌形象。整个网站色调比较暗，深紫色和深紫红色的绸缎肌理，为产品提供了一个很好的展示环境。

名称：宝诗龙

地址：www.boucheron.com

主色彩	R000 G000 B000
辅助色彩	R022 G008 B023
	R036 G026 B050
强调色彩	R184 G137 B007

R 18 G 131 B 41	R 160 G 136 B 158	R 97 G 70 B 135	R 204 G 51 B 153	R 153 G 51 B 204	R 204 G 153 B 204	R 121 G 32 B 68	R 205 G 148 B 13	R 227 G 188 B 202	R 188 G 208 B 198	R 204 G 153 B 204	R 204 G 51 B 153

表现优雅的配色方案

3.4.4 华丽印象的配色

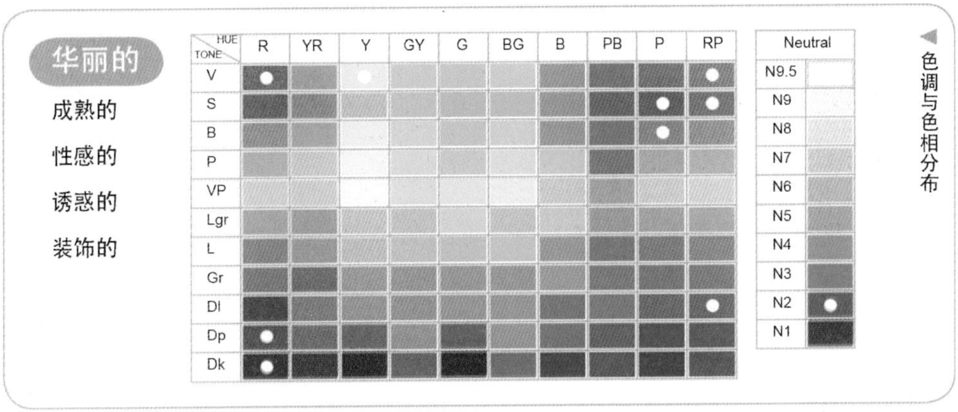

华丽的

成熟的

性感的

诱惑的

装饰的

TONE \ HUE	R	YR	Y	GY	G	BG	B	PB	P	RP
V	●		●							●
S									●	●
B									●	
P										
VP										
Lgr										
L										
Gr										
Dl										●
Dp	●									
Dk	●									

Neutral	
N9.5	
N9	
N8	
N7	
N6	
N5	
N4	
N3	
N2	●
N1	

◀色调与色相分布

华丽的印象色调与色相分布（引自韩国IRI色彩研究所研究成果）

表现华丽风格的配色在色相上多采用注目度很高的红色、红紫色和黄色，极力给人以妖艳的、诱惑的、富于成熟魅力并带有装饰意味的印象。它的彩度较高，使用类似色调进行配色的情况很多，因为稍有不慎就会显得杂乱，所以当构思华丽风格时，使用高彩度并且运用很多种色相进行配色时，色调需要维持某种程度的统一性，并且用无彩色收尾也是种很好的处理办法。

网站的不同页面会出现两种不同高纯度的色彩，给人感觉就是很华丽，富有动感。网站采用了大量高纯度色彩，画面又不显杂乱，主要是网站采用黑色作为主体色，黑色是一种包容性很强的色彩，压住了画面，很好维持了网站的统一。

名称：Ehab Alfred 个人网站

地址：www.ehabalfred.com

主色彩	R000 G000 B000
辅助色彩	R255 G255 B255
强调色彩	R123 G001 B120
	R142 G181 B064
	R252 G220 B244
	R249 G102 B025
	R200 G028 B104
	R109 G193 B177

Duirwaigh作为一个网上画廊始于1999年，到2003年，Duirwaigh蓬勃发展成一个完整的服务机构，专注于艺术品的销售和出版。网站采用的主体色是明度较低的青蓝色，网站首页绚丽的插画在深青色背景衬托下华丽繁复，也很好地平衡了页面中的明度关系，充满艺术气息且不显沉闷。

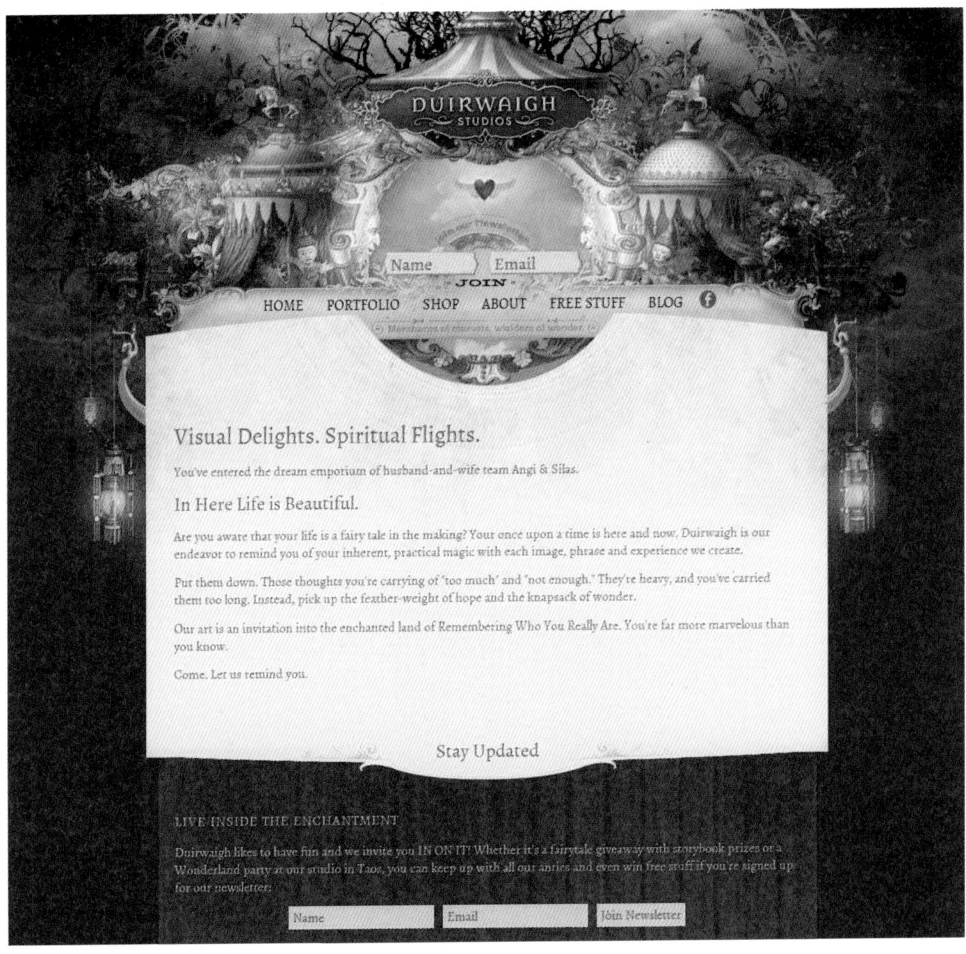

名称：Duirwaigh

地址：www.duirwaigh.com

主色彩 R018 G043 B050

辅助色彩 R241 G223 B203

强调色彩 R143 G176 B025 R000 G000 B000

R 173 G 39 B 80	R 236 G 206 B 216	R 27 G 66 B 141	R 173 G 39 B 80	R 20 G 130 B 80	R 255 G 255 B 255	R 160 G 100 B 146	R 237 G 195 B 16	R 100 G 200 B 30	R 202 G 4 B 122	R 246 G 206 B 58	R 165 G 34 B 168

体现华丽感的配色方案

3.4.5 稳重印象的配色

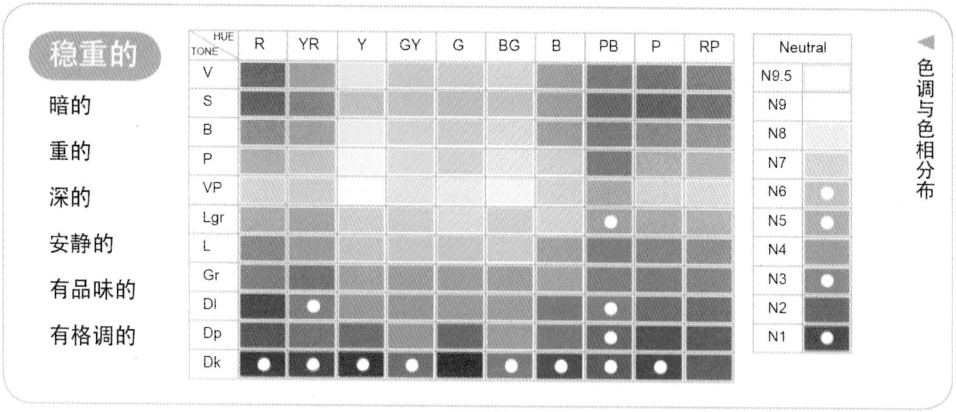

稳重的

暗的

重的

深的

安静的

有品味的

有格调的

TONE \ HUE	R	YR	Y	GY	G	BG	B	PB	P	RP
V										
S										
B										
P										
VP										
Lgr								●		
L										
Gr										
Dl		●						●		
Dp								●		
Dk	●	●	●	●		●	●	●	●	

Neutral	
N9.5	
N9	
N8	
N7	
N6	●
N5	●
N4	
N3	●
N2	
N1	●

色调与色相分布

稳重的印象色调与色相分布（引自韩国IRI色彩研究所研究成果）

表现古典稳重风格的色彩组合从色相上看，颜色多取材于自然界中长久存在的事物（如土地、岩石等），强调一种古老的风雨沧桑感，暖色居多。用浓重的整体色调营造出岁月沉淀的力量感和坚实感，很多有深厚历史文化渊源的产品（如高级酒类）的广告中都喜欢使用这类色彩，因为这类色彩整体比较统一，没有强烈的对比，有内涵、不张扬、不轻浮，可以引发受众对久远历史的遐想和对经典的尊崇。

稳重高贵共同的特点就是：

- 明度和彩度较低，发暗的色彩，让人联想到上年纪的人和安全感；
- 深色调的蓝色、绿色、红色和紫红色、棕色、赤红色；
- 典雅、静态、沉静的氛围；
- 有点秋天的气息，给人固执、传统的印象。

JP 摩根是摩根大通公司的下属机构，是全球最大的金融服务公司之一。

网站主体色采用中彩度、低明度的红褐色搭配一系列低彩度、中明度的灰色，以白色及黄色为重点色，整体给人一种高贵稳重之感，作为以金融服务为主的公司，此网站很好地营造了一种值得信任的稳重和可靠之感，给人一种高品质的感觉，很好地体现了摩根公司的市场地位及服务品质。

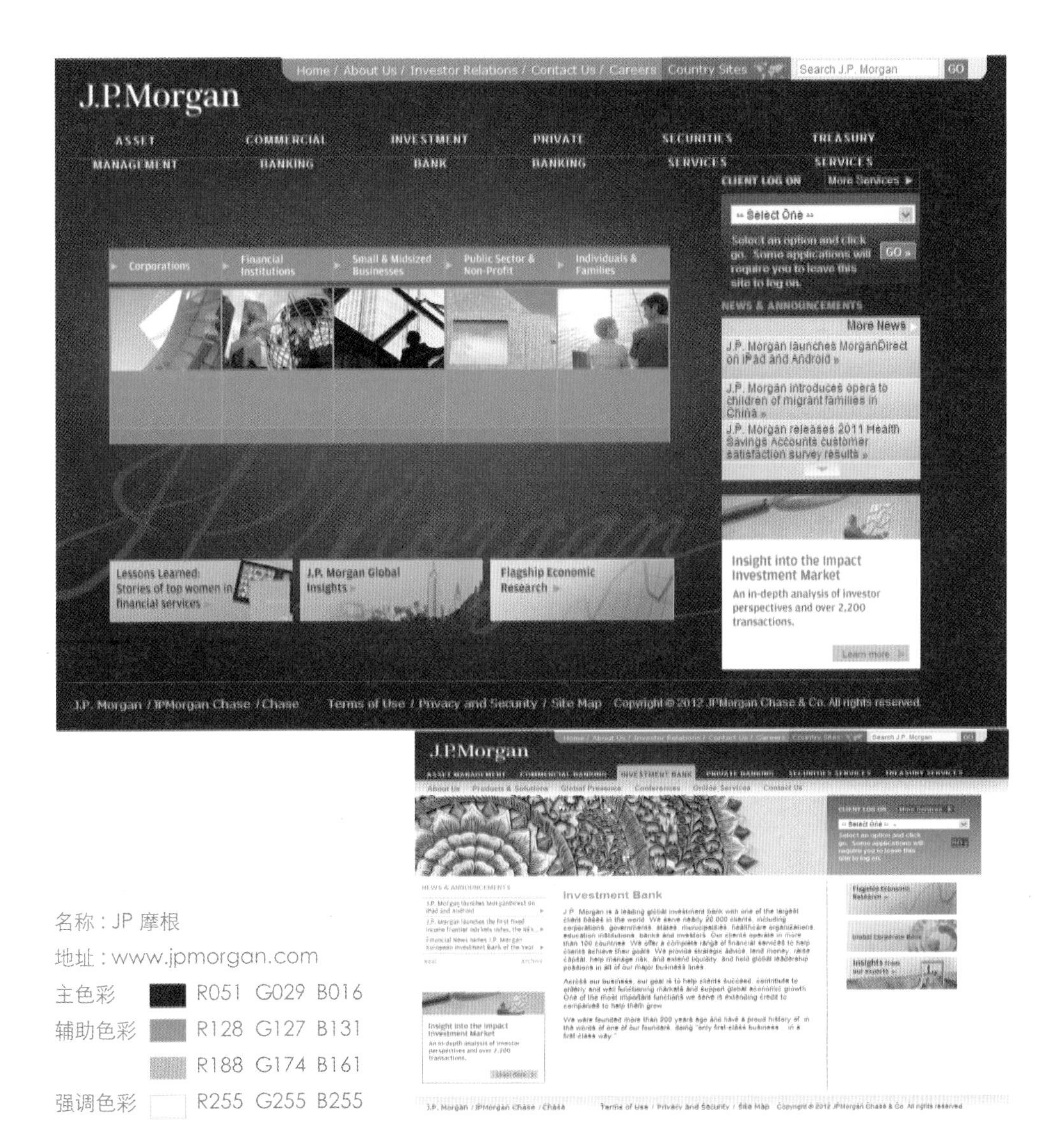

名称：JP 摩根

地址：www.jpmorgan.com

主色彩 R051 G029 B016

辅助色彩 R128 G127 B131

R188 G174 B161

强调色彩 R255 G255 B255

“金域华府”是武汉万科的一个楼盘项目。网站整体主体色为低彩度、低明度偏黄的灰色，搭配低彩中明的土黄，强调色采用蓝色及黄色，整体营造了一种精致稳重的高品质之感。采用稳重风格的楼盘网站不在少数，房地产作为不动产希望给人有积淀、坚实稳健的品牌印象。

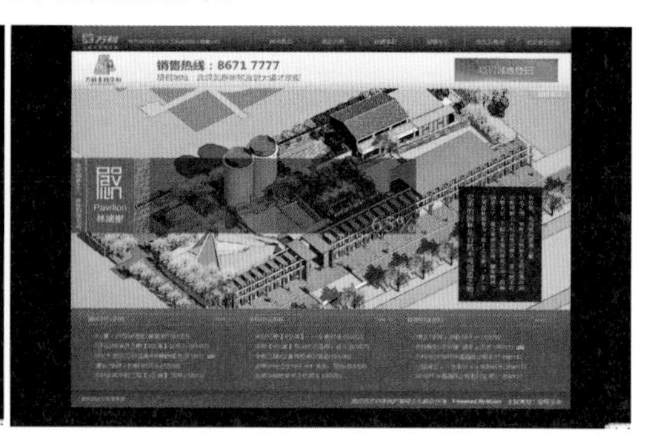

主色彩 R089 G085 B073
辅助色彩 R243 G232 B205 R096 G084 B069
强调色彩 R034 G056 B113

作为享誉世界的腕表品牌，劳力士代表成功人士的身份地位及个人品味。因此网站的主体色选用了接近于黑色的暗褐色，同时辅助色选用了一种中低明度、中彩度的墨绿色，搭配以劳力士黄色的Logo，沉稳高贵之感呼之欲出，暗色调的基础上将白色作为重点色，使内容一目了然。

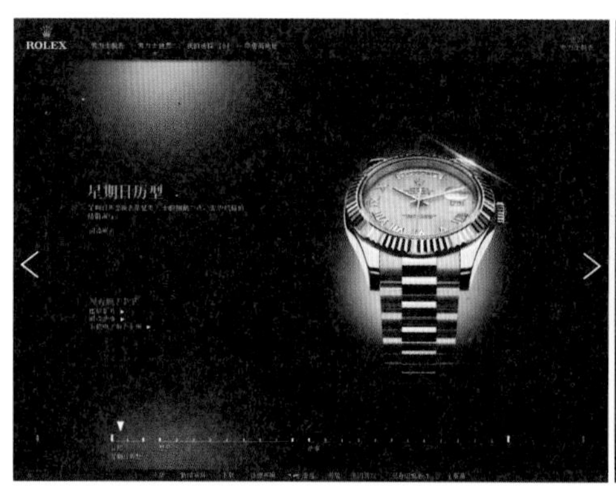

主色彩 R009 G008 B008
辅助色彩 R008 G036 B014 R188 G174 B161
强调色彩 R195 G156 B056 R255 G255 B255

R 115 G 149 B 137	R 69 G 104 B 98	R 12 G 73 B 53	R 105 G 66 B 81	R 104 G 93 B 91	R 194 G 166 B 159	R 94 G 34 B 69	R 188 G 167 B 126	R 12 G 74 B 23	R 106 G 99 B 16	R 56 G 49 B 97	R 18 G 97 B 40

体现稳重感的配色方案

3.4.6 现代印象的配色

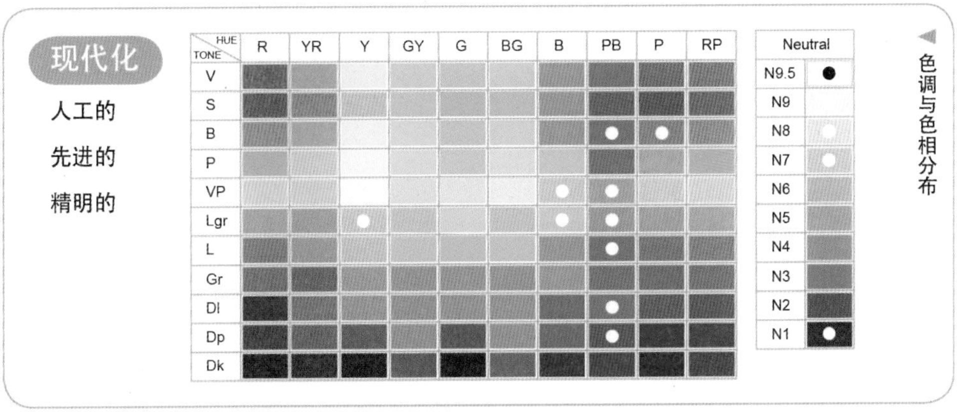

现代化

人工的

先进的

精明的

HUE / TONE	R	YR	Y	GY	G	BG	B	PB	P	RP
V										
S										
B								●	●	
P										
VP							●	●		
Lgr			●				●	●		
L								●		
Gr										
Dl								●		
Dp								●		
Dk										

Neutral	
N9.5	●
N9	
N8	●
N7	●
N6	
N5	
N4	
N3	
N2	
N1	●

色调与色相分布

现代的印象色调与色相分布（引自韩国IRI色彩研究所研究成果）

迷一般的紫色、引发冥思的深蓝、朦胧的紫红、空灵缥缈的灰与白，这些色彩的组合表现出神秘迷离的视觉效果，让人感受到强烈的神秘气息和超现实的感觉，常常引发受众的好奇心和探索感，适用于表现顶尖科技、高级奢侈品及精神性题材的广告。

多数人认为金属光泽和较冷的、人工化的颜色可以表现出未来的神秘感觉，较多使用蓝色也能营造出朦胧科幻的神秘效果。当蓝色与非彩色合理搭配时，可以给人一种神秘的高层次的感觉。

NISSAN品牌下属车型LEAF的站点，LEAF是全球首部量产的纯电动车，作为一款高科技，零排放的车型，其官网的主题色采用了中彩度、低明度的深蓝色，同时搭配高明度的黄色及蓝绿色，极力营造高科技的未来感，细线串联起如夜空中璀璨的明珠的导航，让人宛如身处夜空。

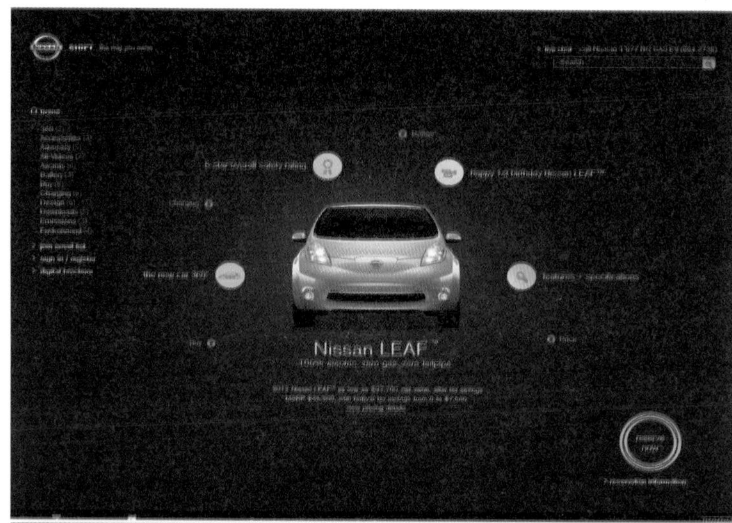

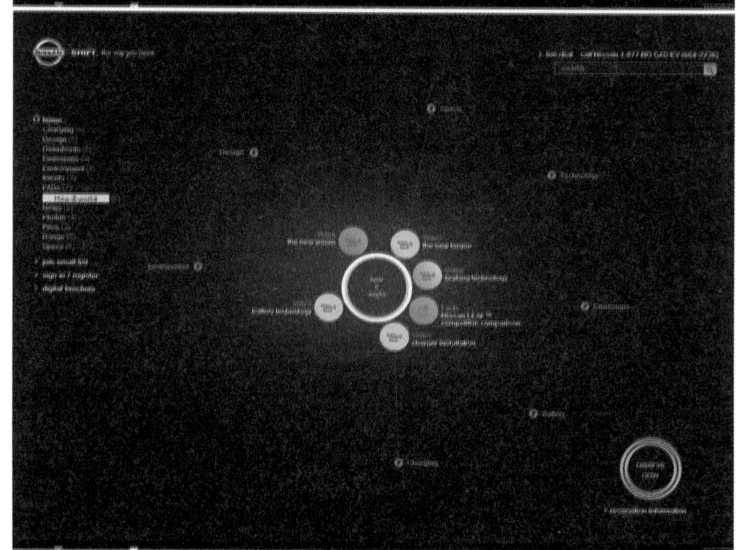

名称：NISSAN LEAF

地址：www.nissanusa.com/leaf-electric-car/index#/leaf-electric-car/index

主色彩 R000 G022 B043

辅助色彩 R142 G199 B213

强调色彩 R255 G251 B000 R100 G253 B180 R153 G255 B096

Ewing Cole 是来自美国中部的一家创立已有 50 年的建筑设计公司。网站导航造型棱角分明，给人以简洁、现代、科技之感。无论是建筑的细节还是建筑的轮廓，或是建筑本身的色彩，都成为界面形式美感的重要组成部分。蓝白两色的搭配也是传达现代感的常见搭配。

名称：Ewing Cole 建筑设计公司

地址 :ewingcole.com/#/home

主色彩 R020 G044 B106

辅助色彩 R077 G114 B184

强调色彩 R255 G255 B255

作为世界顶尖汽车品牌之一的奔驰，是尊贵优雅与尖端科技的完美结合。网站配色延续了奔驰汽车特有的优雅的金属质感，将一系列银灰色搭配在一起，配合渐变的巧妙使用，在传达科技感的同时更加凸显了其品牌的尊贵高雅的品质感。

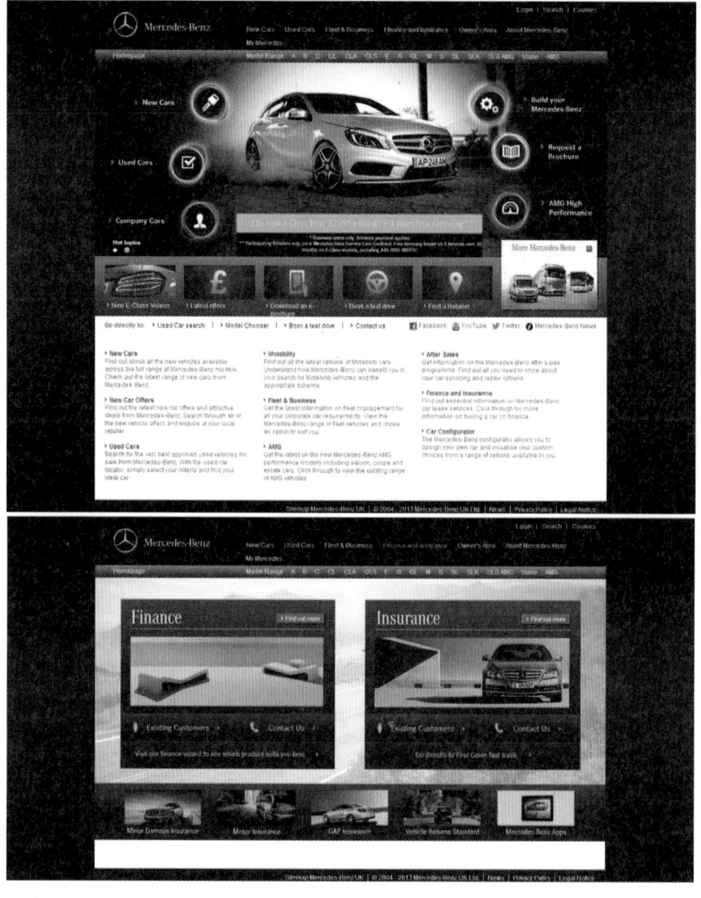

名称：梅赛德斯奔驰

地址：www2.mercedes-benz.co.uk

主色彩 R034 G034 B034

辅助色彩 R255 G255 B255　R115 G118 B121

强调色彩 R255 G255 B255　R000 G172 B239

R 78	R 202	R 0	R 3	R 119	R 0	R 120	R 170	R 56	R 114	R 230	R 40
G 75	G 202	G 92	G 47	G 119	G 51	G 121	G 212	G 34	G 152	G 230	G 92
B 157	B 202	B 68	B 125	B 119	B 102	B 112	B 32	B 100	B 171	B 230	B 84

体现现代感的配色方案

第4章

基于桌面网站内容与类型的配色

- 汽车类配色
- 房产类配色
- 服饰类配色
- 艺术类配色
- 教育类配色
- 食品类配色
- 电影类配色

各种不同内容、不同行业的网站都会因为其本身的行业属性的不同、受众的不同、地域的不同、历史文化背景的不同，而呈现出不同的面貌，配色上的特征就是这种面貌的表现之一。本章选取具有典型配色特征的按行业分类的网站，如汽车类网站、房产类网站、服饰类网站、艺术类网站、教育类网站、设计类网站、食品类网站、电影类网站，对这些不同行业类型的网站进行配色规律的总结，并结合体现配色规律的例子来进行详细解说。

4.1 汽车类网站配色

汽车网站是互联网上比较有代表性的行业网站，也可细分为很多类型，主要包括汽车门户、各大汽车品牌的官网、论坛等。

4.1.1 汽车门户网站色彩解析

我们先从主流的国内外几个高知名度的汽车门户网站入手，从中可以观察总结汽车类门户网站的主流配色。汽车门户网站定位于综合性、信息密度高，受众广泛的站点，设计上追求清晰简洁、老少皆宜。

色彩在汽车类门户网站担当着极为重要的角色，优秀的配色方案使得密集的信息中通过色彩被很好地分层和归类，便于用户浏览和查找，极大地提高网站的易用性。

1. 汽车之家

汽车之家是中国汽车最新报价、汽车查询、最新车型、最新车价、车型比较等最全面的各地汽车报价网站。打开它的首页可以看到主要是以白色为背景色，以蓝色为内容文字色彩。头部导航区域也是用深蓝色背景强调出来，对于比较显眼的广告区域的字或者是重要信息用红色来标注。

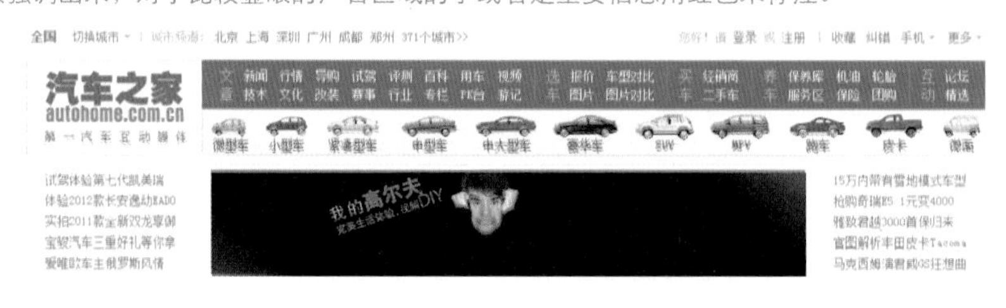

汽车之家中蓝色的运用

汽车之家中红色充当强调色

2. 爱卡汽车门户网

爱卡汽车也是一家提供最新汽车报价、汽车图片、最新车型等全方位的汽车门户网站。进入爱卡汽车网也是以同样的白色背景色、蓝色为主要文字的色彩，区域的划分同样用蓝色来区分，同样也是用红色来强调突出比较重要的信息。

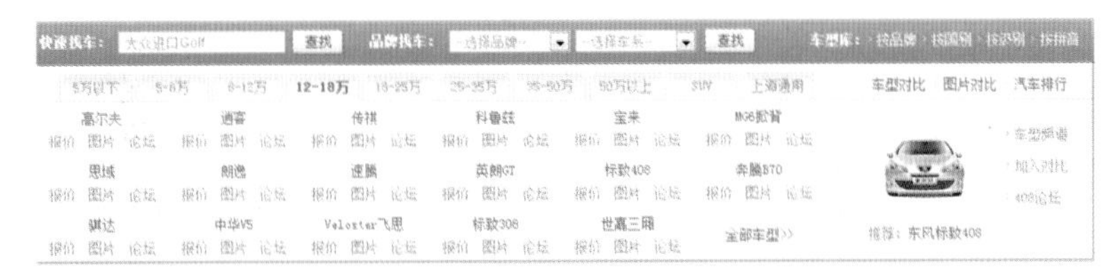

爱卡汽车中蓝色的运用

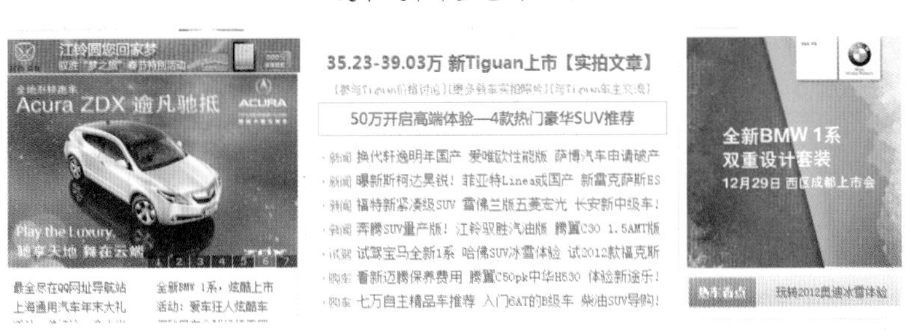

爱卡汽车中红色充当强调色

3. 太平洋汽车网

太平洋汽车网是一家提供最新报价信息、包括国产车、进口车各大品牌的最新动态资讯的汽车门户网站。在网站色彩搭配中以蓝色和白色为主色，文字主要为黑色，重要的信息同样选择用红色来强调。

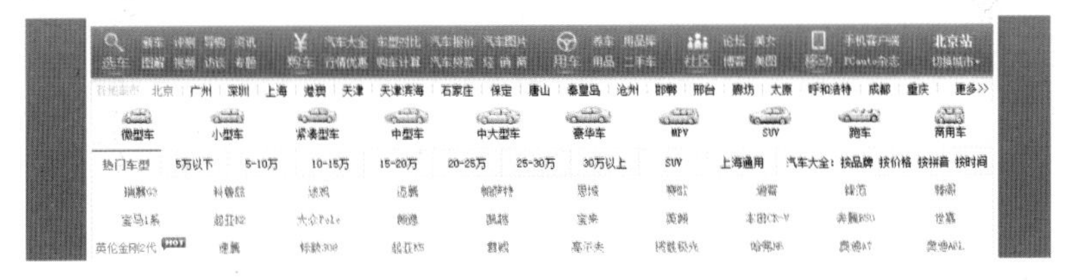

太平洋汽车网中蓝色的运用

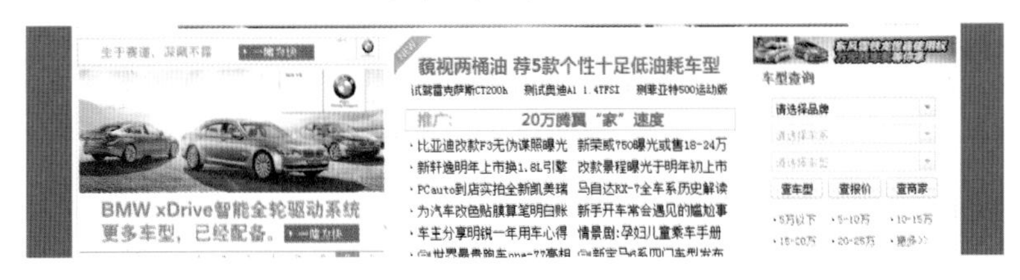

太平洋汽车网中红色充当强调色

4. CAR AND DRIVER

CAR AND DRIVER 是美国著名的汽车杂志，旨在为消费者提供最新、最全的汽车类资讯。进入官网，在颜色选择上面也是以白色为背景色，字体用黑色，用黑色和蓝色的色块区分不同的板块区域，重要的信息也是选择用红色来凸显。

CAR AND DRIVER中蓝色的运用

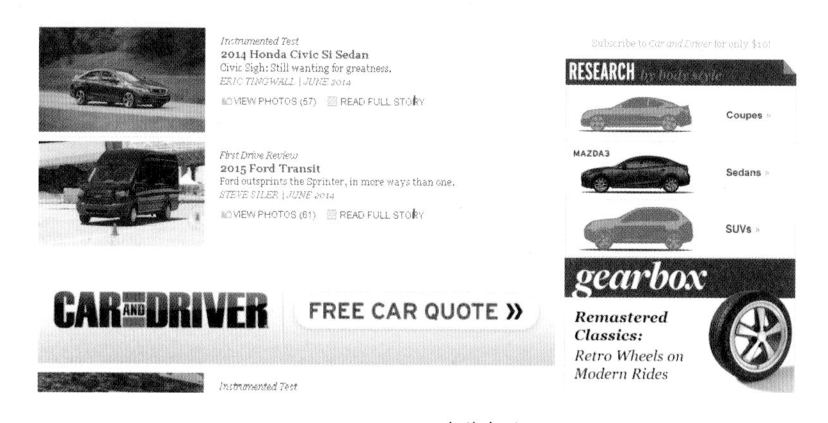

CAR AND DRIVER中蓝色的运用

从这几大国内外知名的汽车门户网站的配色当中可以看出，在色相选取上面都是以蓝色、白色、黑色、红色为主。整个界面以白色为主色，便于大量信息的展示和阅读；用蓝色来区分不同的板块，蓝色使得网站条理感较强，同时也是出于突出汽车科技感的考虑。

但是蓝色的选用并不是一成不变的，为了能够使它与整个网站统一，蓝色的彩度和明度上面都是根据网站的色调做了调整。国内的汽车之家和爱卡汽车网等网站当中，是选中彩度、中明度的蓝色，是典型的汽车类门户网站的主色调；CAR AND DRIVER 则把蓝色的彩度和明度提高，显得更有活力一些。

在重要信息上，国内站点都是采取了视觉注目度很高的中彩度和中明度的红色来强调。红色以小面积为主，符合整体氛围的情况下又能凸显信息，担当强调色是再合适不过了。网站中的 Flash 广告和一些图片的选择，也是做到尽量和主色调相协调。

当然还有一些规模小的信息型汽车网站，设计上较为灵活，在追求信息的清晰流畅之外寻求个性化的因素。例如 Topgear 是英国 BBC 电视栏目出品的一档汽车栏目，以介绍汽车动态新闻、提供汽车信息咨询为主。主页并不采用主流的白色为背景色，而是用一张颇具速度感的图片，为用户创造了全新的视觉体验。

Topgear页头背景使用大图片

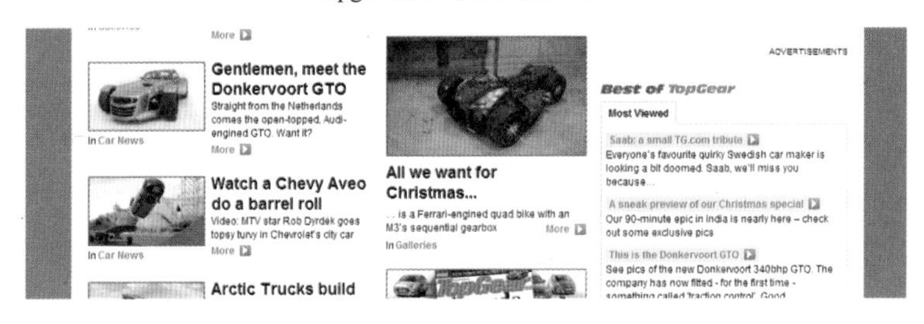

Topgear中蓝色的不同运用

4.1.2 汽车品牌官方网站色彩解析

汽车品牌官网的色彩氛围到底是由什么决定的呢？在选择配色方案时，要参考哪些因素呢？

比如，科迈罗是雪佛兰一款外观极具酷感和冲击力的运动型跑车，科迈罗（大黄蜂）因为电影《变形金刚》而被人熟悉。在汽车之家网站的科迈罗二级栏目中就是选取以电影为背景，以暗色调为主，给人以强硬、厚重感，黄色作为强调色，两种明度反差最大的色彩让界面充满了男性的阳刚之气，流动着力量和活力。

从科迈罗网站的配色方案来看，品牌的个性和品牌的 VI 视觉资产决定了色彩的选用，科迈罗作为一款个性十足的跑车，动感的性格是铁定要表现的，暗色搭配黄色就是表现动感的好办法，况且产品本身就主打黑色和黄色两款，正好成为页面的主色和强调色。此外大面积的暗色难免使得界面变得沉重而不透气，所以特别利用建筑之间的光线亮色来避免沉闷感。

主色彩 R000 G000 B000

辅助色彩 R016 G028 B035

R047 G042 B034

强调色彩 R254 G217 B000

还有些车的官网主要宣传的是汽车品牌的历史文化概念，例如宾利车的网站主要是想突出“英伦汽车典范驾驶之巅”的品牌理念，在配色上用黄绿色来作为主色调，用橄榄绿为辅助色，再加上亮灰为强调色。在彩度和明度上面都是采用的中低色调来给人以怀旧、尊贵、高品位的联想 。

主色彩 R094 G087 B017

辅助色彩 R156 G149 B069 R040 G082 B018

强调色彩 R139 G151 B007 R254 G255 B249

细心观察的话，汽车品牌的官方网站首页也分为两种侧重不同的设计思路：一种是首页多采用大图片、动画等以突出品牌形象，尤其是一些官网的广告活动页面；还有一种设计得很像一个提供详细信息的企业商务网站，信息架构更加全面，更加突出对市场的导向。例如在奔驰中文网站中很多产品类型都呈现在导航条中，直接在首页下拉菜单中就能找到要寻找的具体车型信息，是偏重信息型的典型例子；而奔驰的英文网站首页采用的是重在突出品牌形象的思路，用很有冲击力的产品大图片来吸引眼球。

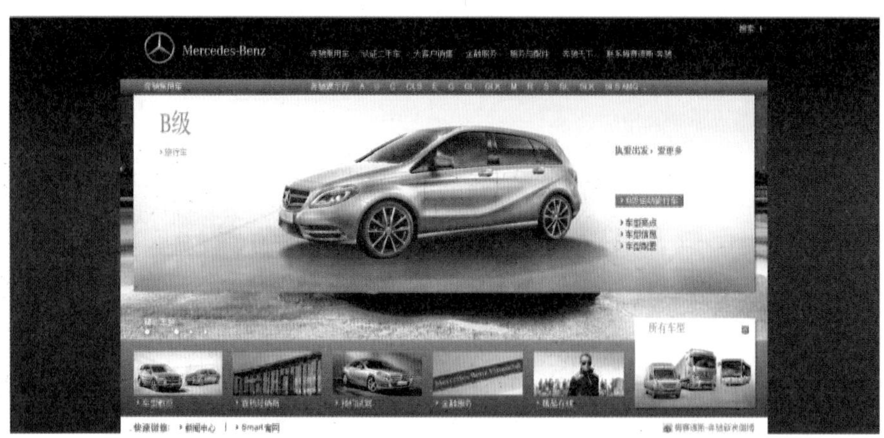

主色彩 R126 G129 B134

辅助色彩 R050 G054 B064 R189 G190 B194

强调色彩 R000 G173 B239

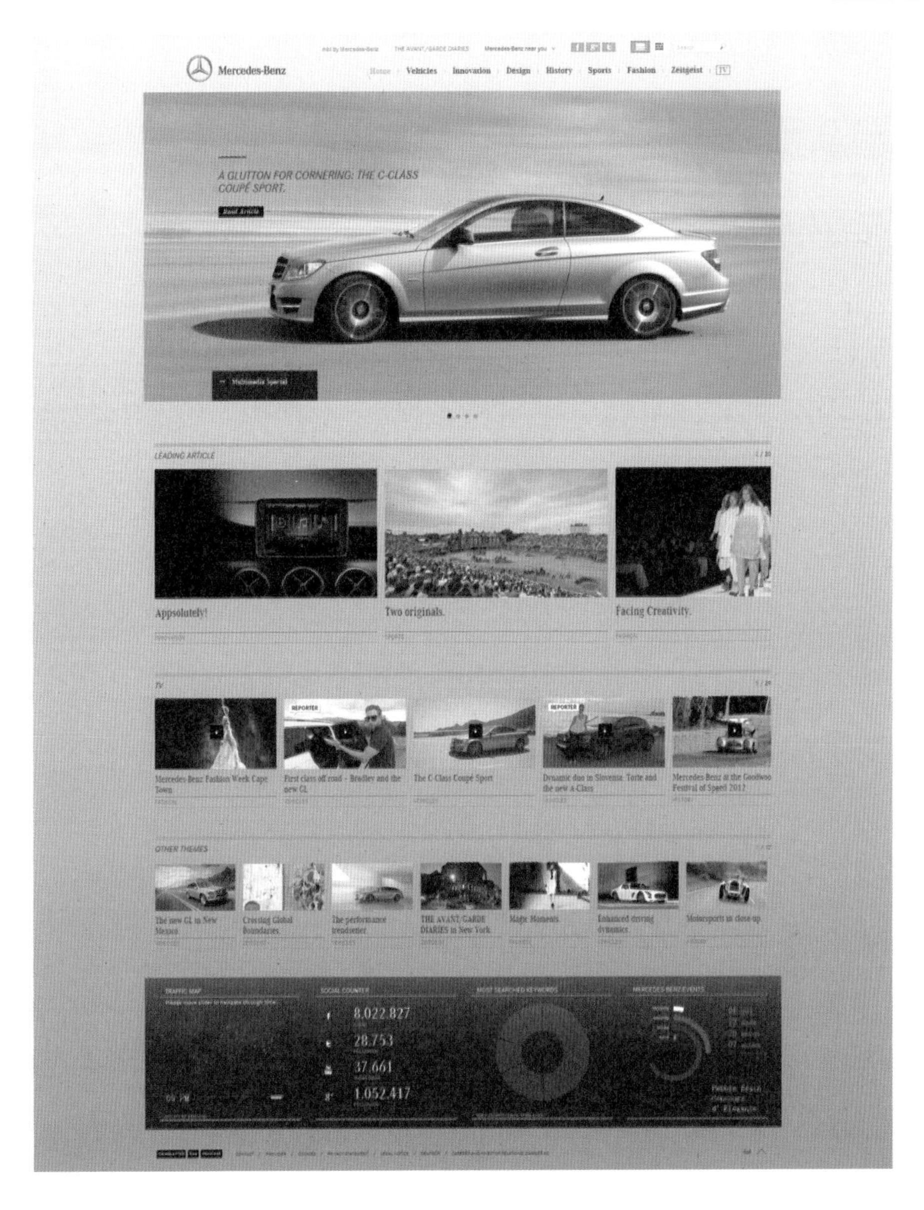

名称：奔驰英文网站

地址：www5.mercedes-benz.com

主色彩　R239 G239 B239

辅助色彩　R179 G181 B182

R149 G153 B156

强调色彩　R000 G173 B239

4.1.3 汽车官网常用主色

总结汽车网站常见的主色，比较具有代表性的有灰色、蓝色、白色三种颜色，这种网站配色的最大特点就是往往是为了衬托或者结合汽车本身，结合得非常紧密。

1. 灰色

奥迪是中国市场上重量级的德系豪华车品牌之一。中明度的灰色主色调简洁、现代而又沉静内敛，用以传达德国汽车工业的先进技术与精良品质和中高端社会身份象征的品牌形象是非常恰当的，并和奥迪标志以及产品车身的金属色相得益彰。页面中的广告图片构图用色俱佳，打破了大面积的灰色带给页面的沉闷感。

名称：一汽大众奥迪
地址：www.audi.cn
主色彩 R173 G171 B183
辅助色彩 R109 G111 B117
强调色彩 R204 G000 B051

保时捷中文网站主页中采用了亮灰色调，和页面中面积很大的广告图片中的车身颜色以及图片所营造的户外自由驰骋的氛围十分契合，整个页面色调轻快，将保时捷跑车带给用户的自由、速度、活力的感觉表现得淋漓尽致。

名称：保时捷
地址：www.porsche.com/china
主色彩 R255 G255 B255
辅助色彩 R233 G233 B233
R238 G242 B245
强调色彩 R055 G101 B150

2. 黑色

宝马 mini cooper 是宝马旗下一款个性十足的车型，产品周身散发着英国式的尊贵气息。网站设计成以黑色为主色，正是看中了黑色所代表的个性、酷感和时尚，并衬托出车身上红、黑等不同的色彩组合。

地址：www.minichina.com.cn

主色彩 R000 G000 B000

辅助色彩 R204 G204 B204　R041 G041 B041

强调色彩 R230 G004 B018　R255 G255 B255

Jeep 是生产越野车的鼻祖，给人粗犷、有爆发力的印象。黑色向来被看做是力量、动感、坚硬的代名词，能够很好地展示越野车的特质。橘黄色作为强调色与暗色搭配是表现力量与动感的最佳组合。

地址：www.jeep.com.cn

主色彩 R000 G000 B000

辅助色彩 R046 G046 B046　R029 G026 B017

强调色彩 R253 G173 B000

3. 蓝色

蓝色是大众汽车品牌的标准色，在大众汽车日本网站的首页界面上，大面积的蓝色再次强化了用户的品牌印象，与 up！广告语之间的蓝白搭配不仅和品牌 logo 用色进行了很好地呼应，并且传达出现代、活力的气质，与 up 概念十分贴切。值得一提的是该站点的交互方式也在 up 上作文章，用户点击 page up！页面就会不断上升展现新的内容，可谓匠心独运。

主色彩 R062 G124 B181

辅助色彩 R225 G226 B230 R255 G255 B255

强调色彩 R004 G081 B147

蓝色明度的跨度十分宽广且气质差异很大，明度较低的蓝色能够塑造出深沉有力的氛围。奔驰新 A 级车的网站中深蓝色和黑色营造出类似于夜晚行车的效果，通过鼠标点击用户会看到白线后移，感觉好像正在开车，同时也自动完成了各级二级页面之间的切换，交互方式十分新颖。

主色彩 R062 G096 B121

辅助色彩 R000 G000 B000

强调色彩 R255 G255 B255 R000 G173 B239

4.1.4 汽车网站配色规律总结

1. 网页色彩针对网页内容和类型

网站内容是决定网页色彩风格的基础。汽车类网站要根据其自身内容和所要展现的汽车特征来挑选颜色。我们在做设计时千万不要忽视网站类型对网站色彩配合的限定和引导作用，不要因为过分追求颜色或者风格的独特而不考虑网站的具体内容。因此，根据内容选取合适的色彩搭配是非常重要的。

2. 网页的色彩不可过多过花

人同时感知色彩的数量是有限的，如果一个网页包含的色彩过多、过杂，会使浏览者抓不住视觉中心。在一定的主色调下面，汽车站点要首先选取好主色，主色一般可以是汽车车身颜色或者是品牌主题色，然后可以适当地加入一些辅助色和强调色，运用明度、纯度和色相上面的变化来取得和谐的效果。

3. 网页色彩设计要抓住细节

对于汽车网站的配色，细节很重要。汽车属于价格较高的商品，消费者对于汽车品牌的整体视觉感受的重视程度要比一般商品多得多。所以唯有创建重视细节的高品质网站，从色彩搭配到图片选择处理都十分到位，才能给予受众高品质的联想。

总之需要针对不同的用户群运用不同的颜色，使色彩结合造型，增强图像表现力，烘托出特有的情感氛围，营造个性化的品牌气质。

4.2 房产类网站配色

随着我国房地产市场的发展，各种形式的楼盘包装营销活动不胜繁多。从视觉营销的角度来看，要使一个楼盘给其目标消费者留下良好而深刻的视觉印象是需要通过一个综合的系统工程，包括楼盘的VI系统、广告（包括电视广告、报纸广告、户外广告等）、楼书、售楼处形象、楼盘网站等各种视觉产物，然后进行整合传播来实现。

不同的项目有不同的风格基调，围绕其产品的核心定位来进行宣传，常见的产品定位有渲染异国风情、突出地域区位概念、打出开发商知名品牌、宣扬某种生活模式、勾画未来居住者的群体特征、突出水山景观绿化低密度公园等生态环境、独特的建筑形式或规划理念等。

在定位基础上勾勒楼盘的个性，通过各种信息的整合提炼，设计师可为楼盘做一个品牌个性的概貌。它是现代的、国际化的，还是古典的、本土的；是异域风情的，还是中国韵味的；是营造商业气息的，还是营造生活质感的；是成功人士的尊贵、精致和唯美，还是寻常百姓生活的亲切、质朴和温馨；是年轻人的热情奔放，还是中年人的成熟与内敛；是表现得理性化一点，还是感性化一点……总之在勾勒楼盘品牌个性的时候，试着把楼盘看做是一个活生生的人，那么这个人是生活在什么样的生活方式当中，他（她）推崇什么样的文化等。在思考和想象的过程中，楼盘的视觉设计风格方向就渐渐明朗了。

在设计过程中很重要的一点就是注意把握共性和个性，善于发现和表现差异性信息。比如表现高级富裕的感觉，就要懂得其实富贵也有很多种，有尊贵大气的、有高贵典雅的、还有炫富张扬的。再比如中产阶级也可细分为传统的绅士、雅皮，还有更为年轻另类些的时尚一族。住宅产品网站给人的视觉感受绝对要与写字楼有差异性，由此可见设计者一定要把楼盘的个性化信息点研究透，让其成为设计差异化的着眼点，然后再将这些差异性落实到图形、字体、色彩、编排等各个方面，让这些视觉元素形成某种独特的风格与个性，以此来获得视觉传达的精准性，真正打动目标消费者的心灵。

色彩是传达楼盘性格的要素之一，色彩的寻找可以从以下几个方面入手：代表目标消费者个性的色彩、楼盘周边环境的色彩、建筑本身的色彩等。

色彩和字形、图形的风格要保持统一，轻松的字体一般采用明快的颜色，运动感的图形不要采用过于沉闷的配色。在色彩设计过程中还要考虑到色彩日后应用的问题，即标志的色彩方案在报纸广告、户外广告、网页、楼盘现场及楼书等不同视觉环境、不同材质媒介中都要适用，设计者必须有一个全局性的考虑。

网络成为近年来房地产整合传播营销的重点领域之一，一般来说房地产项目在销售之前就会建立网站，这类网站区别于房地产企业的官方网站，是周期性地针对单个楼盘项目的网站，受众更加明确，楼盘的定位更加鲜明。这类房产项目类网站色彩搭配具有两大规律。

第一、色彩偏好主要倾向于35~50岁的人群，房产的购买对于消费者的经济要求是最高的，因此房产的主要消费群体主要集中于35岁~50岁之间，经济实力较强，这一年龄段的消费者主要追求身份和价值上的认同感，高品质、尊贵、高尚、典雅、沉稳是这一年龄段较为偏爱的感觉。因此在色彩的选择上主要集中在明度、中低明度、中低彩度这一区域，从色彩的感觉上能够很好地将这种无形的视觉价值赋予商品楼盘，从而迎合这一主要消费群体的喜好。

第二、不同档次和类型的楼盘色彩感觉的倾向和选用也有所不同。高档楼盘房产网站色彩往往选用深褐色、金黄色等中低明度、中低彩度的同色系色彩搭配来展现尊贵、奢华之感；中低档楼盘主要选用中明度、中彩度的暖色来营造一种温馨、舒适、安逸之感；别墅类型的房产网站一般选用中明度、低彩度土黄及绿色的搭配来营造一种田园般的自然、闲适的感觉；商务办公楼盘一般选用中彩度、中高明度的蓝色以及一系列的灰色的搭配给人一种科技、现代的氛围……

万科兰乔圣菲是高档欧式别墅住宅。网站色彩采用同一色系，主体色为深褐色，辅助色采用中彩度、中明度的褐色，采用明度较高的土黄色为强调色。精心挑选的图片本身的华贵之感，使网站高品质的尊贵及典雅之感上升到更高层次。

名称：万科兰乔圣菲

地址：www.gzlqsf.com

主色彩　R028　G027　B027

辅助色彩　R230　G230　B232

强调色彩　R209　G174　B102

老庄是极具中国风的奢华高端别墅群，网站色彩搭配中国味浓郁十足，以暗褐色作为主色调，同时搭配以中国红，木制的黄，以及明度及彩度偏低的绿色作为辅助色，将白色和金黄色作为强调色，整体给人以一种大气浓郁的古典风范。

主色彩 R031 G006 B005

辅助色彩 R073 G079 B025　R160 G025 B020　R142 G072 B027

强调色彩 R255 G255 B255　R200 G159 B098

万科蓝山是面向中高收入者的高端住宅楼盘。网站主体色为深褐色，辅助色为高明度的土黄，强调色则为白色及红色，网站整体为暗色调，深褐色和土黄色的搭配以及图片的使用和文字描述都凸显了现代、尊贵、豪华之感。

主色彩 R034 G021 B015

辅助色彩 R212 G182 B133

强调色彩 R255 G255 B255　R240 G000 B000

万科城新花园，网站主体色为低明度的普蓝，搭配以中明度、中彩度的粉紫色为辅助色，营造了一种充满魅力的典雅之感，在暗色调的情况下将白色作为强调色使重点明了突出。

主色彩 R007 G008 B058

辅助色彩 R182 G092 B090 R198 G167 B108

强调色彩 R255 G255 B255

中粮万科 vmo 是主打生态科技的办公商务楼盘。网站围绕生态及科技的主题色使用了绿色作为主体色，辅助色搭配以凸显科技和现代之感的蓝色及灰色。整个网站通过色彩、图片等视觉元素给受众营造了生态、科技、简洁、理性的品牌印象。

名称：中粮万科

主色彩 R082 G140 B020

辅助色彩 R079 G140 B213 R191 G191 B191

强调色彩 R255 G255 B255

4.3 服饰类网站配色

服饰类也是互联网上比较有代表性的行业网站，主要包括服饰门户网站、各类服饰品牌的官网、各类品牌在淘宝等电子商务网站上的旗舰店等不同类型的网站。

4.3.1 服装门户类网站分析

fashiontv 是一个介绍大量国际时装最新信息的网站。网站的整体视觉效果给人一种奢华时尚的感觉。首页头部的黑色中隐约可见梦幻神秘感的秀场照片，将 fashiontv 的白色 Logo 网站衬托得十分抢眼。网站的二级、三级页面大多是具体的资讯，版块划分很整齐，配色上用高亮度的灰色为背景色，中明度的咖啡色作为导航条的颜色，白色和黑色为强调色，给人一种能静下心去浏览的感觉。

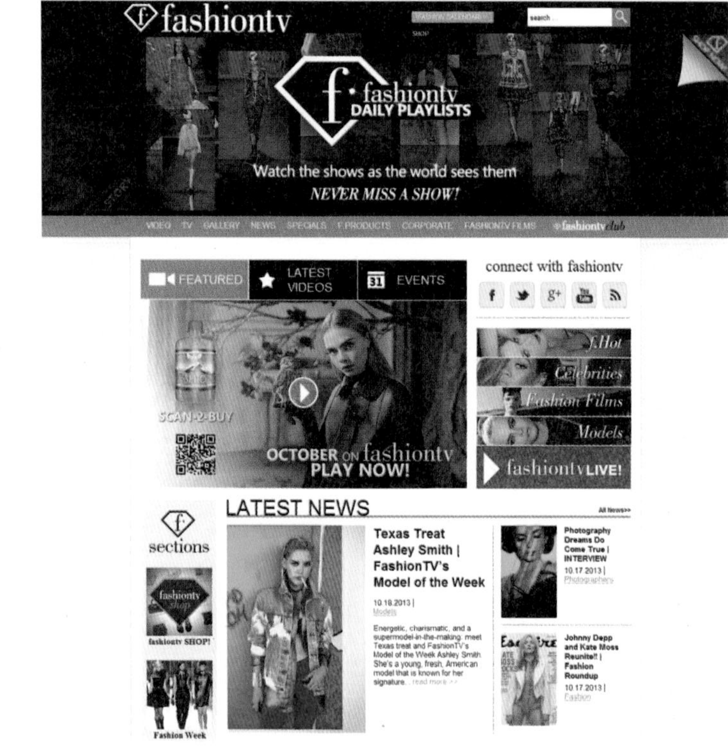

名称：时装台

地址：www.ftv.com

主色彩 R011 G011 B011

辅助色彩 R163 G145 B097 R243 G243 B243

强调色彩 R250 G009 B051 R255 G255 B255

美国服装新闻网是介绍美国服饰最新新闻的门户类站点。相比之前的那些网站，它走的是平民路线，所以这个网站的色彩是以洁净为主，没有太多华丽的颜色，更加亲和，为人们提供当季哪些品牌有哪些衣服的信息，并且提供线上购买。在美国服装新闻网上的图片不像一些时尚网站全部是浓妆名模、穿着华丽，这里的图片就是美国的路人，生活中的人，穿着生活中的衣服，在这个网站中你可以看到美国绝大多数普通人在穿什么。

地址：www.apparelnews.com

主色彩 R255 G255 B255

辅助色彩 R246 G245 B243 R150 G150 B150

强调色彩 R255 G255 B255

4.3.2 服装品牌的官方网站的色彩设计

品牌的文化、定位、受众、形象风格及设计理念是品牌官网的色彩、风格、版式的决定性因素。不仅是品牌的 Logo、产品、包括代言人、网站版式与色彩搭配都不能脱离品牌本身，所有的一切设计都是围绕品牌的概念去更好地突出品牌的理念。因此当设计一个产品或品牌的网站时，要充分考虑到这些决定因素，进而设计出符合品牌理念并衬托产品的网站。

香奈尔品牌关键词：国际一线品牌、高端、简洁优雅、舒适自然、黑白、山茶花。

香奈儿诞生在一个女性着装过于艳丽的时代，那时候女性还都要穿着极不舒适的鱼骨束腰，可可香奈儿从男装中得到灵感，打破传统观念，带来时装界重大变革——强调舒适自然的风格。

黑白色是香奈儿Logo的颜色，包括香奈儿的服装也多是以这种简洁大方的黑白色为主，香奈儿其他产品包装、提袋等均为黑白色。

网站也采用香奈儿一直使用的黑白风格，不仅显示香奈儿高端的品牌定位，同时也是品牌文化的另一种体现。整个网站设计简洁大方，版面干净规整有秩序。

名称：chanel

地址：www.chanel.com

主色彩　R255　G255　B255

　　　　R000　G000　B000

辅助色彩　R211　G211　B211

强调色彩　R000　G000　B000

Vivienne Westood 品牌关键词：朋克式的、叛逆的、稀奇古怪、独创。

Vivienne Westood 是个个性鲜明的一线服装品牌，她代表着朋克、叛逆的，韦斯特伍德的设计构思是在服装领域里最荒诞的、最稀奇古怪的，也是最有独创性的。韦斯特伍德设计的服装的不规则剪裁和结构夸张繁复的无厘头穿搭方式、不同材质和花色的对比搭配等，也已经成为 Vivienne 的独特风格。

它的官网以时装大片作为界面的主体，仅在页面底部出现面积很小的黑色导航条。不少服装品牌的网站通常采用大面积的服饰摄影图片作为网站的主体，因此网站其他视觉元素要尽量围绕服饰图片进行设计，色彩元素也不例外。

名称：VivienneWestwood

地址：www.viviennewestwood. co.uk

主色彩 R233 G234 B228

辅助色彩 R000 G000 B000

强调色彩 R255 G255 B255

R222 G142 B093

范思哲品牌关键词：独特美感、优雅、豪华、性感华丽、皇室贵族、明星礼服。

范思哲是意大利奢侈品牌，它的设计风格鲜明，是独具美感的先锋艺术的象征，尤其是那些展示充满文艺复兴时期特色的华丽而具有丰富想象力的款式。这些款式性感漂亮，女性味儿十足，色彩鲜艳，既有歌剧式的超现实的华丽，又能充分考虑穿着舒适性及恰当地显示体型。范思哲还经营香水、领带、皮件、包袋、瓷器、玻璃器皿、羽绒制品、家具产品等。

网站为了体现范思哲产品色彩鲜明的风格，将背景色设为白色和黑色，目的是更好地凸显色彩和衬托产品的细节，让受众不被多余的东西干扰。手表等配饰网页中干净的白色底色，衬托了范思哲配饰的奢华质感，体现了产品的品质。在展现礼服页面，采用紫色和黑色配色，尽显了范思哲礼服的高贵优雅与奢华。

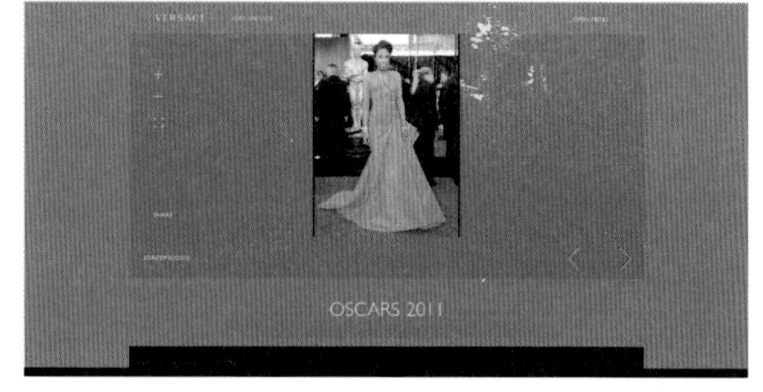

名称：versace

地址：www.versace.com/en

主色彩	R000 G000 B000
	R255 G255 B255
	R192 G046 B145
辅助色彩	R154 G037 B116
强调色彩	R192 G046 B145

4.3.3 服饰类网站品牌官网与网店网页的设计区别

(1) 服饰类品牌官网的设计以介绍品牌为主，网店网页（如淘宝商城）的设计以介绍和展示所卖产品为主。

例如 ONLY 官网的设计，主要以宣传品牌为主，主界面是新品陈列和介绍，而 only 天猫旗舰店在设计上主要以销售商品为主，致力于引导买家消费。

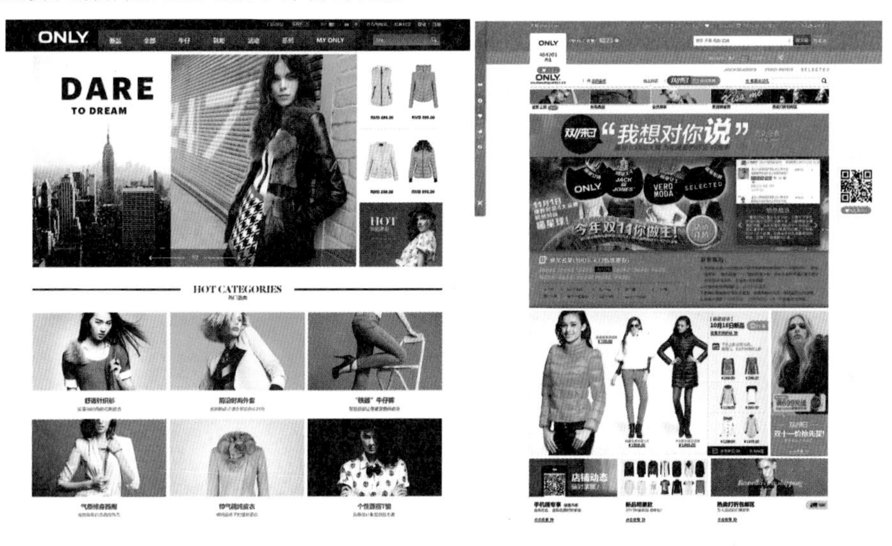

ONLY中国官网　　　　ONLY天猫旗舰店

(2) 品牌官网和网店网页是两种不同类型、受不同目的指引的设计，网店出于对产品促销的需要，设计以完成交易为核心，在各种节日也会变化专题设计，相对而言官网要少一些。例如爱慕的官网和爱慕天猫旗舰店的网页面貌完全不同。

爱慕官网

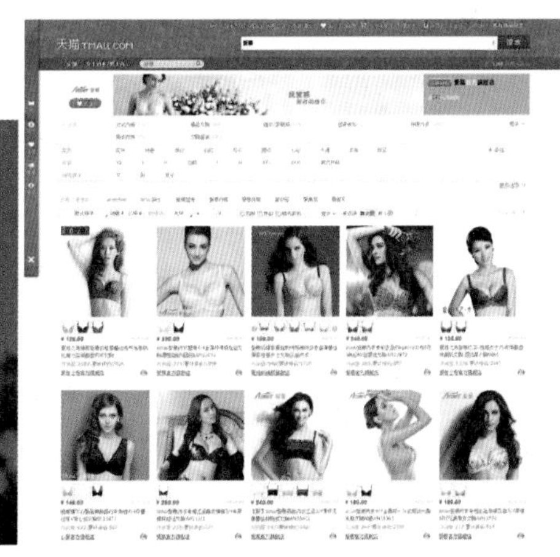

爱慕天猫旗舰店

周生生的天猫旗舰店推出结婚季主题，设计主要以白色为主，简洁易用，而周生生的官网则以棕色为主，体现出周生生高贵、成熟的品牌气质。

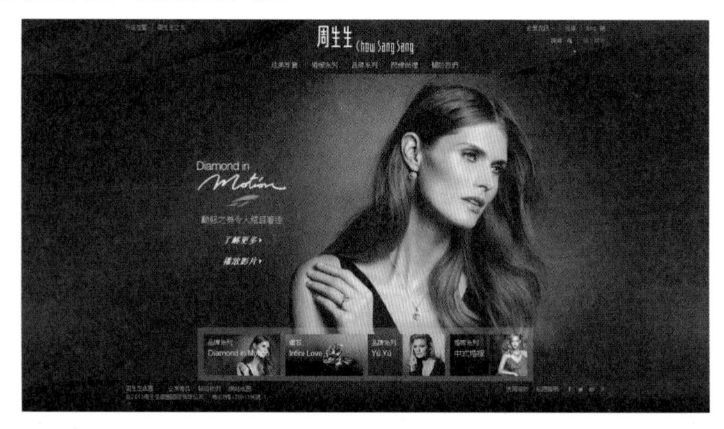

周生生官网

周生生天猫旗舰店

4.4 艺术类网站配色

4.4.1 舞蹈

Northern ballet 前身是 Northern Dance Theatre，于 1969 年由 Laverne Meyer 创立，如今已被视为世界上最伟大的芭蕾舞团之一，在全球有着很好的声誉。饱和度和明度高的红色能让人感觉到温暖、勇敢、激进。网站用大红色作为强调色，与主体色（白色）和辅助色（浅灰）相搭配，简洁时尚氛围中迸发出激情跳跃的红，充满活力，勾勒着芭蕾艺术的特有魅力。

名称：Northern ballet

地址：northernballet.com

主色彩 R255 G255 B255

辅助色彩 R216 G216 B216

强调色彩 R216 G030 B005

Pacific Northwest Ballet 成立于 1972 年，美国最大、最具影响力的芭蕾舞公司之一。网站的颜色搭配比较简单，白、青蓝、黑的搭配显得比较理性，追求版式布局中的空灵之感，简练却又恰到好处，既突出了 Logo 和导航，又为内容提供了很好的展示空间。青蓝色作为强调色为网站增添了一分高雅的气息。

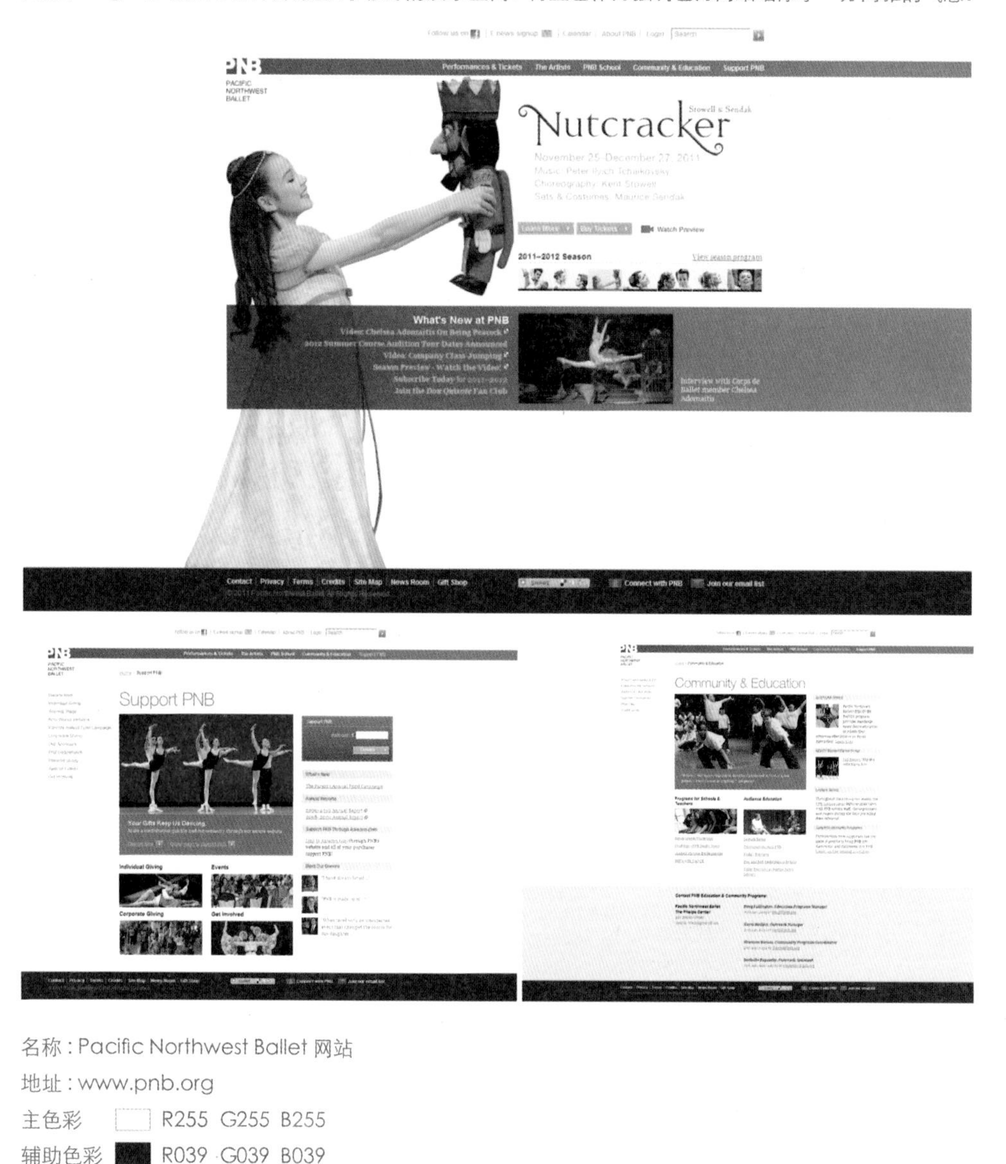

名称：Pacific Northwest Ballet 网站

地址：www.pnb.org

主色彩　R255　G255　B255

辅助色彩　R039　G039　B039

　　　　R229　G228　B223

强调色彩　R034　G110　B142

　　　　R244　G160　B000

享誉全球的英国皇家舞蹈学院是国际权威的舞蹈学府，是一家专门为舞蹈教师提供培训和考核学生芭蕾水平的国际联网机构，目前拥有世界上最庞大、最具影响力的芭蕾舞考级队伍。网站信息量庞大，却通过合理的安排组织，使得用户浏览起来并不繁杂。网站的色彩搭配是很多艺术网站常见的红、白、黑搭配，但是其中的红色通过渐变有了更加丰富的层次，整个网站大气、简洁、优雅，弥漫着历史悠久的学府气息。

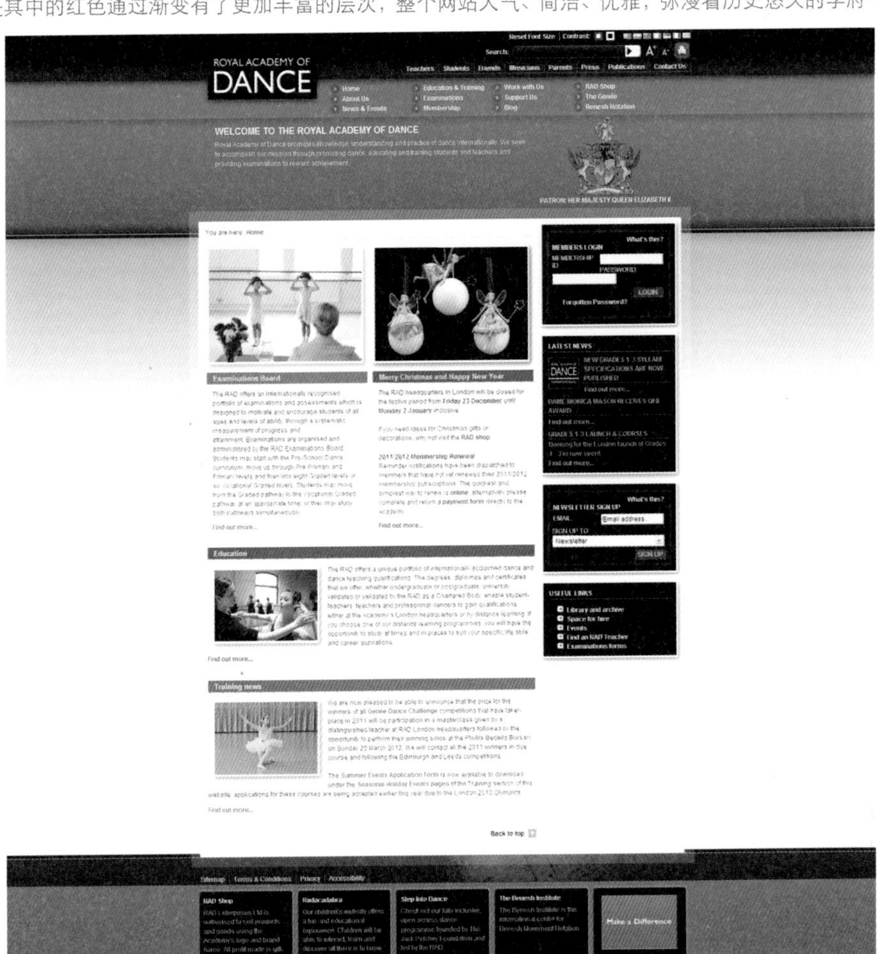

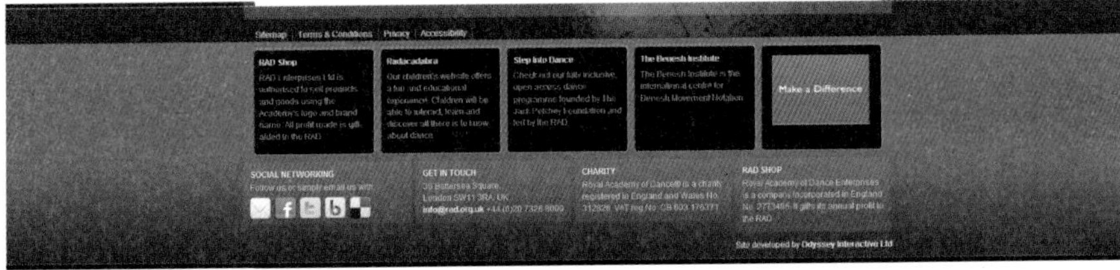

名称：英国皇家舞蹈学院网站

地址：www.rad.org.uk/default.asp

主色彩 R184 G013 B058

辅助色彩 R255 G255 B255 R182 G182 B182 R103 G000 B001

强调色彩 R000 G000 B000 R034 G034 B034

4.4.2 戏剧

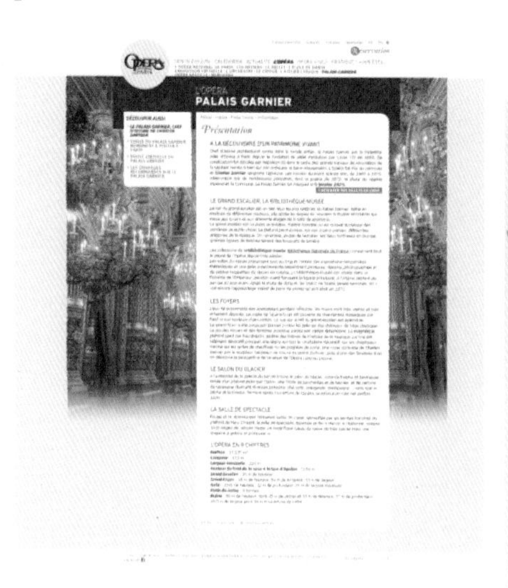

巴黎歌剧院是世界上最大的抒情剧场。该剧院网站采用牙黄灰作为主体色，素雅、大气是网站给人的第一印象。大量精致彩图的运用，提升了网站的整个视觉体验。网站的整个空间很有层次感，在网站一级导航位置，用浅牙黄灰并结合彩图做网站背景，Logo 处用牙黄色的圆形做了很好的强调，使得网站的 Logo、内容和背景拉开了层次，三者是一个上、中、下层级关系。

名称：巴黎歌剧院

地址：www.operadeparis.fr

主色彩 R233 G228 B222

辅助色彩 R239 G230 B215

R240 G240 B237

强调色彩 R213 G093 B033

R002 G050 B075

R090 G010 B010

北方昆曲剧院是中国专业昆曲表演艺术团体之一。网站采用红色幕帘和一些昆曲元素做网站的背景，整个网站好比就是一个演出舞台，网站头部处理得很好，形式感很强。遗憾的是网站首页空间处理欠佳，二级页面处理得反而好一点。

名称：北方昆曲剧院网站

地址：www.beikun.com

主色彩　R077 G047 B014

辅助色彩　R149 G007 B055

　　　　　R000 G000 B000

强调色彩　R255 G223 B001

北京京剧院是经由国家文化部评定的全国京剧重点院团。网站的形式感很强，乍一看就是京剧舞台。网站大量采用一些北京京剧院的元素，用色都是一些民族色彩，红、黄、灰的运用，极具中国文化特色。

名称：北京京剧院网站

地址：www.bjo.com.cn/text1/shiyan/index-1.htm

主色彩　R056 G061 B057

辅助色彩　R004 G087 B101　R021 G081 B144

　　　　　R025 G023 B022　R083 G088 B082

强调色彩　R193 G020 B014　R245 G247 B042

　　　　　R255 G155 B023

4.4.3 音乐

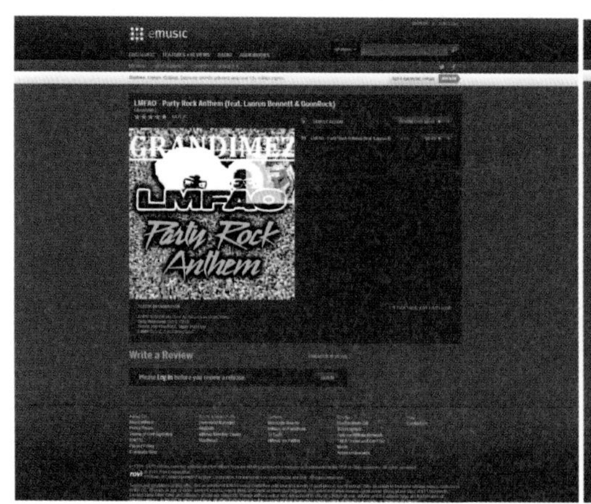

eMusic是著名的在线音乐零售商，隶属于环球音乐集团，从事音乐的网上正版收费下载，有几百家唱片公司支持。

eMusic的特色在于只销售独立厂牌下的音乐产品。网站还提供很多有价值的文章，从巴黎的爵士乐到巴西的流行乐，引领用户寻找到更多的音乐珍馐。

简洁、稳重、大气是网站给人的第一印象。主体色（深灰色）和辅助色（浅灰色）的运用，能让用户以一种平静的心态去寻找并欣赏音乐，大红色作为强调色，很巧妙地避免了画面的沉寂，在页面中增加了视觉的兴奋点。

名称 :eMusic 网站

地址 : www.emusic.com

主色彩 R061 G061 B061

辅助色彩 R034 G032 B033

R209 G209 B209

强调色彩 R239 G014 B056

虾米网尝试了音乐领域全新的“P2P软件＋互动社区＋传播平台”模式。网站采用白色作为主色，浅灰用作辅助色，素雅、精致、简洁，符合网站要求信息性和欣赏性兼顾的特质。橙色作为强调色，巧妙地打破了画面的沉寂。虾米网是一个从“爱音乐”出发的音乐网站，致力于为用户提供更舒适的体验，其中一些小的应用，让用户惊喜不断。

名称：虾米网

地址：www.xiami.com

主色彩 R255 G255 B255

辅助色彩 R223 G225 B224

强调色彩 R000 G000 B000

这是一个古典音乐家MICHAEL KORSTICK的个人网站，主题色彩采用深灰蓝色，深灰褐色是辅助色，强调色也是那种低纯度的黄灰色，都属于低明度、低彩度的颜色，稳重高贵，整体色彩比较统一，没有强烈的对比，充分体现了古典音乐家的个性和艺术特点，有内涵、不张扬、不轻浮，散发一种稳重、高贵的气息，让用户能产生一种对高雅艺术的尊崇感。

名称：MICHAEL KORSTICK 个人网站

地址：www.michaelkorstick.de

主色彩 R030 G030 B030

辅助色彩 R016 G016 B017

R134 G134 B137

强调色彩 R181 G170 B132

著名老牌摇滚乐队Rush，经历过风风雨雨，进入官方网站，像开着老式轿车行驶在乡村大道上，整个网站色调很温和，感觉很古典、稳重、朴实，强调出一种古老的风雨沧桑感，却又能嗅出狂野的气味。整体色调的浓重，营造出岁月沉淀的力量感和坚实感，很吻合Rush乐队的风格。背景图片的运用，使得整个网站纵深感很强 。网站的一些小动画和一些小的金属元素，给人一种超现实的感觉。

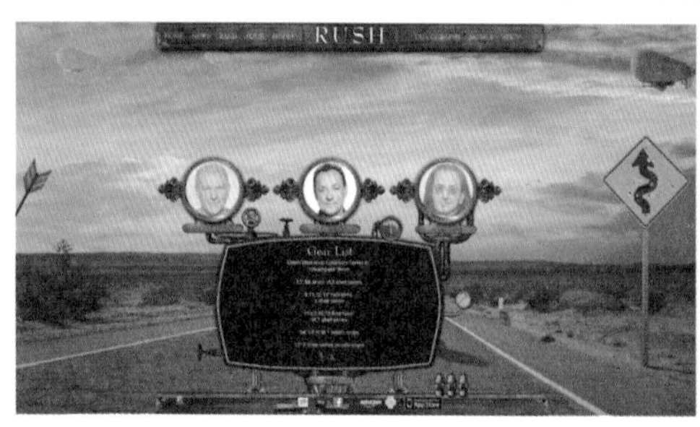

名称：RUSH 乐队网站

地址 :www.rush.com/rush/index.php

主色彩 R117 G072 B013

辅助色彩 R070 G039 B037

R172 G166 B154

R090 G088 B089

强调色彩 R171 G037 B028

4.4.4 设计

consarc-design 是一家专业提供建筑、历史古籍保护、工料保护、项目管理等相关内容的咨询设计服务公司。该公司网站中有大量十分精美的案例图片，为了更好地突出这些图片，采用黑色和明度适中的蓝色、绿色等大色块，版式、导航和文字介绍都十分简洁、中规中矩。许多设计类的网站在配色上都采用黑、白、灰以及简洁的版式，目的都是为了更好地衬托设计作品这个最重要的主体。

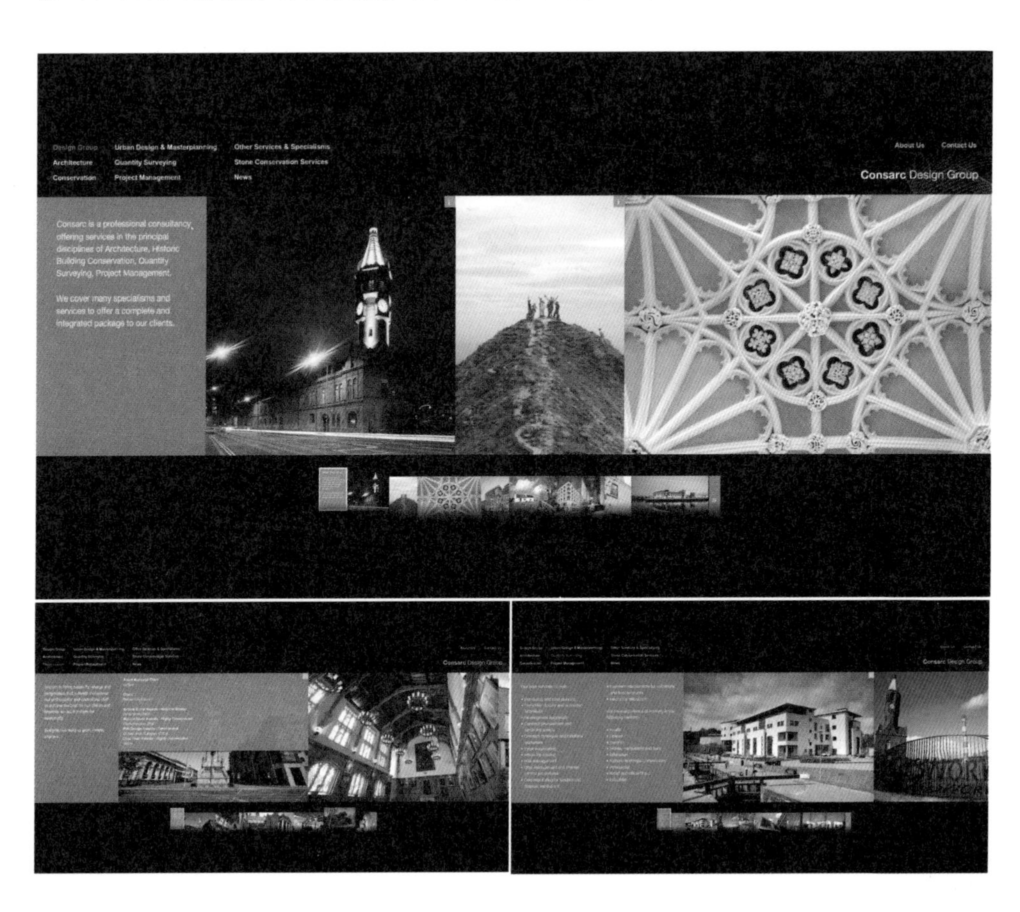

名称：consarc-design

地址：www.consarc-design.co.uk

主色彩 R255 G255 B255

辅助色彩 R117 G114 B107

R125 G131 B071

R000 G116 B139

强调色彩 R255 G255 B255

RKS 是一家能够为医疗保健、消费包装商品、家电、家居用品、娱乐，消费电子，交通、工业产品，零售等领域提供从构思到实施全过程的服务设计公司。作为有着几十年历史的老牌工业设计公司，RKS 为公认的行业领导者，客户包括联合利华、百事、英特尔、苹果、LG、日产、惠普等公司，创造了很多颠覆性的设计和创新。RKS 网站很好地处理了文字信息和案例图片众多的情况，通过色彩上的反差和强调，很好地解决了信息层次问题。

地址：www.rksdesign.com

主色彩 R012 G006 B003 R255 G255 B255

辅助色彩 R104 G098 B092

强调色彩 R232 G068 B043

colagene是一个专门展示插图的网站，在这个网站中同样遵循了设计及绘画类站点的共同原则，合理的创造“无设计”的感觉，全力突出作品本身。

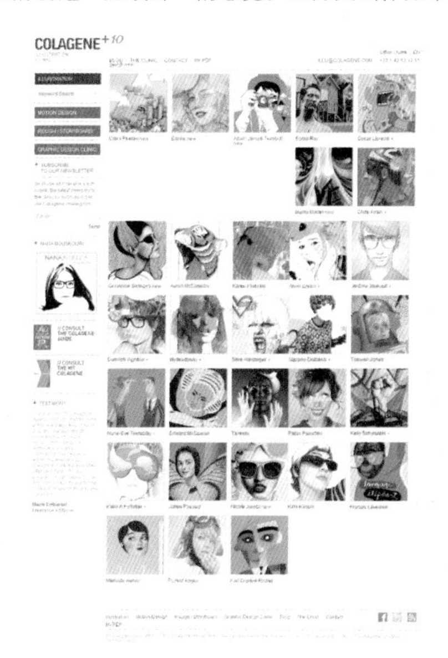

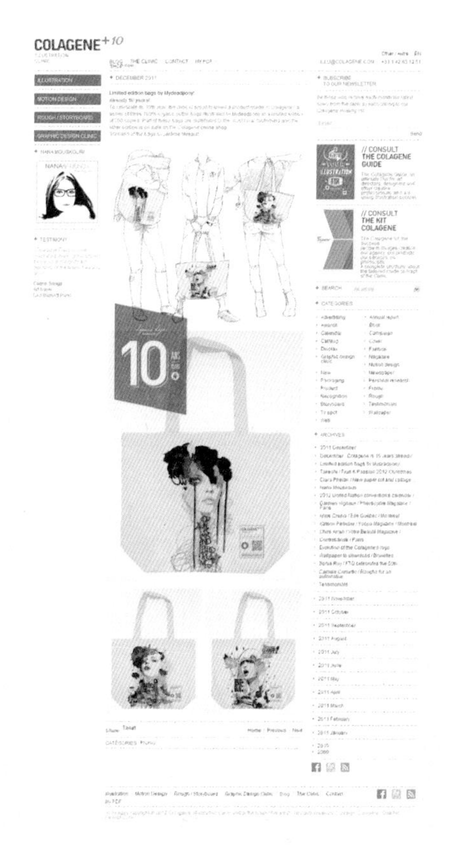

名称：colagene

地址：www.colagene.com/en

主色彩	R255 G255 B255
辅助色彩	R238 G238 B238
强调色彩	R075 G057 B005
	R228 G028 B024

4.4.5 艺术类网站总结

通过对舞蹈、戏剧、音乐这三大艺术类网站的研究，从主色、辅助色、强调色三方面，进一步对艺术类网页色彩进行分析研究，总结艺术类网站的一些配色规律。

（1）网站所承载的艺术内容和特征，是艺术类网站视觉风格的决定性因素，艺术类网站通过多媒体的手段来强调和突出其艺术感染力，对风格的追求要远远高于其他类型的网站。艺术范围很广，每种艺术都有着独特的历史文化，不同艺术的网站有着不同的用色风格。比起其他类网站，艺术类网站更注重通过用色，营造出一种氛围，用来传达出这种艺术的独特文化气息。

例如，摇滚乐简单、有力、直白，特别是它那强烈的节奏，给人感觉精力充沛、充满激情。摇滚乐队Rush的网站，色调很温和、稳重，加之一些重金属元素的运用，能让人嗅出狂野的气味，充满激情。而古典音乐是一个独立的流派，艺术手法讲求洗练，追求理性地表达情感，是严肃音乐的代表之一。MICHAEL KORSTICK网站，整体色彩比较统一，没有强烈的对比，但很有内涵、散发一种稳重、高贵的气息。两个网站通过不同的色彩搭配，营造出不同的文化氛围，让用户一打开网站就能“嗅出”这两种不同的艺术气味。

艺术和文化永远密不可分，艺术类网站的用色与文化背景、社会环境这些因素紧密相关。文化积淀也对艺术类网站的用色有着一定的影响。同是摇滚乐队的网站，但却给人不同的感觉。一般的摇滚乐队，可能仅仅表现狂野，而著名老牌摇滚乐队Rush，网站用色更多是用整体色调的浓重营造出岁月沉淀的力量感和坚实感。

(2) 黑、灰、红的色彩搭配，易于吸引女性，多运用于芭蕾舞网站，这种色彩搭配的运用，又很有张力，很吻合舞蹈给人的感觉。

(3) 以灰作为主色，搭配高纯度的红、黄，这种色彩搭配在中国很常见，一些著名的古建筑（如故宫）都是运用这种色彩搭配。这种色彩搭配可使网页给人严谨、权威、高贵的感觉。中国戏曲类网站基本都是这种色彩搭配。

4.5 教育类网站配色

教育类网站从服务的层次来分，主要包括以下几种类型：

- 高等教育网站：针对普通高校与网校的大学生进行网上课程教学与辅导。例如教育部学位与研究生教育发展中心网站。
- 初、中等教育网站：面向中小学生，进行网上课程辅导，开展基于网络的教学活动。例如中国基础教育网网站。
- 学前教育网站：面向幼儿进行学前教育，提供教育、游戏等资源。
- 教育类网站在色彩的选择和色彩搭配，应该追求体现网站的教育主题，以获得相应年龄用户的喜爱。

以下总结几种常见的配色方案：

- 暖色调，即红、橙、黄等色彩的搭配。这种色调的运用可使主页呈现温馨、和煦、热情的氛围，这种搭配主要集中于低龄化的学前教育及中小学教育，更能体现孩子活泼可爱的天性。
- 冷色调，即蓝、绿、紫等色彩的搭配，这种色彩的运用，可使网页呈现宁静、清凉、高雅的氛围，这种搭配主要集中于高等教育类网站，体现严谨、权威、稳重、高雅的学术氛围和教学理念。
- 对比色调，即把色性完全相反的色彩搭配在一起，例如：红与绿、黄与紫、橙与蓝等，这种色彩的搭配可以产生强烈的视觉效果，给人亮丽、鲜艳、喜庆的感觉，当然对比色调如果用得不好，会适得其反，产生俗气、刺眼等不良后果，这就要把握“大调和小对比”这一重要原则。

教育网站不同于商业网站，教育网站的服务对象是师生、教育管理工作者及关心教育的一切人士。目的是让他们在此得到所需的教育相关信息。色彩运用太多、太乱，会影响教育类网页的质量，适得其反，所以页面一定要给人一种清新、舒畅的感觉。

文化、教育类的网页应该突出“书卷气”，最好能让冲浪者仅凭眼睛就可以“听”到朗朗的读书声，“嗅”到淡淡的书香。当然，文化差异是设计师在借鉴其他优秀网页时不得不面对的一个棘手问题。欧美人在表达文化理念时更愿意从细节或局部入手，而东方人则倾向于用宏观的哲理或思辩引出具体的问题。设计师在构思外国网页的中文版本时，一方面需要从外国同类网页中学习那些充满分析与实证精神的细腻而严谨的设计手法，另一方面也要善于从中国传统的绘画、建筑、音乐等艺术形式中汲取灵感，找到足以表现守诚重道等传统理念的设计语言。轻灵的网页布局、明快的色彩搭配、简洁的文字编排肯定比大段的说教更能吸引冲浪者的目光。

4.5.1 大学网站

北京大学的网站在采用蓝色和白色为主色调的同时，将其校徽本身的红色作为强调色彩，白红蓝色彩的搭配使用相得益彰，突出重点的同时使得网站整体给人以简洁大方之感。

主色彩 R000 G042 B095

R255 G255 B 255

辅助色彩 R230 G230 B232

强调色彩 R180 G026 B029

北京外国语大学主题色采用稳重的暗褐色，在暗褐色之上运用巧妙的留白突出了学校的 Logo 及一级导航，一系列偏暖的灰色搭配给人一种温暖高品质的权威之感，绿色的运用巧妙地活跃了气氛，打破沉闷。

主色彩 R037 G025 B015

辅助色彩 R255 G246 B229

强调色彩 R142 G200 B078

R230 G230 B232

R000 G152 B153

网站以中低明度的红色为强调色，辅助色为黄色及灰色，红色及黄色是较为普遍的一种搭配组合，这里的红色及黄色都相应降低了明度及饱和度，整体感觉沉稳。网站也同样对Logo采用了反白进行强调。

主色彩 R255 G255 B255

辅助色彩 R187 G153 B089

R183 G183 B183

强调色彩 R125 G000 B006

清华大学网站主色采用紫色，同样采用反白的方式突出Logo及导航，同时使用少量的补色（黄色）作为点缀，增加了层次感，网站整体给人一种简洁雅致之感，彩图的选择及使用传达了科技严谨，十分符合清华大学的形象。

主色彩 R154 G018 B154

辅助色彩 R159 G145 B121

R155 G171 B001

强调色彩 R255 G255 B255

R255 G176 B001

Pacific Union College 始建于 1882 年，位于美国加州，有大约 1500 名学生，开设包括心理学、工商管理、生物物理学、室内设计、自由艺术与科学、护理、教育、通讯和预科等课程。网站主色为暖灰色，搭配暖色倾向的绿色，并以树木剪影作为背景，整体给人一种静谧平和之感，十分符合学校有宗教背景的特质。

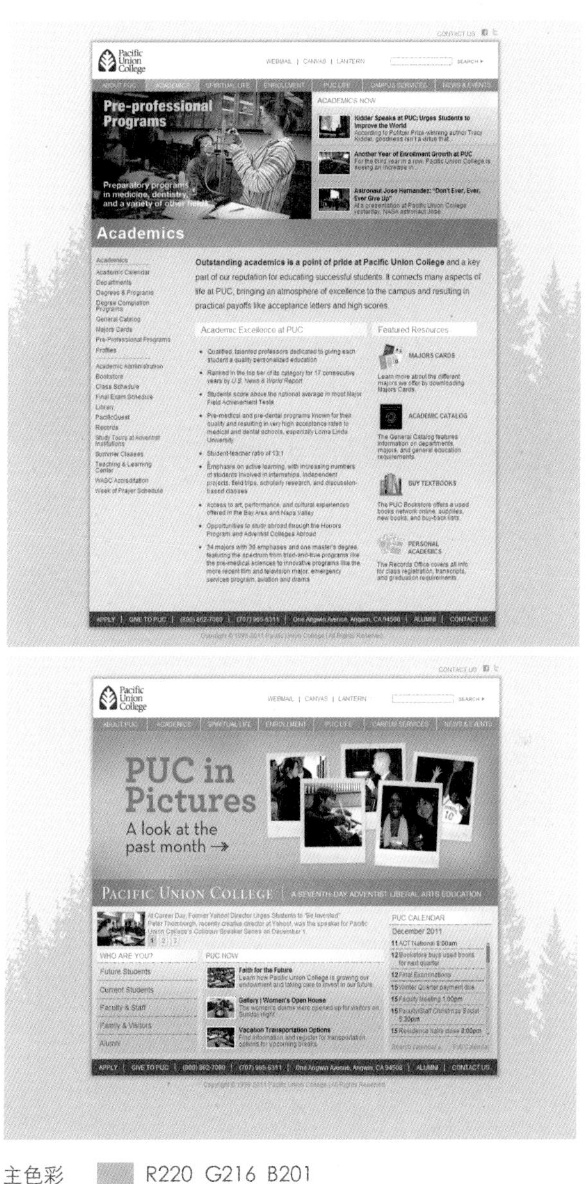

主色彩 R220 G216 B201

辅助色彩 R082 G082 B069 R089 G141 B184

强调色彩 R114 G162 B039

尚普兰学院创建于 1878 年，是一所私立理科学院。主体色为纯度较低的暖绿色，搭配的辅助色也以暖色为主，强调色采用了与主体色互补的朱红色，在增加色彩层次和动感的同时还将这一对互补色作了降低饱和度和纯度的调和，网站整体给人一种活力和动感，同时降低饱和度及纯度也隐隐透露出稳重之感。

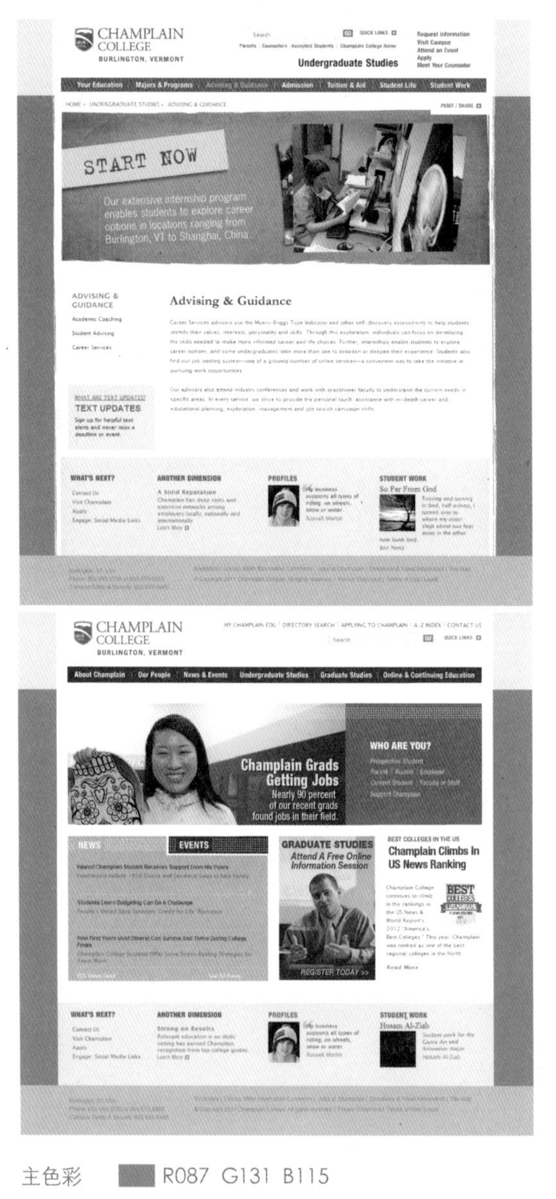

主色彩 R087 G131 B115

辅助色彩 R018 G056 B059　R097 G088 B036

R198 G196 B172

强调色彩 R255 G255 B255　R198 G077 B020

丹佛神学院是一所研究生水平的教会学院，它提供了广泛的不限于神学领域的学位教育，同时也提供一些职业教育。网站主体色为低明度、中彩度的普蓝色相，辅助色为一系列的蓝色系，不同饱和度、纯度、明度的蓝色的搭配在丰富网站层次的同时给人一种严谨权威之感。

主色彩		R038	G045	B073
辅助色彩		R014	G029	B042
		R095	G140	B163
		R229	G229	B229
强调色彩		R255	G255	B255
		R005	G118	B190

4.5.2 儿童网站

腾讯儿童是腾讯大型门户网站的儿童频道，服务于 3 岁至小学儿童的教育类网站。网站主体色采用蓝绿到黄绿色的渐变，整体以蓝绿为主，辅助色为纯度及彩度较高的绿色及黄色，个别二级页面有红色及橙色作为强调色，整体搭配给人健康活泼之感。

名称：腾讯儿童

地址：kid.qq.com

主色彩 R071 G219 B205

辅助色彩 R034 G177 B235

R158 G215 B098

R250 G229 B016

强调色彩 R209 G065 B056

R017 G064 B108

WaWaYaYa 针对儿童的性格特征和成长需求，结合儿童的接受能力，在网上为儿童搭建了一个理念先进、内容充实、形式生动的学习游戏天地。网站主体色为黄色，辅助色为相邻色相的蓝色及绿色，色彩纯度很高，强调色为橙红色。红、黄、蓝、绿四种色相的搭配是最为常见的搭配方式之一，颜色搭配跳跃活泼、充满活力。

名称：WaWaYaYa 学乐堂

地址：www.wawayaya.net/learn

主色彩 R255 G206 B036

辅助色彩 R098 G221 B205

R179 G228 B080

R250 G229 B016

R000 G000 B000

R020 G116 B218

强调色彩 R255 G255 B255

R225 G092 B004

4.5.3 育儿网站

搜狐母婴是以家长为服务对象的育儿早教信息型网站，在清晰简洁的基础上营造一种温和轻松的氛围。网站以高明度、低彩度的蓝色和粉色为主体色。网站一二级页面都是以同一色相为主的色彩搭配，以饱和度及明度来划分信息层次。整体配色符合婴幼儿给人的那种柔软粉嫩的印象。

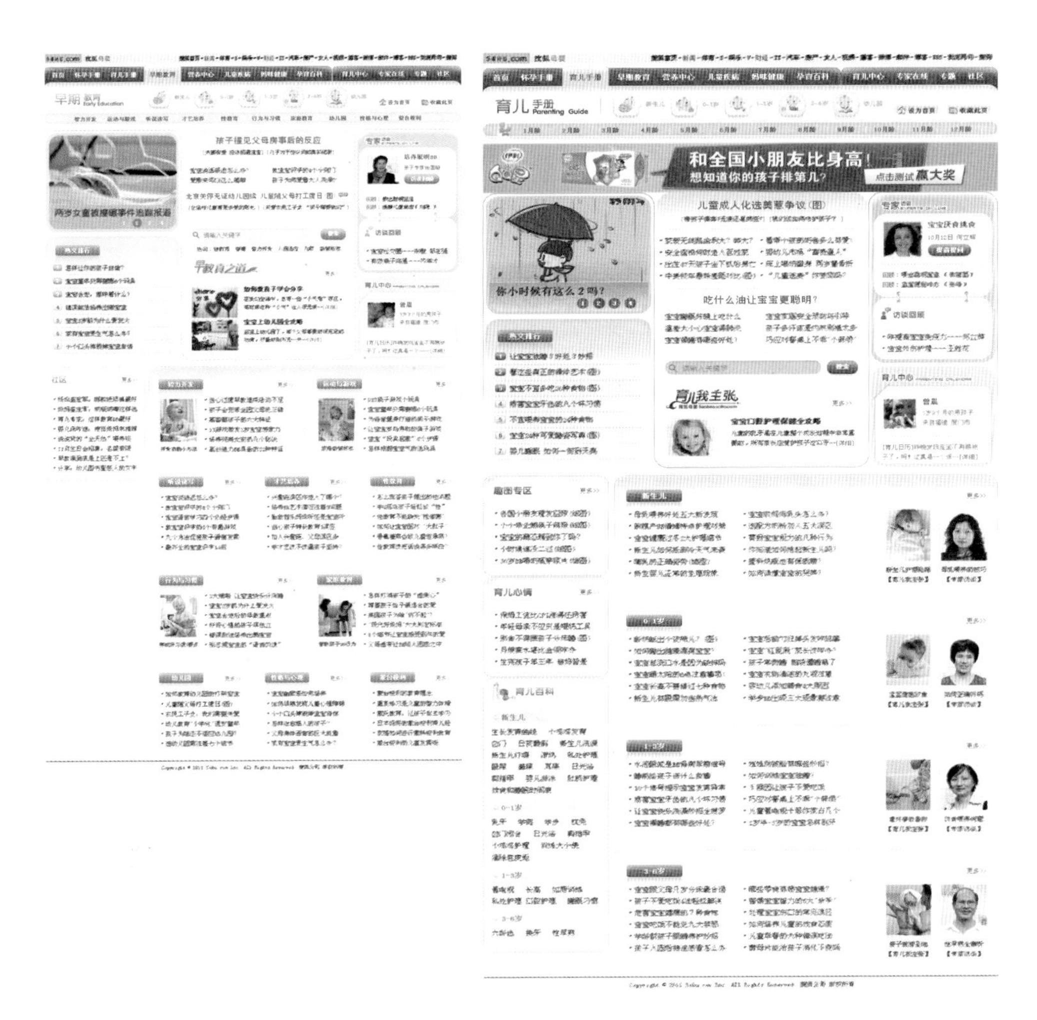

名称：搜狐母婴

地址：baobao.sohu.com

主色彩 R201 G236 B255 R249 G207 B215

辅助色彩 R040 G168 B238 R253 G100 B140

强调色彩 R255 G065 B056 R240 G045 B100

宝宝树是国内知名的大型育儿论坛，网站主体色为高明度、低彩度的蓝色，辅助色全部都是中高明度、高彩度的颜色，和搜狐母婴配色方案不同的是采用的色相比较丰富，很多是同一色调的对比色相。

名称 :babytree（宝宝树）

地址 : www.babytree.com

主色彩		R229 G247 B249
辅助色彩		R161 G225 B231
		R246 G147 B166
		R174 G222 B140
		R240 G183 B133
强调色彩		R247 G068 B072
		R000 G153 B204

4.5.4 中小学课外辅导学校

巨人学校是由一所培训机构发展成的大型综合教育集团机构。网站的配色与Logo所使用的色彩搭配相同，都为橙、绿、蓝三色，网站主体色为蓝色，传达严谨权威之感，使用蓝色的互补色橙色、相邻色绿色以及红色作为强调色，使重点鲜明突出，十分符合信息型网站的定位。

名称：巨人学校

地址：www.juren.com

主色彩 R022 G154 B231

辅助色彩 R227 G227 B227

R247 G206 B000

强调色彩 R255 G108 B000

R209 G000 B000

R150 G210 B030

学而思网校隶属北京学而思教育科技有限公司，是全国知名中小学远程教育培优机构。网站的配色与本身 Logo 所使用的色彩搭配相似，将红色作为强调色，重要的文字内容为黑色，同时搭配蓝色作为辅助色，用以增加层次。

名称：学而思网校

地址：www.xueersi.com

主色彩 R237 G237 B237

辅助色彩 R032 G080 B159

R246 G236 B234

强调色彩 R189 G034 B033

4.6 食品类网站配色

4.6.1 案例分析

芭斯罗缤是全球最大的连锁冰淇淋店之一。品牌宗旨是随时提供31种冰淇淋。进入芭斯罗缤中国官网，给人一种欢快、轻松、温馨、柔美的感觉。网站采用粉红色作为主体色，与Logo颜色相呼应，强化了公司的形象，能很好地吸引女性和小孩。结合网站黄、蓝、绿、紫强调色（都是高彩度的色彩），不仅起到强化视觉区域的作用，也很好地为网站增添了活力。网站背景图是奶白色，很吻合冰淇淋给人的印象。进入产品栏目，色彩鲜艳的各类产品给人以新鲜、好吃的视觉冲击，由此引发购买欲望。

名称：芭斯罗缤

地址：www.br-31.cn/index.aspx

主色彩 R184 G059 B117

辅助色彩 R194 G106 B146　R255 G157 B196　R237 G233 B234

强调色彩 R247 G203 B078　R119 G187 B226

R129 G098 B166　R127 G194 B089　R009 G090 B156

DQ冰淇淋是新鲜冰淇淋的典范、乳品行业中的“皇后”，一打开网站，凉爽感扑面而来。天蓝色作为主体色，深蓝、浅蓝用作辅助色，给人凉爽感的同时，对于识别和强化网站的产品信息起了很大的作用。整个网站的色彩定位准确，选择Logo上使用的色彩，与企业形象相符，通过整合营销传播强化了公司形象。强调色的运用与主辅色是一组四角调和，活跃网站气氛，很好地与网站主色、辅助色融合在一起。

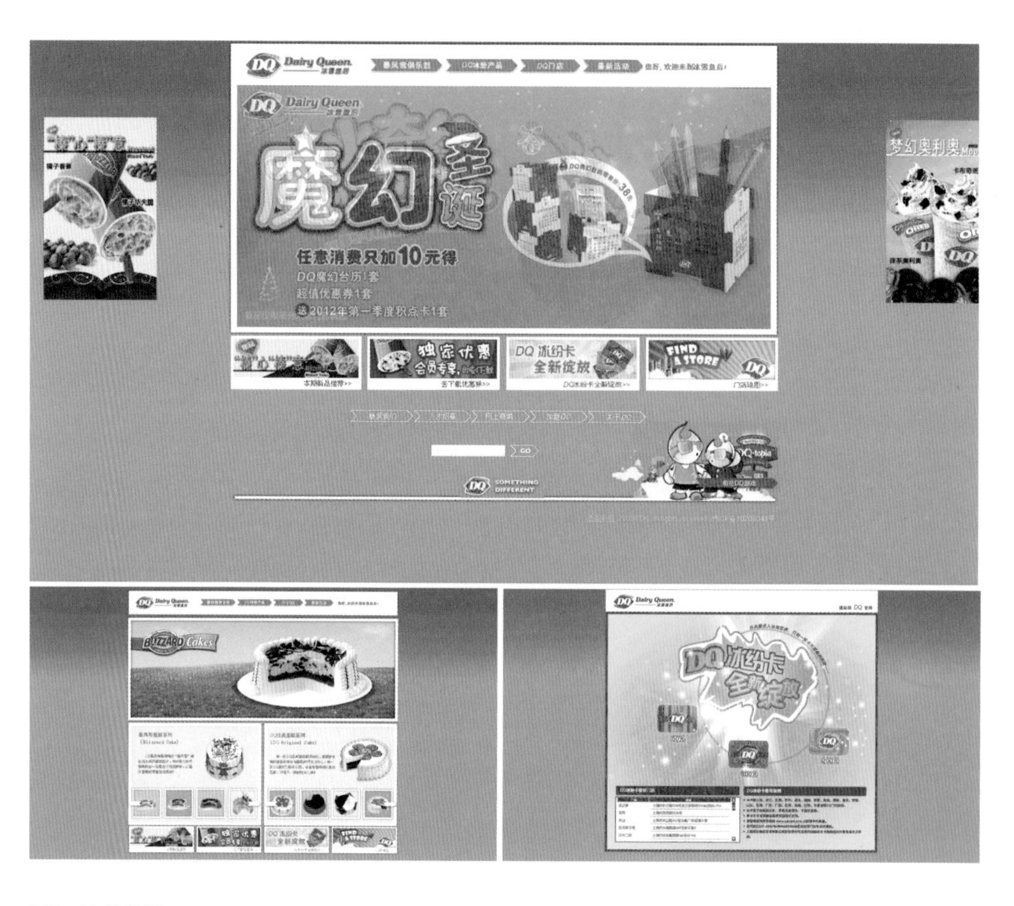

名称：冰雪皇后

地址：www.dairyqueen.com.cn/index.php

主色彩 R083 G156 B199

辅助色彩 R054 G099 B141

R000 G124 B198

强调色彩 R222 G065 B056

R249 G214 B124

麦当劳是世界著名的大型连锁快餐集团，在世界上大约拥有三万间分店，在很多国家麦当劳代表着一种美国式的生活方式。

网站首页大面积采用灰色结合背景图片的方式，为新产品的推出提供了一个很好的展示平台。进入网站的其他页面，则大面积的采用浅灰色，营造出洁净、舒适的氛围。用红、黄作为强调色，源自 VI 上使用的色彩，与企业形象相符，强化公司形象。还有一点就是红、黄两种色彩，在任何一个页面都很突出，很好地起到了强调作用。整个网站的品牌意识很强，无论切换至哪个界面，企业的 Logo 都十分突出。

名称：麦当劳

地址：www.mcdonalds.com/us/en/home.html

主色彩　R245 G241 B240

辅助色彩　R014 G014 B014　R148 G195 B189　R234 G235 B237

强调色彩　R173 G009 B008　R254 G214 B030

雀巢咖啡起源于1930年，是世界上最大的食品公司。雀巢的中国官网，使用VI上的色彩作为主色彩，定位准确，与企业形象相符，强化了公司形象。

名称：雀巢咖啡

地址：www.nescafe.com.cn

主色彩　R228 G000 B019

　　　　R156 G000 B013

辅助色彩　R234 G234 B232

　　　　R186 G186 B178

强调色彩　R101 G162 B059

星巴克（Starbucks）是美国一家连锁咖啡公司，1971 年成立，为全球最大的咖啡连锁店。除咖啡外，星巴克亦有茶、西饼及蛋糕等商品。

白色是最常用的网页背景色，在白色的衬托下，大多数色彩都能取得良好的表现效果。网站主色采用白色，浅灰、深灰作为辅助色，给人的感觉就是明快简洁，也为商品提供了很好的展示空间。高纯度的绿色作为网站的强调色，与网站 Logo 颜色相呼应，与企业形象相符，强化了公司的品牌形象，也为网站营造了清新、自然、环保的品牌个性。

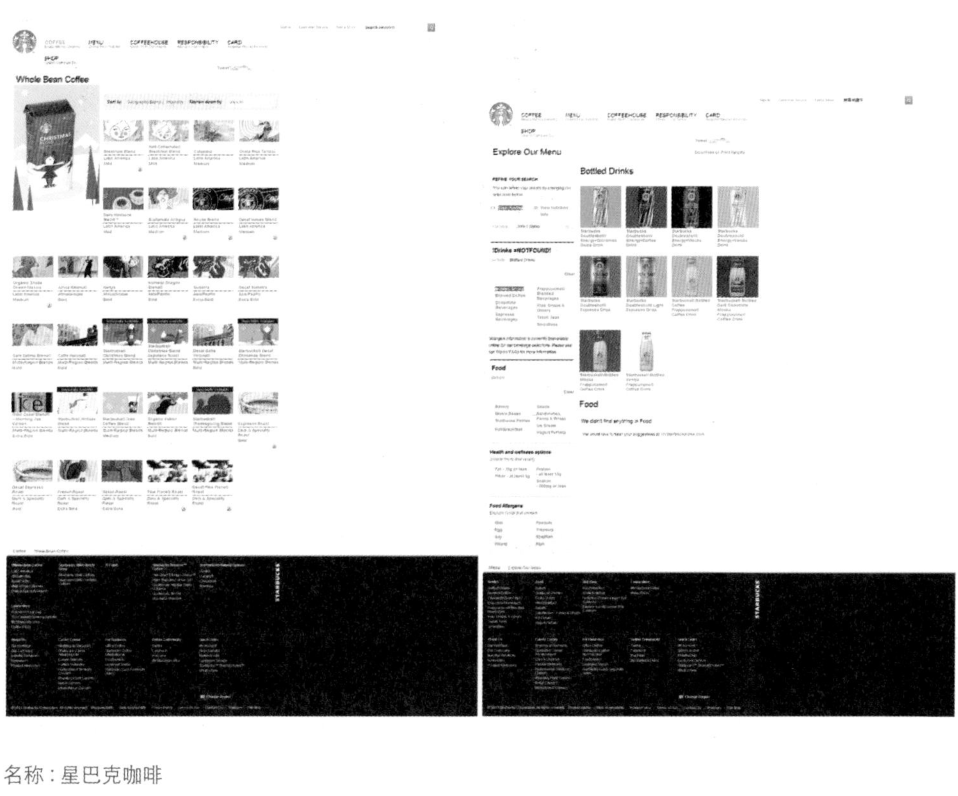

名称：星巴克咖啡

地址：www.starbucks.com

主色彩　R255　G255　B255

辅助色彩　R233　G227　B215

R239　G241　B240

R040　G040　B040

强调色彩　R042　G138　B002

网站采用精美的图片作为背景，精致的大图还原了咖啡制作的过程，给人一种自然、环保的感觉。网站使用的浅灰色和大图的色调是一种类似色相、相反色调的配色方案，保持整齐、统一感的同时做到更好的局部突出效果。网站强调色的使用，与Logo颜色相呼应，很好地打破了网站的沉闷。Logo采用的高彩度大红色和低彩度、明度的青色是一组相反色调、相反色相的配色方案。

名称：ambestcoffee

地址：www.ambestcoffee.com

主色彩		R112 G100 B086
辅助色彩		R189 G177 B151
		R217 G211 B187
强调色彩		R195 G046 B040
		R159 G208 B204

Garden-party-drink花园派对饮料，作为含有柠檬的饮料，Garden party网站使用黄绿色是最佳选择。网站采用的主题颜色为低明度的橄榄绿、辅助色为高纯度的黄色、草绿色，强调色为高纯度的大红色。对比的色彩搭配再突出产品的版式设计，视觉冲击力很强，极富动感，能很快抓住消费者的眼球，对产品起到很好的宣传，赋予产品新鲜、自然的品牌形象。

名称：garden party drink

地址：www.garden-party.p

主色彩		R049 G056 B004
辅助色彩		R015 G019 B004
		R088 G166 B021
		R227 G225 B000

Tenuta dell' Ornellaia 成立于 1981 年，诞生于托斯卡纳的一个美丽的、未受污染的地方，是世界上最重要的葡萄酒厂之一。网站主要功能是推销 Tenuta dell' Ornellaia 葡萄酒，介绍其品牌历史。网站的整个色彩搭配，营造出一种高贵、自然、稳重的气息。网站大面积使用了精美图片，展现了产品特性，模块划分清晰简洁；用以提升网站的浏览体验。

名称：Tenuta dell' Ornellaia

地址：www.ornellaia.com

主色彩 R071 G060 B[illegible]

R197 G182 B[illegible]

辅助色彩 R015 G005 B[illegible]

R095 G090 B[illegible]

强调色彩 R176 G100 B[illegible]

R223 G205 B[illegible]

Sesame 是主售寿司的餐馆，网站主要介绍 Sesame 及其背景和活动资讯。网站使用中灰色作为网站的主色，白色和深灰为辅助色，草绿、青绿、玫瑰红作为网站的强调色，整个网站给人日式田园感觉，很清新、自然，传达了产品的特性。整个版式和纹饰的运用，使得网站给人的感觉很放松、舒适。

名称：Sesame

地址：www.ilovesesame.co.uk

主色彩 R129 G128 B133

辅助色彩 R072 G076 B079

R255 G255 B255

强调色彩 R205 G218 B025

R003 G184 B167

R003 G184 B167

礼记饼家始创于二十世纪初，经历了将近一个世纪的时间洗礼，而今的礼记饼家已经从当初在澳门的一家小铺子变成了今天驰名中外的百年老字号，礼记饼家生产的“澳门特产”凭着传统的手工工艺，古法秘制，已成为久负盛名的特色产品！经过了长久的发展，礼记饼家不单单是一种食品的品牌，已经形成了一种具有中国特色的澳门文化。

网站的主色源于食品的包装用色和产品本身的颜色，与企业形象相符，强化了公司形象，营造出一种亲切、自然的氛围。网站的强调色虽然与Logo的颜色相呼应，但感觉与整个画面有点脱节，太过于突出了。

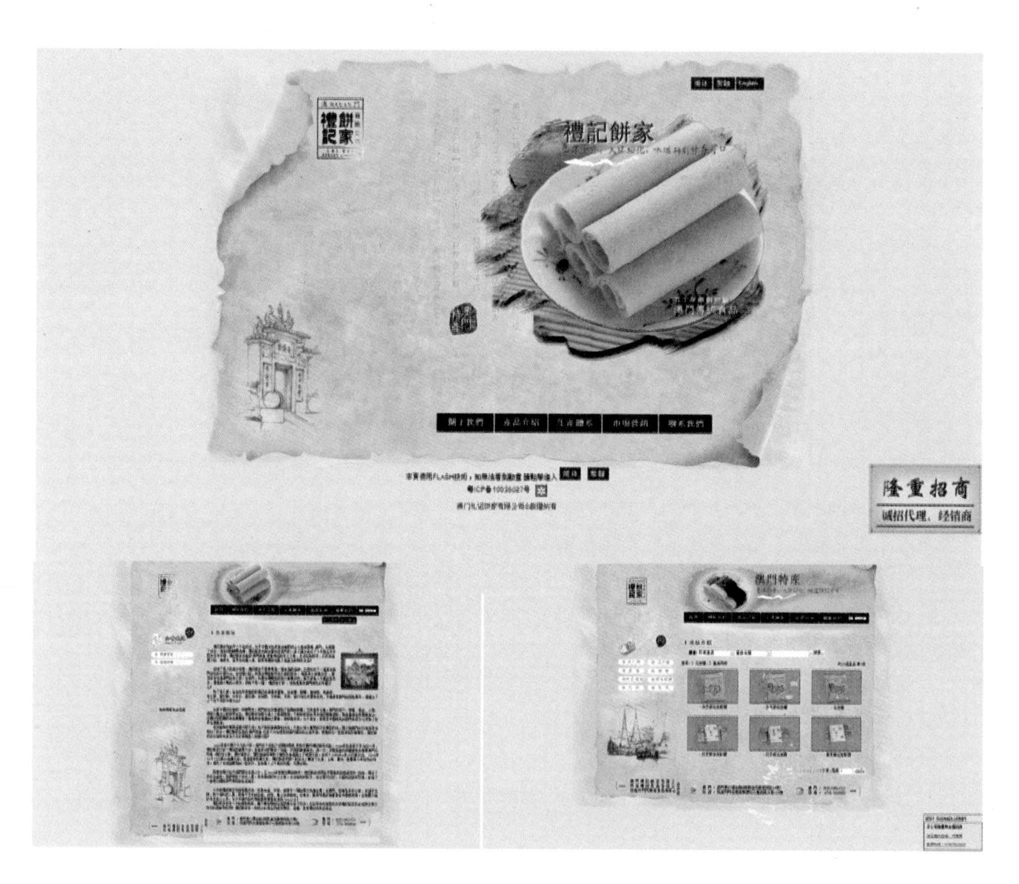

名称：礼记饼家

地址：www.laikei.com

主色彩 R255 G234 B181

辅助色彩 R246 G191 B106

R252 G197 B030

强调色彩 R035 G008 B007

4.6.2 食品类网站总结

色彩，是最先也是最持久地给浏览者网站印象的因素，诱人的色彩能够大大提高食品的吸引力。网站的内容不仅仅是由文字组成的，视觉构成要素中的色彩在网站中也占有重要的位置。通过对上述食品类网页设计中色彩的分析研究，从主色、辅助色、强调色三方面，总结食品类网站用色规律，阐明不同食品类网站的配色方法。

1. 主色

网站的主色调是网站主题的体现，是界面色彩的主要色调、总趋势，不同的食品类网站所适用的主色调是有区别的，可以从企业形象、产品性质、消费者特征等方面来考虑。

- 食品网站是商务网站的一类，从企业VI形象的角度来选择色调是首先考虑的方面，一般使用品牌VI的标准色，既在网上扩大品牌效应，也是对公司整体形象的统一应用，从而构成企业识别系统的重要部分。几乎所有的食品类网站都会有产品历史的介绍。
- 食品的种类很多，产品的性质也是决定网站主色的重要因素。网站整个色调是活泼还是庄重，是素雅还是鲜艳取决于产品的特性。一些快餐、冷饮、餐馆类的网站色调给人一种很活泼、欢快的感觉，通常会选用暖色调中的红色、橙色。红色是最引人注目的颜色，是热情、活力、能量的象征，对于力图传达活力或温暖的食品网站可考虑采用红色。橙色是欢快活泼的光辉色彩，是暖色系中最温暖的色，它使人联想到金色的秋天、丰硕的果实，是一种富足、快乐而幸福的颜色，同时橙色也是最使人产生食欲的颜色，所以橙色是食品类网站的常见用色。而一些咖啡、葡萄酒类网站通常会选用棕色、褐色、白色、绿色等，整个色调都营造出庄重、典雅、环保的气氛。
- 消费者的特征也是不可忽略的因素。如芭斯罗缤网站用紫红色作为主色，吸引女性顾客和小孩。

2. 辅助色

定义了主色后，需要在**“总体协调，局部对比，突出特点”**的原则上确定辅助色。网站的辅色用来烘托主色调、支持主色，增强主色的感染力，使页面更加和谐生动。

如果辅助色是同类色，这样的页面看起来会色彩统一，有层次感，如冰雪皇后的网站，主色是天蓝色，而辅色则是颜色稍深稍浅的蓝色，这种颜色的搭配给人协调感，产生了微妙的韵律美。

3. 强调色

强调色运用恰当，不仅起到强化视觉区域的作用，还能很好地避免页面的单调、枯燥，为网站增添一份新鲜气息，还可以营造出不同的气氛。例如：星巴克采用高纯度的绿色作为网站的强调色，与网站Logo 颜色呼应，与企业形象相符，强化了公司的品牌形象，也为网站营造了清新、自然、环保的氛围。

食品类网站的一些网页配色小技巧也运用地很好。例如冰雪皇后的强调色的运用与主辅色是一组四角调和。AmBest 咖啡 Logo 采用的高彩度大红色和低彩度、明度的青色是一组相反色调、相反色相的配色方案，能很好地突出 Logo，扩大品牌的影响。

4.7 电影类网站配色

一部新电影上映之前常常会推出电影的官方网站，用以传达一些有关电影的内容，为电影做宣传。在电影的全部市场营销计划中，互联网扮演了一个重要角色。电影网站扮演的角色就好像预告片一样，主要依靠气氛而不是信息，能让用户最直接、生动地触及到电影的灵魂，对电影有一个全新的认识。对于电影类网页，色彩对营造一个好的气氛起到至关重要的作用，在色彩的选择搭配上应下功夫。

4.7.1 案例分析

黑色给人的联想是死亡、罪恶、恐怖、沉默、悲哀、也意味着巨大的力量、严肃、刚正，黑色有消极和积极的两面。网站大面积运用到黑色，结合灰白色剧照，把电影里战争场面那种紧张、残酷、坚毅的气氛带进了网站，很直观地对电影主题做了宣传。高纯度中黄和赭石色，在整个黑灰白的场景中，突出了主题“集结号”，又巧妙地打破了网站的沉重。

主色彩 R000 G000 B000

辅助色彩 R043 G047 B046　R183 G166 B136　R121 G132 B134

强调色彩 R255 G210 B078　R133 G083 B048

《龙门飞甲》是传奇导演徐克 2010 年拍摄的作品，是《新龙门客栈》的姊妹篇，是中国第一部真正意义上的 3D 武侠电影。进入网站，有一股惊奇感，网站营造出 3D 效果，视觉空间感很强，给用户一种全新的视觉体验，令人印象深刻。网站采用电影中的大场景作为背景，漫天黄沙，大面积的浅土黄色调，搭配着黑、红色，营造出一种荒凉、紧张、充满杀气的氛围，而且很好地突出了几位主要演员和要展示的内容，更易于抓住用户的眼球，对电影起到了很好的宣传作用。网站挥墨点、大笔横扫的交互形式，给人一种很洒脱的、快意江湖的感觉。

主色彩 R236 G221 B188

辅助色彩 R133 G086 B040

R001 G001 B001

R044 G023 B002

强调色彩 R246 G002 B000

《寂静岭》网站在内容上没有特别过人之处，主要是一些关于电影、演员的介绍和一些相关的下载，但是网站的细节设计确实很让人钦佩，每个栏目都会跳转到不同的场景当中，而不同的场景又有不同的细节设计，流动的水、漂浮的云加上电影里面的音乐，都会让人感觉处在电影讲述的环境当中，细心观察还会发现虽然场景在变化，但是在每个场景中都有一个小女孩的背影跟幽灵一样在飘动，把整个站点的气氛渲染得更加浓烈。

网站最大的一个特点是在同一个网站内有两个不同风格的站点，刚打开站点的时候大部分是以户外场景做背景，风格类似墓地；而当站点打开达到特定的时间，随着一声警笛，站点会马上转变风格变成另一种恐怖风格，不仅仅是背景的变化，整个站点每个角落都发生了本质的变化，文字的排版、页面布局等等都会变成另一种风格，这种风格跟之前的风格截然不同，之前的风格是以墓地或是幽灵等怪异事件衬托恐怖，而转变之后是以近似血腥的元素来挑战人们的心理极限。

网站采用低明度、低纯度的青色做主色，辅色则是空灵缥缈的灰与白，这些色彩的组合表现出神秘迷离、惊险恐怖的视觉效果，让人感受到强烈的恐怖之感，让人窒息。

名称：电影《寂寞岭》官网

主色彩 R183 G192 B199

辅助色彩 R209 G216 B222

R133 G156 B170

强调色彩 R161 G081 B046

《辛普森一家》是美国电视史上播放时间最长的动画片，并成为了福克斯早期最成功的作品之一。网站采用动画片里的场景作为背景图，高明度、高彩度的黄色、橙色、绿色和玫瑰红，用各种对比色和互补色之间的搭配，营造出积极、充沛、跳跃、欢乐无限的感觉，这些高注目度的色彩都能很快抓住青少年的注意力，引起欢乐兴奋的情绪体验。

主色彩	R060 G218 B131		
辅助色彩	R037 G117 B044	R116 G186 B036	R213 G189 B083
	R139 G194 B232	R083 G066 B038	R124 G230 B196
强调色彩	R199 G149 B218	R244 G169 B202	R248 G218 B022

《快乐的大脚》是一部描写企鹅的片子，是一部深刻而伟大的电影作品。一群生活在南极的企鹅，由于人类大量捕捞，使这些企鹅没有东西吃而濒临死亡。一只会跳踢踏舞的勇敢的小企鹅波波跋山涉水找到人类，用动人的舞蹈和人沟通，从而引起人类的争论，最终停止捕鱼，把生存的空间还给了这些企鹅们。网站采用电影里的场景作为背景，深蓝色搭配着雪白色，让用户置身于冰雪世界，直观地感受到电影的主题气氛，凉爽、欢快。

主色彩 R001 G128 B194

辅助色彩 R016 G034 B098 R199 G023 B038

强调色彩 R250 G206 B008 R255 G120 B000

《挪威的森林》是日本作家村上春树的代表作。改编自同名小说的影片《挪威的森林》，讲述了主人公渡边在经历了一段迷茫且颓废的青春期之后，在朋友的死亡中获得重生的恋爱故事，表现了20岁年轻人对爱情和生活的彷徨。网站背景图均是浅绿色调，搭配着大红色，浅灰色用作辅助色，营造出清新、自然的氛围，将这个略带忧伤，整体风格舒缓的爱情电影的气质展露无遗。

主色彩 R099 G126 B045

辅助色彩 R245 G245 B245

强调色彩 R227 G024 B018

电影《101 次求婚》是 1991 年经典日剧《101 次求婚》的中国版同名电影，打造典型的 D 男追 A 女的故事，尽管是一部爱情喜剧，却一改浪漫缠绵式而是笑中带泪、传播正能量的励志片。网站背景采用是青绿和粉红色调，搭配着白色作为辅助色，营造出清新、浪漫的氛围。网站中增加了影片微博和认证空间，非常好地连接了社会化媒体，突破了一般电影官网只有单向展示功能的局限。

主色彩 R109 G216 B219

R243 G133 B137

辅助色彩 R255 G255 B255

强调色彩 R000 G000 B000

4.7.2 电影网站总结

- 对于传达出怀旧、古朴气氛的电影，暖色调居多，颜色多取材于自然界中长久存在的事物，如土地、岩石等，强调一种古老的风雨沧桑感，多采用低纯度的黄、褐、红色系作为主色，搭配着含灰的亮色有柔软感、飘逸感，而纯色及暗色有坚硬感和结实感。
- 对于那种恐怖、惊悚电影，较多使用蓝色营造出朦胧科幻的神秘效果。
- 小清新电影的感觉最接近于四季中的春天。对于那些清新、甜美的爱情电影，用色都比较温和。对于这类网站多采用绿色系列的黄绿色、红色系列中的粉红色，蓝色、黄色和橙色也被常常使用。网站采用的色彩明度和彩度都比较高，这种配色，给人以明朗、温暖的感觉。
- 对于那种特别男性、刚毅、沉重的战争题材、励志题材的电影，用色多是深色调，明度越低，越有沉重感、坚实感。

网站旨在很好地宣传电影，扩大影响力，会用大幅面展示几位主要演员，因为这是电影一大卖点，更易于抓住用户眼球，对电影起到了很好的宣传作用。网站多采用电影中的场景作为背景，另外为了让气氛能得到很好的诠释，少不了音乐和音效，基本上任何一个电影官网都很重视这点。

随着网络技术的不断发展，电影官网也有了很大的变化，最大的变化就是采用 Flash 等交互多媒体技术越来越多，甚至以后会变成 Flash 官网一枝独秀。Flash 作品在表现力上比普通页面要强大许多，独特的交互、转场方式，让音效和整个画面结合的更加自然，让整个站点的气氛渲染的更加浓烈。

另外一个趋势就是在网站中增加微博、QQ 空间、二维码等增加与用户互动的手段。

读书笔记

第5章

基于移动网站/APP内容的配色

- 阅读类应用
- 音乐类应用
- 社交类应用
- 购物类应用
- 餐饮类应用

5.1 阅读类应用

QQ 阅读是国内主流的阅读应用，界面以灰色系为主色，以纯度较高的绿色作为强调色，简约宁静中透出一丝清新，是扁平化设计的典型代表，也符合普通受众的审美。

名称：QQ 阅读

主色彩	R234	G234	B234
辅助色彩	R153	G153	B153
强调色彩	R255	G255	B255
	R000	G179	B134
	R085	G085	B085

云中书城界面色彩的灵感来源于品牌 logo 的色彩，云中书城这个名字引导用户有一种蓝天白云的轻盈感，整个界面配色简练、纯净、整洁，让人一目了然。

名称：云中书城

主色彩	R237	G237	B237
辅助色彩	R037	G037	B037
	R022	G086	B142
强调色彩	R038	G114	B178
	R255	G255	B255
	R255	G198	B000

网易云阅读是一款个性化定制内容的阅读应用，定位于“社会化杂志”，目的是为用户提供最好的移动阅读体验，针对各种社会化媒体上的内容进行整合，再通过杂志阅读的形式呈现给读者。人性化的流畅的交互操作体验新颖、直观而不失小趣味，让人印象深刻。

应用浅灰做主体色，搭配着深灰，用大红色来点缀，整个画面简洁大气。应用里的图片显示非常到位，打开应用就是精美大图展示，后续在阅读内容页中穿插很多精美的图片，能让你在素雅的阅读氛围中感到生动活泼，很好地调节了受众的阅读节奏。

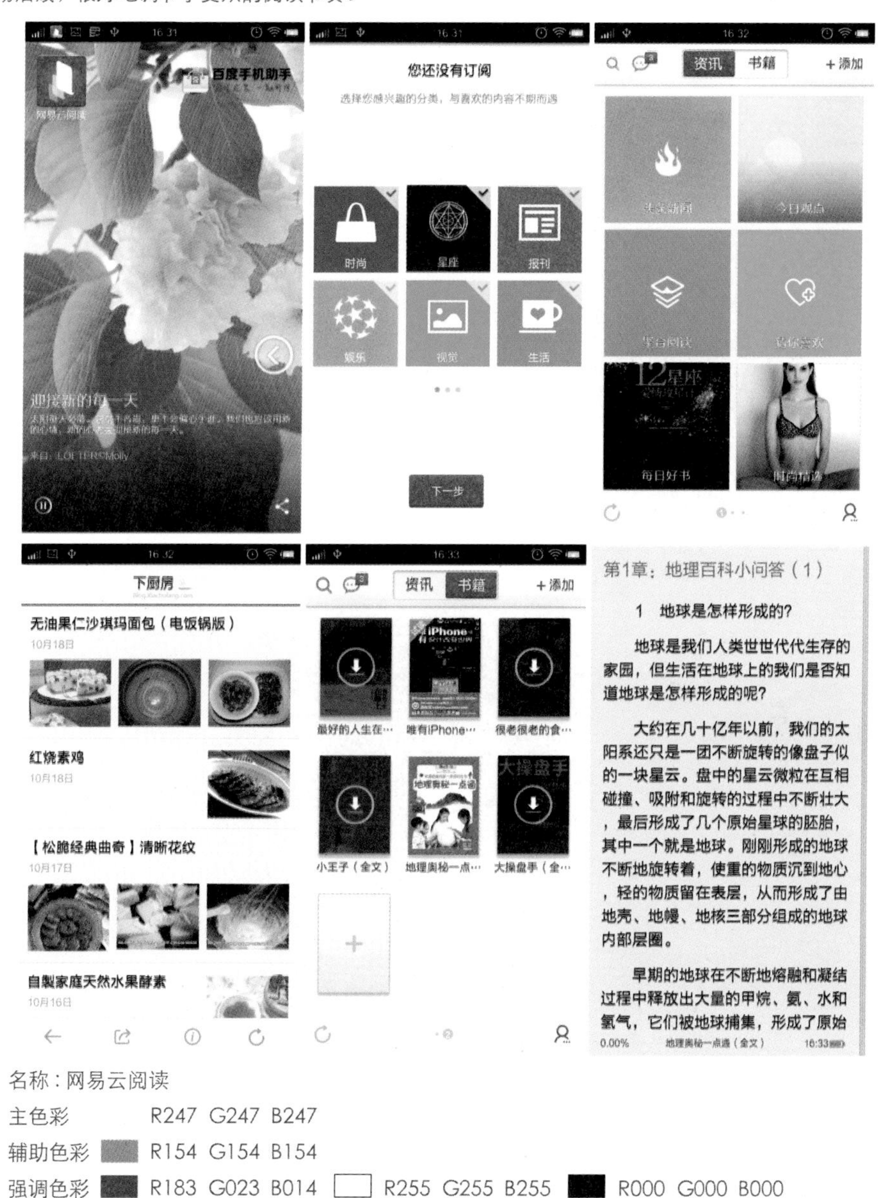

名称：网易云阅读

主色彩　R247　G247　B247

辅助色彩　R154　G154　B154

强调色彩　R183　G023　B014　R255　G255　B255　R000　G000　B000

VIVA 畅读是一款免费电子阅读应用产品，用户可以免费阅读大量期刊杂志和漫画，旨在为用户提供最好的电子阅读体验，黑白灰点缀红色的搭配既体现阅读所需的安静氛围，又不失令人振奋的激情，让人印象深刻。

名称：VIVA 畅读

主色彩　R247 G247 B247

辅助色彩　R048 G048 B048　R217 G217 B217　R054 G064 B085

强调色彩　R204 G000 B000

作为个性化阅读的鼻祖，Flipboard 大量的触摸操作让阅读变得更高效、更简单。面对国内个性化阅读市场的激烈竞争，Flipboard 中文版与新浪微博、人人网的合作让用户看到了它的本土化改进。新增的音频功能也更加适应用户多元化的需求。

从配色来看，Flipboard 和许多阅读应用不约而同地选择大面积的无彩色与小面积的饱和色彩相搭配，用浅灰色作为主色、红色作为强调色，不同层次的深灰色很好地调节着文字的节奏。

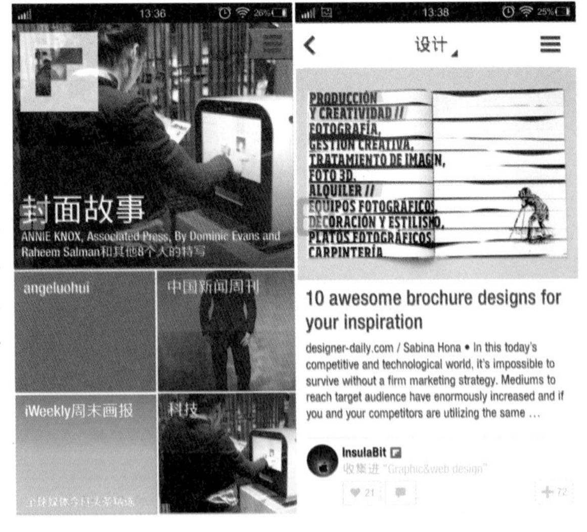

名称：Flipboard

主色彩　R247 G247 B247

辅助色彩　R179 G179 B179

强调色彩　R204 G000 B000　R038 G038 B038

ZAKER 是国内一款优秀的资讯聚合与互动分享阅读软件，用户可自定义或者通过智能推送功能获取自己感兴趣的信息，并进行图文分享、收藏与互动。

在色彩搭配上，ZAKER 以白橙两色为主，其橙色要比网易云阅读及 Flipboard 中的红色更饱和明快些，轻快之中不乏律动感，文字追求优雅的排版和层次，简明的文字配以极富冲击力的图片成为 ZAKER 的一大重要特点。

名称：ZAKER

主色彩		R255 G255 B255
辅助色彩		R194 G194 B194
强调色彩		R241 G103 B025
		R000 G161 B233

LOFTER 是网易的一款提供简约、易用、有品质、重原创的博客工具及原创社区。LOFTER 追求精致入微的视觉和交互体验，受到众多文艺青年、摄影师、插画师的喜爱。LOFTER 推崇纯粹的内容主义，摒弃琐碎和繁杂，这在其页面的色彩搭配上也得以体现：以灰白两色为主，点缀些黄绿色。简洁的排版给博客作者一种个性化的、自主选择的创作氛围。

名称：LOFTER

主色彩		R232 G232 B232
辅助色彩		R053 G053 B053
		R255 G255 B255
强调色彩		R121 G167 B009
		R000 G000 B000

数读是一款小众的新闻阅读类的 APP，它的主旨是用数字读懂世界，传达客观的数据事实，了解数字背后的故事，APP 强调简洁而精致的 UI 设计，无缝顺滑的阅读体验。整个 APP 以白为主色，不同明度的灰色配合着界面中各类文字施展自己的作用，用少量的红色加以点缀，通过版式和色彩真正体现了以数字为主，简单易读的主旨精神。

2014.07.15

数读 用数字读懂世界

300亿

苹果 App Store 正式上线 6 周年，销售额已达到 300 亿美元左右。

Powered by ifanr 爱范儿

名称：数读

主色彩	R255 G255 B255
辅助色彩	R219 G219 B219
强调色彩	R219 G059 B075
	R000 G000 B000

阅读类应用的配色特点

移动互联网的兴起和发展改变了获取阅读知识的方式，阅读类应用的出现和普及给人们带来了便捷的获取知识的途径，人们可以无时无刻地去学习，阅读类应用成为移动应用领域非常重要的一个方向。

阅读类应用的配色首先要考虑受众群体的感受，人们阅读的目的有的是学习，有的是休闲，都需要营造一个安静、让人沉浸进去的环境，而且阅读时还要注意避免视觉疲劳，所以在阅读类应用中不会出现彩度很高的颜色作为整个界面的主色，因为高彩度让人兴奋，但时间长了容易引起视觉疲劳。经过研究对比，我们发现阅读类应用的主色和辅助色一般都是采用无彩色或者彩度比较低的颜色，以浅灰或者白色用作主色，营造出一种素雅、宁静的氛围。阅读界面的主色和辅助色的颜色大多都是类似色，强调色大多是主色的对比色或者补色，用高饱和度的蓝色、红色、绿色用作强调色，这样可以通过颜色的对比引起用户的注意，而且强调色的面积很小，既能起到提醒强调、活跃气氛的作用，又能很好地融入整个界面。整个界面的颜色协调能使用户的体验过程更为流畅。

从对国内外阅读软件的研究中我们可以看到阅读应用的界面风格也可以多姿多彩、别具一格。阅读应用的目标是提升阅读的乐趣，所以要针对不同的受众、不同的内容类型找到最合适的风格，通过借鉴一些优秀产品在交互方式上的创新、精致的动态效果为用户创造愉悦的阅读体验。

5.2 音乐类应用

随着移动终端设备的普及，人们听音乐已经不仅仅局限于收音机、磁带和CD。音乐类应用在移动终端设备上已经占据了举足轻重的作用，并且已成为了人们日常生活必不可缺的一部分。这些应用根据用户不断变化的需求也在不断改进和创新。下面就国内外的一些比较有代表性的音乐应用进行分析。

QQ 音乐是中国最大的网络音乐平台，是中国互联网领域领先的正版数字音乐服务提供商，始终走在音乐潮流最前端，向广大用户提供方便流畅的在线音乐和丰富多彩的音乐社区服务。QQ 音乐包含本地音乐播放和在线音乐两部分。

QQ 音乐的用户主要是腾讯 QQ 用户群，手机端的 QQ 音乐在界面设计风格上坚持走小清新路线，界面整体给人欢快、明亮的感觉。背景是高明度的灰色。辅助色也是明度较高的灰色和黑色，强调色以绿色和明度纯度较高的橘红色担任。整个应用以暖灰白与绿色进行搭配，给人一种自然柔和的感觉，绿色使人感觉年轻而富于生机，正如音乐本身带给人们的就是一种生命力。

名称：QQ 音乐

主色彩 R231 G231 B231

辅助色彩 R248 G248 B248

R042 G042 B042

强调色彩 R118 G197 B062

R247 G088 B035

豆瓣ＦＭ旨在打造个性化音乐收听电台，操作简单，在收听过程中，可以根据用户的操作和反馈从网络曲库中找到适合用户的音乐。此款应用最大的特点就是没有播放列表，打开就能直接收听，且电台之间的切换采用非常平滑的动画，使界面显得更加简洁。

在配色上也反映着这种追求极致简单的理念，豆瓣ＦＭ采用明度较高的灰色为主色，所有文字都是特别统一的深灰色，在菜单和按钮中能看到互相呼应的青绿和洋红，散发出清新的文艺气质。

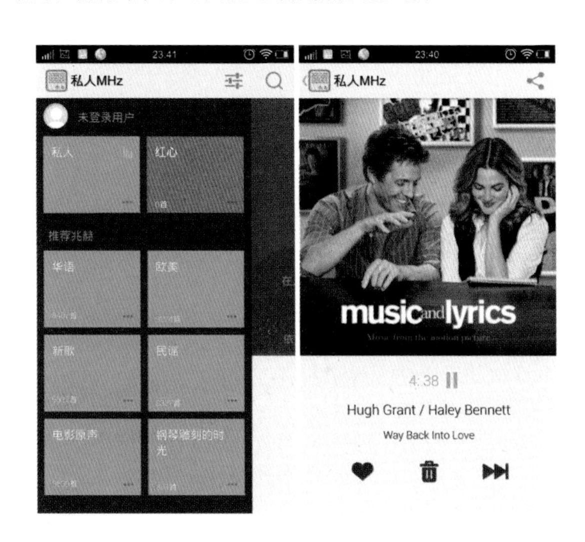

名称：豆瓣 FM

主色彩	R232 G238 B234
辅助色彩	R042 G042 B042
强调色彩	R073 G152 B132
	R224 G107 B089

天天动听是一款手机音乐播放器软件，可以播放几乎所有格式的声音文件。界面风格上采用比较简单的配色方案，以纯度较高的蓝色搭配明度较高、深浅不同的亮灰色，扁平化的图标采用单一的颜色。整体风格给人一种简单、纯净的感觉，正如其交互操作的特点。

名称：天天动听

主色彩	R240 G246 B248
辅助色彩	R170 G175 B178
	R078 G088 B095
强调色彩	R044 G170 B228
	R252 G071 B056
	R063 G119 B133

SoundHound 是一款音乐搜索应用，从字面上可以解释为及时的音乐搜索和发现。它是目前唯一一款支持歌声识别的应用。此款应用不仅在功能上是一个突破，在界面设计上也有很多创新点。以黑色为主色，明度较高的黄色为强调色。背景是横条金属质感的黄色光圈渐变效果，结合细节部位（如金属滤网质感的按键）使整个应用流露出很强的未来感和摇滚风。

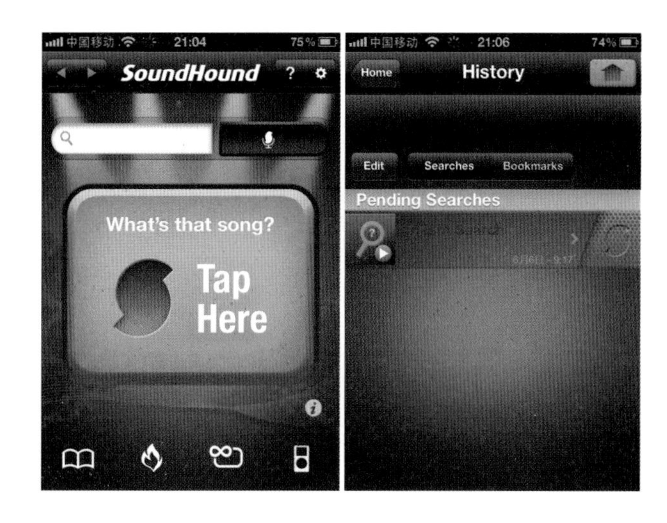

名称：SoundHound

主色彩	■	R048 G048 B048
辅助色彩	■	R209 G139 B021
	■	R175 G185 B193
强调色彩	■	R255 G186 B051
	■	R175 G185 B193

Vevo 是由谷歌、环球音乐和索尼音乐合资的全美第一大音乐服务网站，被外界誉为“音乐视频领域的 Hulu”。 VEVO 实现了网站、Android、iPhone、iPad 等跨平台的产品布局。界面元素简洁，配色上营造一种现代时尚酷感。以黑色为主色，运用黑白的对比加红色的点缀。红色引人注目，象征兴奋和动感，是最有感染力的色彩之一，可以在保持整齐、统一的现代感的同时做到局部的突出效果。

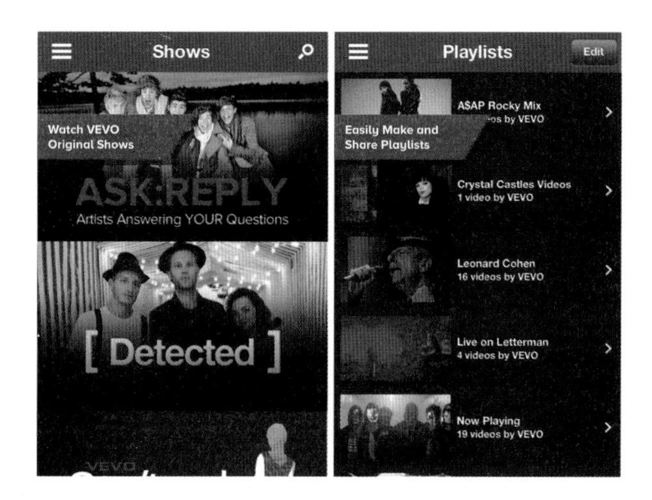

名称：vevo

主色彩	■	R028 G028 B 028
辅助色彩	■	R077 G077 B 077
强调色彩	■	R240 G000 B 037
	■	R175 G185 B 193

最新版本的多米音乐一改以往沉闷的深色格调，用浅色背景搭配点滴绿色，形成简单朴素的清新风格。登录界面中的浅色主色衬托着紫红色的logo，十分醒目。推荐、歌单、排行榜等主要界面多采用浅色背景上面以列表形式展示内容风格多元化的照片并辅以文字。底部导航栏采用深黑色，歌词界面也采用深黑色，因此紫红色的播放键十分抢眼。多米音乐整体上是一种简洁舒适中略带酷感的设计风格。

名称：多米音乐

主色彩	R245 G245 B245
辅助色彩	R043 G043 B043
强调色彩	R212 G019 B085
	R120 G160 B010

国内众多的音乐APP（例如百度音乐、天天动听、酷狗音乐、酷我音乐等）多选择蓝色系作为APP的品牌色，选择鲜艳的橙色的虾米音乐在色彩选择上则突破了这种常规。

虾米采用低明度、中性的灰色作为主色，不仅让整个界面简洁现代，而且让橙色获得了调和，不会显得过火。灰色和橙色的搭配在现代设计中运用较多，就是因为其兼具平静与生动之感，简洁与丰富并存。

名称：虾米音乐

主色彩	R244 G245 B247
辅助色彩	R050 G050 B050
强调色彩	R255 G186 B051

唱吧是一款用户量过亿的社交 K 歌移动应用。其登录界面将图片进行模糊以降低饱和度，用以突出 Logo。界面中的强调色取自 Logo 中的红色和与其互补的青绿色，引导用户进行交互。界面中出现很多草根明星用户的照片则用来突出软件的大众娱乐性。

名称：唱吧

主色彩 R243 G240 B230

辅助色彩 R058 G044 B036

R158 G116 B097

强调色彩 R210 G064 B034

R126 G177 B175

音乐类应用配色特点

在颜色搭配上，国内音乐类应用大部分采用的是明度较高的颜色相互搭配，整体界面色彩比较丰富，给人一种鲜艳、明亮、活泼的感觉。国外的应用则恰恰相反，大多数国外应用都喜欢采用黑色、灰色等明度较低的无彩色作为主色，强调色则选用纯度和明度相对较高的颜色，整体界面对比很强烈，重点区域明显突出，在材质运用上也很丰富，常见的有金属质感和玻璃质感。整体给人沉稳、高尚、简约、酷炫的感觉。这里提一下黑色，分析应用中黑色的原因是因为音乐种类、风格与流派丰富多样，黑色这种无彩色更为中立，用黑色作为主色能营造一种沉静的氛围，使用户在听音乐的同时能沉浸其中。

5.3 社交类应用

社交应用提高了用户社会交际的范围、深度和效率。移动社交应用是移动互联网最热门、最被看好的应用领域，以微博为代表，移动社交应用近年来呈现爆炸式增长。

新浪微博内容多以关注社会、经济问题为主，表现更思辨、更深沉，但视觉上给人却呈现出不一样的感觉。新浪品牌色彩中红色、橙色在图标上得到充分的运用，有一种轻松、亲切的感觉。

名称：新浪微博

主色彩	R255 G251 B255
辅助色彩	R231 G231 B231
	R063 G063 B063
强调色彩	R255 G101 B065
	R255 G166 B026

微信是腾讯公司推出的社交类工具，用户可以通过手机、平板电脑和 PC 网页快速发送语音、视频、图片和文字。微信提供公众平台、朋友圈和消息推送等功能，还有游戏和支付功能。微信在配色上采用了灰、黑、白搭配绿色，简洁不拖沓，信息层次非常分明。

名称：微信

主色彩	R224 G224 B 224
辅助色彩	R036 G043 B 047
	R239 G239 B 239
强调色彩	R209 G057 B 046
	R047 G159 B 023

Path对自身的定义是“私人网络”，用户最多只能设置150个朋友，基于电子邮件地址和电话号码（而不是用户的公共数据库）分享照片，具有较强的私密性，可以减轻用户对与陌生人分享照片的担心。相对于其他流行社交网站和应用而言，Path可以说是背道而驰：它没有“关注”和“朋友”系统，与用户在Facebook上的体验大不相同。Path新版本更为精细，除了记录照片和视频，它还提供记录用户的想法、用户听过的音乐、去过的地方、遇到的人以及作息时间等功能，你可以利用时间轴记载自己一天里的每个瞬间。在某种意义上说，Path比Facebook更加深入、更加细致。

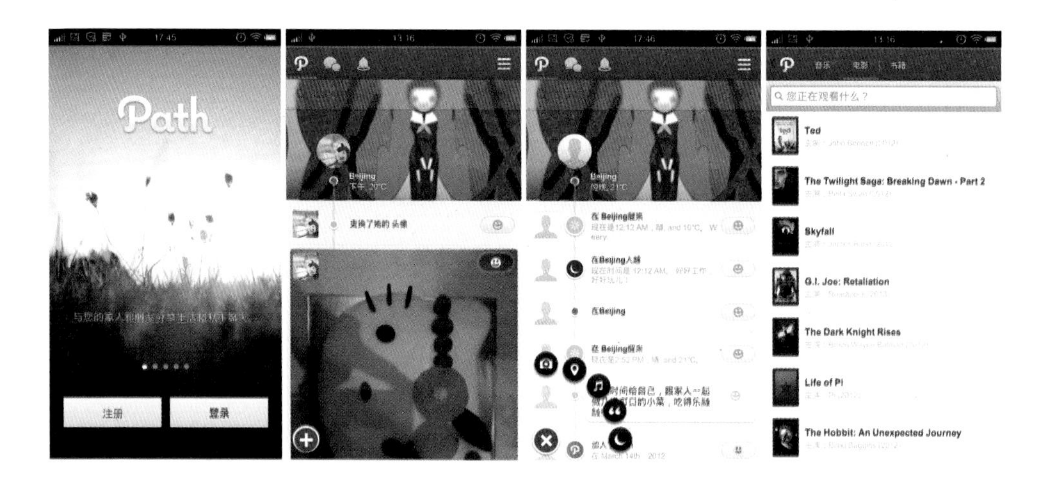

名称：Path

主色彩 R245 G240 B235

辅助色彩 R044 G044 B044

R255 G255 B255

强调色彩 R212 G045 B024

Path给人留下最深印象的就是界面左下角的“+”号，这是一个创新的交互方式，完美地代替了很多应用中出现的下导航条。而点击“+”号后会出现照相、个人主页、地点定位、音乐、发送状态消息以及Path独有的睡觉图标。这六个图标简洁大方，采用的颜色是深灰色，与界面中的浅灰色相互呼应，又不会显得很跳，并且在点击了“+”号后“+”号会变成“x”号，这很好地引导了交互。

在Path中，我们不难发现这个应用中有很多小图标，并且每个图标的颜色都不一样，寓意也就不一样，但是丝毫不会感觉到繁杂。

p图标表示新加入Path的成员，所以采用了Path的产品色（红色）；“起床”图标，用阳光的颜色（黄色）以及小太阳的Logo再合适不过了；音乐图标采用的是橘黄色，音乐是一个多元的，我们无法用一个颜色去定义它，但是当我们一想起音乐，浮现在脑海里的第一名词就是——流动的，所以用橘黄色表示音乐会显得较为活泼、可爱；“睡觉”图标用象征深紫色夜晚的天空色，月亮Logo代表夜晚；蓝色图标代表地理位置信息，蓝色寓意清爽、干净的，让人眼前一亮，一目了然，所以亮蓝色也会给人一种准确、利索的感觉。

Path在强调色、辅助色、主色之间的关系处理得特别好。用过Path的人都会感觉到强调色特别多，蓝色、红色、黄色、白色、橘黄色以及深紫色。为什么如此多的强调色同时并存于一个应用中却让用户感受不到任何的繁杂？首先强调色面积控制得比较小，并且都出现在相同形态的圆形当中，严格区分色彩所代表的内容，适时的出现在用户交互过程当中。Path是一个在UI设计各个层面都非常出色的社交软件，在业界出现了很多模仿Path的设计。

韩国一家公司为了满足情侣之间私密分享的要求，开发出可爱又温馨的Between应用。公司主要定位于亚洲用户，在业界以探索陌生人分享模式之外的私密分享社交方式而著称。Between去掉了如今社交服务的网络元素，整合了移动平台，用户只需要把联系人的手机号码输入到应用中，就可创建一个私密的内容库。一旦建立关系，用户可以进行聊天、分享影集和存储私密回忆等活动。

Between定位为一个甜蜜并且温馨的软件，整个界面从配色、图标、版式等方面都很好地诠释了这一点。例如用户第一眼看到Between的Logo时就会感觉到一种可爱又温馨的氛围，Between主色采用的是较为柔和的蓝绿色，让人感觉清新又温馨。界面版式方面，中间位置采用的是情侣的合照，气氛显得非常温馨以及甜蜜。

Memory box以及Event box采用了蓝绿和粉红两种色相对比强烈的颜色，以区分出应用的两大主要功能，但是由于蓝绿色和粉红采用了统一的明度较高的浅色调，因此也不显得对比过于强烈，色彩的对比和统一关系处理得非常好。

事件记录界面的细节处理也十分讲究，能把情侣之间重要的日子以及两人的重要信息记录在里面，并用红色来提醒两人之间有着重要意义的日子。

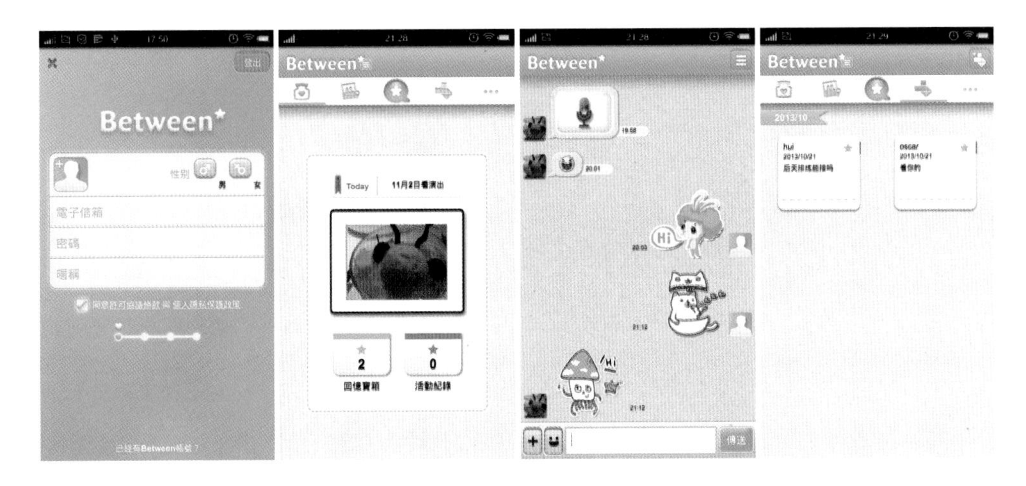

名称：between

主色彩 R231 G231 B231

辅助色彩 R255 G255 B255

强调色彩 R106 G180 B180

R226 G086 B089

Facebook 作为社交网站创建初衷主要为学生服务，目前的受众已扩展至社会各个群体，但是其网站和 APP 的配色风格从未变过，这种搭配让 APP 与其网站的配色一致，作为由社交网站发展来的 APP，色调的一致性很重要。Facebook 中的蓝色调对男女消费者都很有吸引力，给人以可靠、信赖的感觉，以明亮的淡蓝作为辅色，在使用其进行社交时会感到平静放松，大面积的白色也会使界面更加通透。

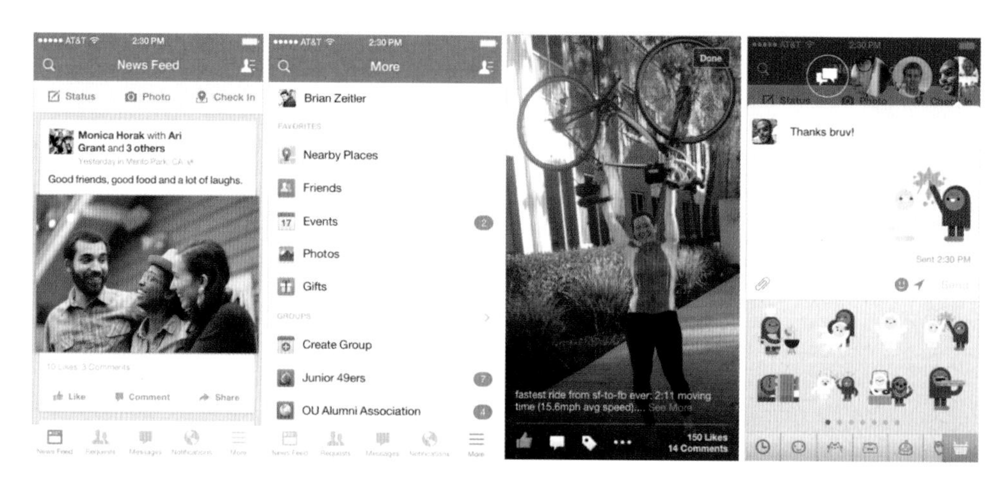

名称：Facebook

主色彩 R255 G251 B255

辅助色彩 R240 G241 B245

强调色彩 R064 G095 B157

具有日韩血统的社交软件 LINE 启动界面中高明度、高纯度的绿色给人一种焕发生机而且醒目的感觉，令人印象深刻。界面中用白色衬托出用户的头像和资料，藏青色被运用在导航栏和图标中，和白色形成鲜明的对比，但并不突兀，绿色和橙色担当强调色的角色让整个应用的青春气息更加浓烈，用色十分符合该软件以年轻人为主的市场定位。

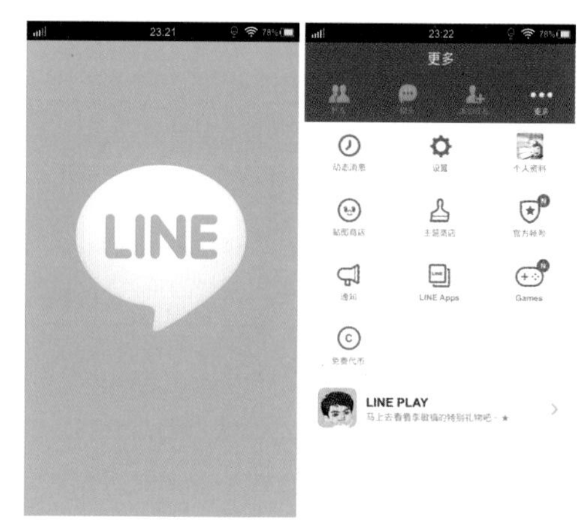

名称：LINE

主色彩 R249 G249 B249

辅助色彩 R050 G060 B082

强调色彩 R078 G205 B000

R255 G054 B000

作为腾讯 QQ 产品在移动端的延伸，最新版的手机 QQ 采用扁平化的设计，简洁、现代。其主色调几乎已为白色，大面积留白可以突出主要内容及功能，也能营造出平静和稳定的感觉。界面大面积使用灰色与白色，采用蓝色、红色作为强调色，保证了较高的色彩识别率。

名称：手机 QQ

主色彩　R255 G255 B255

辅助色彩　R249 G249 B249

R240 G240 B240

强调色彩　R000 G121 B255

R239 G063 B047

Viber 是一款用于智能手机的跨平台网络电话和即时通讯软件，用户无需注册或付款，只要双方都安装这个软件就能彼此免费通讯。Viber 界面简洁有力，信息层次清晰，配色富有感染力。主色调是浅灰白色，低彩度、高明度的浅灰色为辅色，强调色为高明度的紫色。浅色背景为主色使得整个 APP 给人清新、淡雅、高雅的感觉。紫色作为强调色在白色的衬托下给人通透的感觉，紫色的运用让 Viber 在社交软件类别中显得独树一帜。

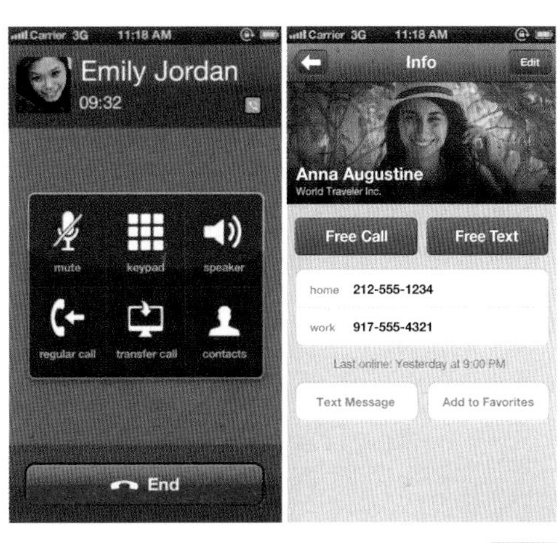

名称：Viber

主色彩　R246 G246 B246

辅助色彩　R204 G208 B219

强调色彩　R119 G079 B152

R203 G051 B050

社交类应用配色特点

（1）在颜色上大多数应用采用的是蓝色系与白色的搭配（或者是浅灰色系和白色搭配）。大多选择蓝色系的原因：首先蓝色有清爽、洁净、科技、诚实等寓意，在社交环境下，各大公司都想给人一个清洁、干净、诚实的社交环境；其次蓝色不容易让人产生累赘的感觉，容易为用户营造一种轻松和谐的氛围。

（2）在颜色的选用上，各大公司会根据软件针对用户群的不同、用户与用户之间关系的不同、用户状态的不同，来选择合适的颜色作为应用的主色调。例如 Path 是一个私密的社交软件，用户与用户之间属于比较亲密的那种，所以它选用了能够让人感觉亲切温暖的颜色——红色。Between 也是一样，因为用户是处在一个特定状态之下，所以整个界面都在竭力营造一种温馨甜蜜的感觉。

（3）内容信息显示页基本都采用高明度的颜色作为主色，这样做能使整个界面更加清晰有条理，不让用户产生任何累赘感，时刻保持页面的清洁性，毕竟社交类应用信息量是非常大的。

（4）强调色的运用十分注意分寸的把握，如面积大小、与主色的调和，调和后使用能够与整个界面保持统一性，又很好地发挥了强调作用。

（5）启动界面在社交软件中的作用举足轻重，启动界面的风格也与整个应用的风格相统一，它给人的第一印象非常重要，也要重视其配色。

5.4 购物类应用

淘宝网是亚洲最大的网上交易平台。从界面颜色上看，强调色为橙色，橙色属于暖色，带给人们一种亲切感，同时这种高明度、高彩度的橙色容易让人兴奋，从而增加人们的购买欲。

名称：淘宝手机客户端

主色彩 R245 G245 B245

辅助色彩 R044 G044 B044

R153 G153 B153

强调色彩 R255 G068 B001

口袋购物是一款移动平台的推荐性购物类应用，主打个性化和精准化的商品推荐。根据用户的个人喜好寻找商品，每天精选潮流热卖商品，帮用户一站式购买淘宝、京东、苏宁等商城的商品。从界面颜色上看，口袋购物的强调色为橙色，橙色属于暖色，带给人们一种亲切感，同时这种高明度、高彩度的橙色容易让人兴奋，从而增加人们的购买欲。

名称：口袋购物

主色彩 R231 G231 B231

辅助色彩 R137 G087 B078

R255 G255 B255

强调色彩 R238 G094 B042

亚马逊公司是美国最大的一家网络电子商务公司，是世界上最早经营电子商务的公司之一。亚马逊中国是销售数百万种产品的综合型电商。界面主色为白色，辅助色为灰色，橙色和黑色为强调色。整体风格简单、大方、舒适、现代感十足。

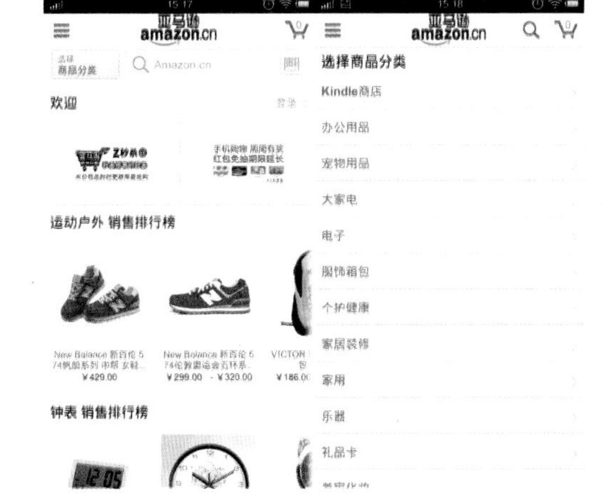

名称：亚马逊

主色彩 R255 G255 B255

辅助色彩 R234 G234 B234

强调色彩 R255 G153 B000

R255 G255 B255

京东是中国最大的自营式电商。2013 年 3 月 30 日京东正式将原先以蓝色为主调的 Logo（360buy）更新成了红色调的 JD.COM，JD 更易于和京东品牌产生联想。一只名为 Joy 的金属狗成为京东官方新的吉祥物，象征正直的品行和快捷的速度，这次对品牌视觉形象的改造对京东品牌形象的传播和提升十分有利。京东移动端 APP 从界面颜色上看，红白黑的搭配简洁现代，起到画龙点睛作用的强调色延续了京东品牌色（红色），红色属于暖色，带给人们一种亲切感，容易增加人们的兴奋感和购买欲。

名称：京东

主色彩 R255 G255 B255

辅助色彩 R051 G051 B051 R246 G242 B237

强调色彩 R255 G068 B001 R010 G010 B010

美团界面的强调色在众多购物类应用中独树一帜。国内消费购物类 APP 常用一些例如橙色、红色等暖色来作为强调色，但美团却沿用了品牌色青绿色，青绿色属于冷色，这种个性化的用色易于消费者辨识和记忆。同时美团 APP 也十分注意在界面图标中使用橙色、黄色等互补色，与青绿色形成一种对比，也让界面气氛更加活跃。

名称：美团

主色彩 R255 G255 B255

辅助色彩 R240 G240 B240

强调色彩 R054 G187 B177 R255 G157 B009

唯品会是一家专门做特卖的网站，它推崇精致优雅的生活理念，倡导时尚唯美的生活格调，这种理念在其界面设计上得到了充分地体现：时尚杂志般的精致大图，舒朗而粗细有致的文字排版，优雅华丽的配色。其强调色是玫红色，象征成熟而不失活力，深得都市女性喜爱。

名称：唯品会

主色彩 R231 G231 B231

辅助色彩 R076 G076 B076 R255 G255 B255

强调色彩 R240 G035 B135

梅西百货公司（Macy's）是美国著名连锁百货公司。其推出的手机客户端支持在线购物、提供优惠信息、管理账户、在店内扫码获得产品详细信息等功能。其定位技术使用户可以在纽约先驱广场店更快地找到喜欢的品牌和分类。

从界面配色来看，梅西百货的手机客户端突出了品牌色彩，和大多数欧美的购物类应用类似，突出时尚和现代感，另外，红色的面积很大，富于视觉冲击力。

名称：MACY'S

主色彩 R255 G255 B255

辅助色彩 R088 G088 B088

强调色彩 R204 G000 B000

R000 G000 B000

和口袋购物的邻家小亲切不同，Style bop 走的时尚潮范儿路线，提供最潮流的时尚前沿信息，Stylebop 内容界面以黑色和深灰色为主色，以浅灰为辅助色，以白色和浅蓝色为强调色。整个应用将灰色的各种层次运用得十分到位，成功塑造了 Style bop 时尚又现代的个性风格。

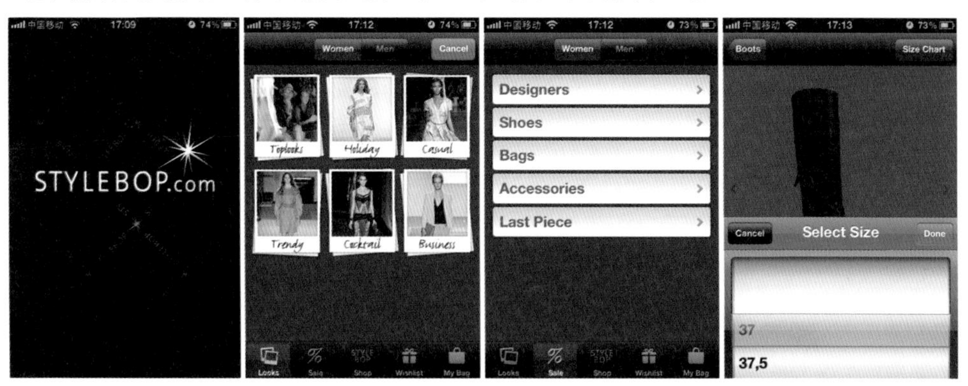

名称：STYLEBOP

主色彩　R000　G000　B000

　　　　R060　G060　B060

辅助色彩　R216　G216　B216

强调色彩　R034　G096　B221

　　　　R255　G255　B255

够物类应用的配色特点

在购物类应用的色彩研究中可以发现，购物的群体细分导致了应用视觉风格的细分，比如同样针对女性的购物类应用，也会存在很大的区别。例如美丽说是一款针对年轻女性用户设计的购物推荐型软件，它的主色是高明度、低彩度的粉色，整个软件给人的感觉很粉嫩、很清纯，很符合少女情怀；而 Style bop 是一款以成熟都市女性为主要用户群体的应用，它的主色为黑色和深灰色，强调色为蓝色，整体感觉成熟、时尚、现代、高贵。

此外，东西方文化和审美的差异，在中国与外国的移动终端购物类应用的视觉风格上得到了某些印证。中国的购物类应用以比较鲜艳的暖色居多，如淘宝网和当当网的橙色、京东商城的红色；而外国的应用很多采用了冷色或彩度较低的色彩为主，如亚马逊、Style bop 等。eBay 和淘宝在应用功能上很相近，淘宝网手机客户端的主色为高明度、高彩度的橙色，而 eBay 的主色则为无彩色的灰色，只是以高明度、高彩度的颜色作为强调色。不同文化下的人们对于色彩有着不同的理解，对于中国用户来说橙色是红色和黄色的结合色，橙色对于用户来说更加有吸引力，更能产生购买欲，而灰色在外国用户中可能更容易被接受，灰色给人的感受更加理性、更加现代，当然在设计实践中也不能一概而论，还要根据具体情况灵活运用色彩。

5.5 餐饮类应用

提到餐饮类应用，就会联想到那些精美的食品，让人垂涎三尺。食品讲究的是色香味俱全，色在断定食品的好坏中是一个很重要的环节，直接影响着用户的食欲。餐饮类应用与人们的食欲是紧密相连的，所以餐饮类应用一般多采用高饱和度的色彩用作主色，如红色、黄色、橙色、蓝色、绿色等，不同的色相运用，能传达出不同的色彩心理效应。选择红色、橙色等暖色的应用，更多的是为了勾起用户的食欲，符合用餐的氛围；选择绿色为主色的餐饮类应用，更多的是传达出一种环保、新鲜、自然的用餐理念。

不同国家有着不同的餐饮文化，餐饮文化的差异也影响到餐饮应用的配色。中国的餐饮类应用主色都是采用暖色，多半是高饱和度的红色，这样的色彩搭配能很好地刺激用户的视觉，勾起食欲。更重要的一点就是红色象征着温暖、幸福和喜庆，对于中国人有着特殊意义。

豆果美食是国内首家发现、分享、交流美食的互动平台，目前已经发展成为全球华人圈较为领先的美食互动社区。暖灰、白色占据界面主要色彩，搭配着红色、深灰，使得整个界面的层级更加丰富细腻，浅色背景有利于信息内容的展示，较高饱和度的红色作为强调色，使得整个画面焕发生机，营造出一种欢快、饱满的氛围，愉悦了用户的眼球，也调动了食欲。整个界面版式很规范、简洁大气，视觉体验一致性很强。设计者对菜品图片的选择十分注意色彩的协调性，和界面中其他色彩有很好地呼应。

名称：豆果美食

主色彩 R245 G242 B238

辅助色彩 R255 G255 B255

R069 G069 B069

强调色彩 R205 G062 B043

美食日记是豆果网出品的一款颠覆传统的美食软件，帮助用户记录每天的饮食，形成健康饮食计划。美食日记会结合用户的口味偏好、地理位置和好友们的动态，智能地进行专属推荐。打开应用，整个界面给人营造出温暖快乐的氛围，精美的餐饮大图，很好地激起吃货们的欲望。本应用和豆果美食都属于豆果网旗下客户端，所以在色彩搭配上比较相似，都是黑白灰搭配红色，但是细微处也有差别，如美食日记中的红色更加鲜亮饱和。

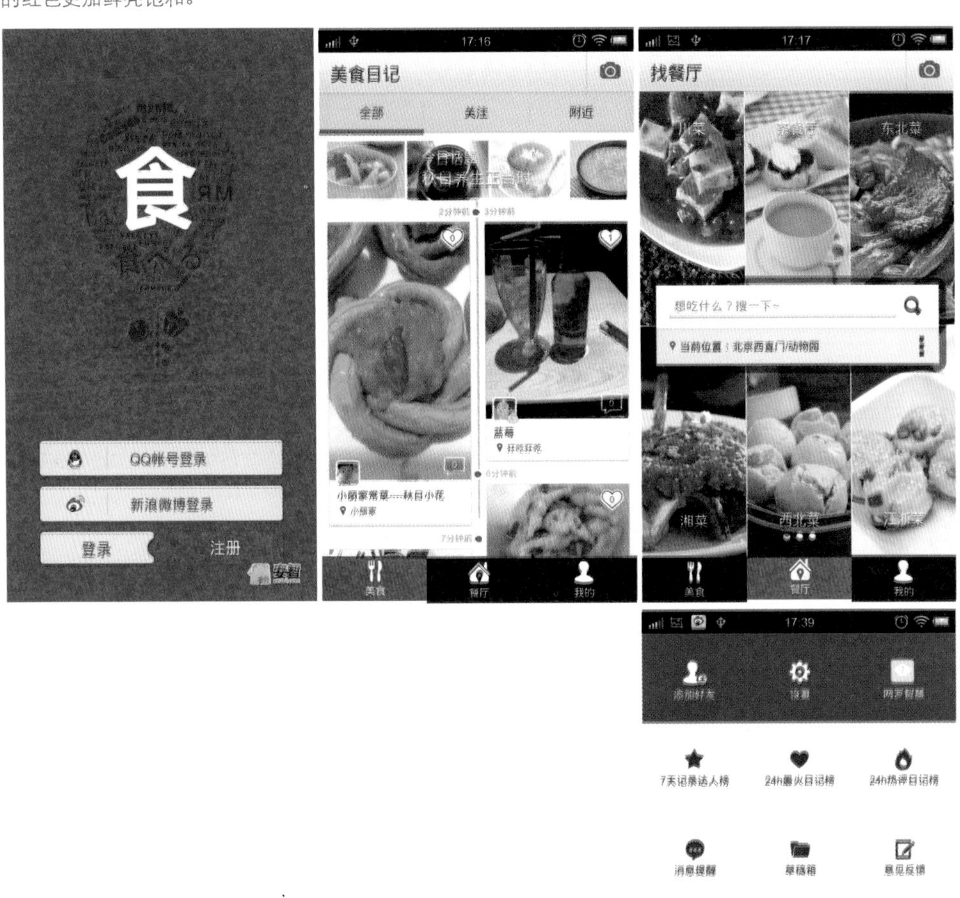

名称：美食日记

主色彩 R239 G230 B232

辅助色彩 R255 G255 B255

R017 G017 B017

强调色彩 R221 G000 B000

美食指南 Allrecipes Dinner Spinner 是世界著名的美食网站 Allrecipes.com 所提供的一款 Android 平台的应用。Dinner Spinner 是一款非常有趣和实用的菜谱搜寻应用，能将成千上万快捷易做的美味菜谱快速直接地传送给用户。Dinner Spinner 应用的操作流程、交互模式都很简单，用户能轻松完成任务流程，整个体验很顺畅。应用界面的首页采用饱和度高、亮度较低的橙色作为主色，搭配着中黄，能很好地刺激用户的食欲，又显得很成稳、安逸。用互补色（天蓝色）作为强调色，活跃了界面气氛。进入到内容页，用深灰作为主色，方便用户浏览，橙色能起到很好的强调作用和呼应作用。

名称：Dinnerspinner

主色彩	R246 G105 B000	R041 G040 B041
辅助色彩	R250 G212 B133	R240 G124 B003
	R172 G073 B000	R000 G000 B000
强调色彩	R255 G154 B000	R051 G144 B249
	R156 G174 B186	R085 G165 B255

下厨房应用的界面就如同其名字一般质朴、简洁、一目了然。淡雅的灰与白贯穿着整个应用，衬托出菜品照片的鲜活，应用的菜单采用平面插画加文字这一较为独特的形式，凸显文艺小清新气质。如购买清单、拍照上传等功能，多围绕美食爱好者最核心的需求展开，努力向用户传达一种“下厨房，是一种生活方式”的理念。

主色彩　R245　G244　B242

辅助色彩　R255　G255　B255　R185　G177　B173

强调色彩　R224　G068　B050

大众点评是中国领先的本地生活信息及交易平台，作为大众化的工具，大众点评遵循了大众化审美的设计方向。大多数工具型软件多采用浅色系作为主色，点缀以醒目的强调色，目的就是让用户注意力集中在信息上，不会被过多的装饰所分散。在这类应用的设计中，文字和版面的层次和节奏很关键，文字号的大小、文字用色的深浅、字的行距都需要用心琢磨。

主色彩　R255　G255　B255

辅助色彩　R240　G240　B240

强调色彩　R255　G102　B051

订餐小秘书是国内知名的网上订餐服务类应用，作为信息型的工具类应用，订餐小秘书在界面设计上很好地贯彻了信息为先的原则，主色和辅助色采用白色和灰色，使得阅读信息变得十分轻松，红色、绿色所强调出的信息与交互的重点一目了然。版式中文字的层次关系处理得当，信息众多却不显杂乱。

主色彩 R255 G255 B255

辅助色彩 R231 G231 B231

强调色彩 R243 G071 B071 R040 G0181 B073

OpenTable 是美国领先的网上订餐平台。在界面配色上 OpenTable 和订餐小秘书类似，也是采用白色、灰色作为主色和辅助色，在强调色上使用了中彩度的红色，界面文字的用色、字号、行距都十分讲究，营造出简洁、舒朗、高效的氛围。

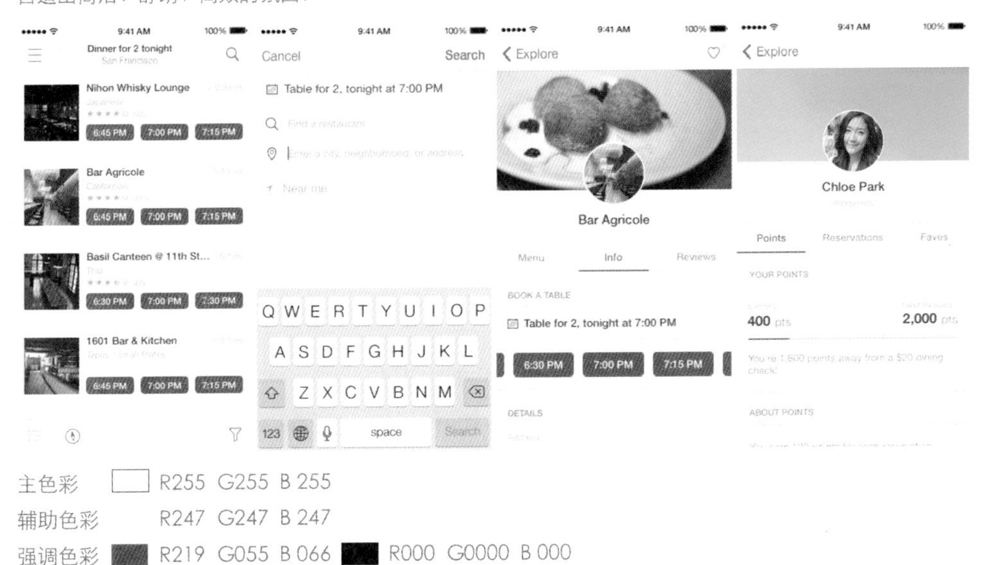

主色彩 R255 G255 B 255

辅助色彩 R247 G247 B 247

强调色彩 R219 G055 B 066 R000 G0000 B 000

DishPal 是一款基于图片形式的美食社交应用，主要为吃货们提供一个交流烹饪技巧、分享美食体验的平台。通过该应用，用户可以分享自己的美食，组织美食“主题派对”，编写自己的美食杂志等。界面用牙黄灰作为主色，搭配着黄绿色、浅棕色，给人一种很清爽、淡雅的视觉感受，也传达出自然、环保的的理念。 应用界面的设计，细节丰富细腻，给人感觉很精致。

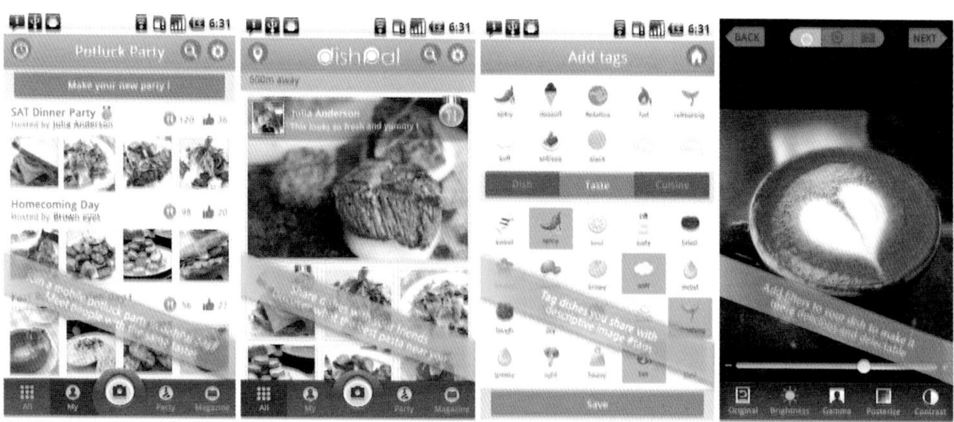

名称：dishpal

主色彩 R252 G244 B231

辅助色彩 R142 G127 B098

R231 G226 B207

R124 G091 B086

R077 G076 B074

R052 G051 B049

强调色彩 R155 G173 B063

R200 G214 B103

R123 G134 B014

餐饮类应用的配色特点

餐饮类应用大体分为两类，一类是介绍如何制作食品的，另一类是服务于餐饮业的，像在线订餐等等。大部分餐饮类应用，进入到深级页面时（甚至有的首页），多半是一些文字信息内容的展示。这时候页面主色都是白色或者浅灰作为主色，这样能更好地展示信息，也能让用户以平静的心态来浏览信息。

餐饮类应用还有一大特性，就是会运用很多精美的食品图片，精美大图的运用是一种趋势，图片永远比文字更有说服力，这样能更直接地触及到用户的内心深处。所以一般视觉体验特别舒服顺畅的应用，都对运用到的图片做了一些修饰，使其能融入到应用的色彩氛围里面。更重要的是，一些图片运用很多的界面，其主色肯定都是浅灰色或者白色，搭配着深色，才能更好地驾驭色彩精美丰富的食品图片，这样整个界面的色彩层级才更加完美。

第6章

界面配色技巧

- 利用配色工具分析界面颜色
- 如何加强界面色彩调和
- 如何加强网页色彩对比
- 渐变
- 分离
- 三角调和与四角调和
- 无彩色与彩色

6.1 利用配色工具分析界面颜色

在平时的学习积累中，当我们看到某网站或某 APP 的配色方案有借鉴之处时，可以利用类似 Adobe Kuler 这样的配色工具，对其配色进行深入的数值化分析，并提炼和保存成可以直接在 Photoshop 中使用的色板。

下面我们来看一下具体如何操作。

6.1.1 Adobe Kuler

第一步：提炼色彩主题

通过搜索 Adobe Kuler 或者直接输入网址 https://kuler.adobe.com/create/color-wheel/ 找到这个最著名的在线色彩工具（目前也有手机版本，可以在应用商店下载）。这里重点介绍其 PC 网站版工具的使用。

在真正开始工作之前首先需要 sign in（登录），此时如果你已经有一个 Adobe ID 了，就直接 Sign in，如果还没有就点击 Get an Adobe ID 用邮箱注册以获得一个 Adobe ID，方便对色彩主题进行管理。

登录后页面右上角就会出现一个人物头像，假如你在这一步中没有登录，也可以进行后续操作，但会在保存色彩主题时弹出面板 Sign to Kuler with your Adobe ID to save this theme 提醒你登录。

先将需要分析的界面进行截屏并保存在电脑中，然后点击 Creat from Image 按钮选择该截屏图片文件，就会显示这张图片，并自动在图片的五处不同位置采集色彩，当然用户也可以通过拖动圆形来调整色彩的采集点，直到满意为止，最终形成包含五个色块的色彩主题（theme），可自定义命名。

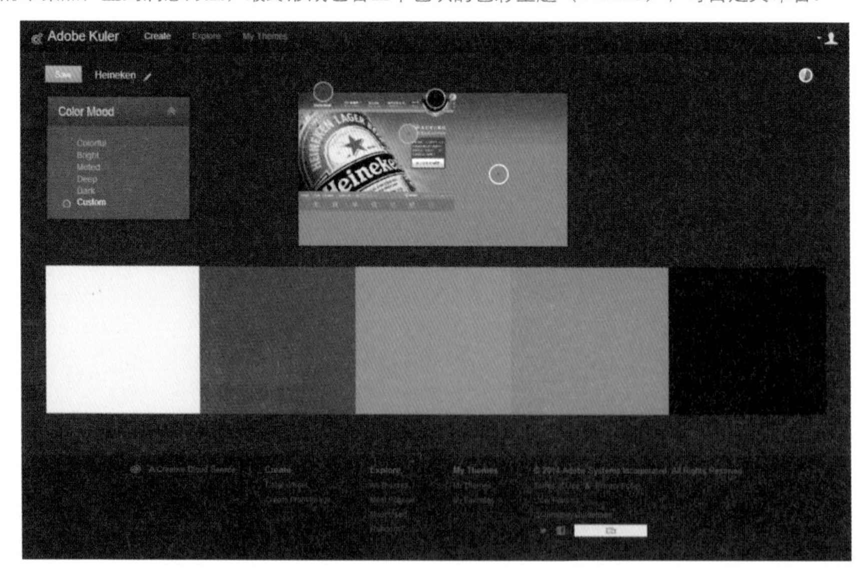

界面截屏提取色彩主题并命名

第二步：编辑色彩主题

点击 save 按钮，就跳转到新的界面，这个界面中可以对主题进行各种处理。Action 面板中提供了 Private（私有）、Delete（删除）、Favorite（喜爱）、Copy Link（复制链接）、Edit（编辑）、Download（下载）等功能；Info 面板主要记录这个色彩主题的创建人、创建时间、被浏览的次数、排名、被点赞的用户数、标签；还可以为自己创建的主题 Add Comment（添加评论）。

这里补充一句，Adobe Kuler 工具最伟大之处就在于把配色创意进行了“众包”，让每个用户既是贡献者也是受益者，“我为人人，人人为我”的互联网共享精神得到了充分体现。

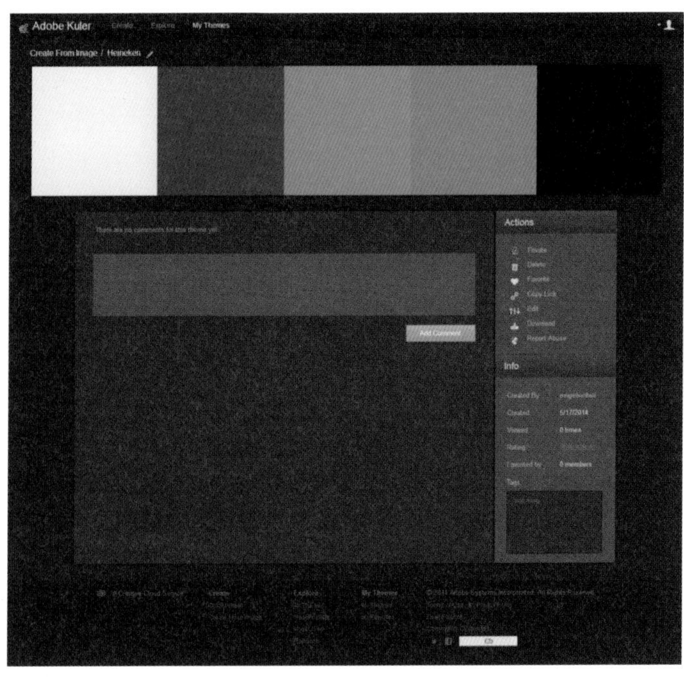

可对色彩主题进行编辑、评论等进行处理

点击 Edit（编辑）按钮会跳转到下个界面，从色环图中我们可以看到，这个主题中五种颜色有三种的圆点几乎重叠在一起，这说明其色相和色调非常类似。这也就进一步说明为何整个网站具有安静统一的效果，因为其主色采用类似色相、类似色调。在这个界面下方你可以清晰地看到这五个色块的 RGB 值和 HEX 值，当点中某个色块，就可对相应数值进行修改，或者通过滑动条来进行调整。

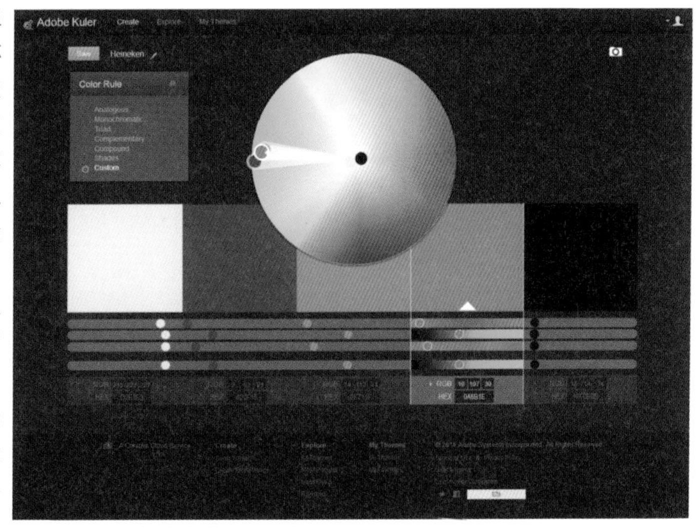

移动圆点位置或更改数值来编辑色彩主题

一切处理完毕想知道你采集编辑的色彩主题是否已经成功保存，可以点击界面右上方导航中的 My Theme 按钮，接着会出现如图所示界面，其中展示了所有你已有的色彩主题，第一个就是我们刚刚制作的命名为“Heineken”的主题。

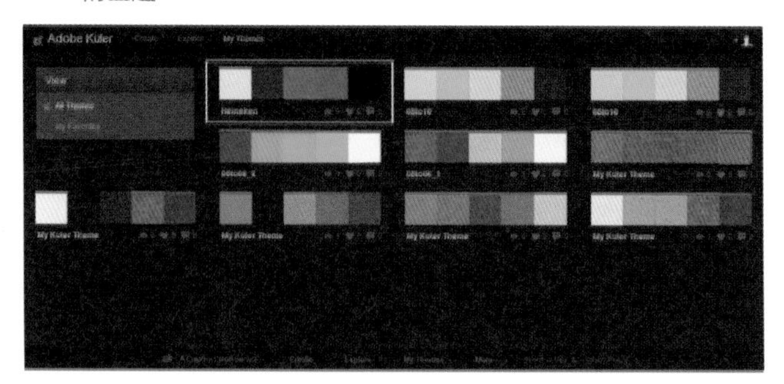

制作好的色彩主题被保存在My Theme中

第三步：下载色彩主题

（1）当你某天在做设计的时候感觉“Heineken”这套色彩主题可以借鉴，那么就可以在 My Theme 中找到 Heineken 主题，将鼠标滑过色块就会浮动出现 Edit（编辑）、Download（下载）、Copy Link（复制链接）等按钮。

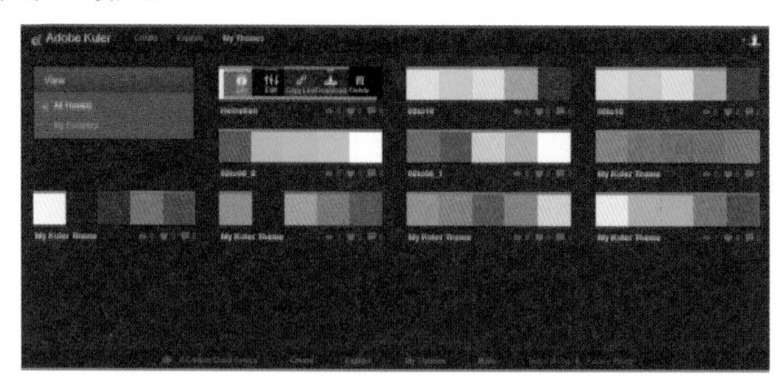

在My Theme中下载色彩主题

（2）点击 Download（下载）按钮，就会出现下载面板，提示你选择合适的文件夹位置来保存后缀为 .ase 的文件，我们将它保存为 Heineken.ase。

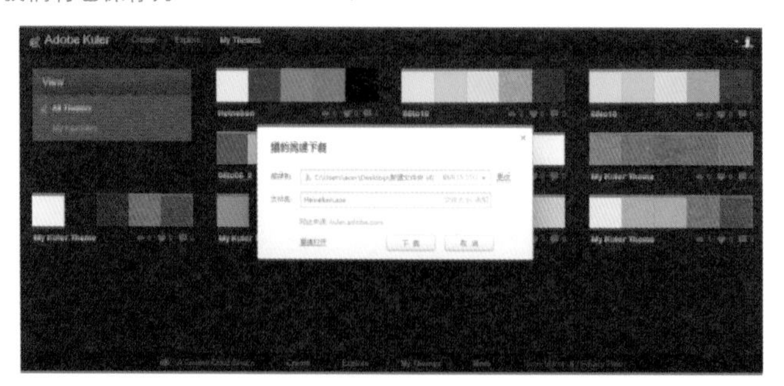

第四步：使用色彩主题

(3) 接下来就要在 Photoshop 中使用该色彩主题了。使用之前首先要在 PS“色板”中载入 Heineken 主题，打开色板面板，在右上角的下拉菜单中选择“载入”。

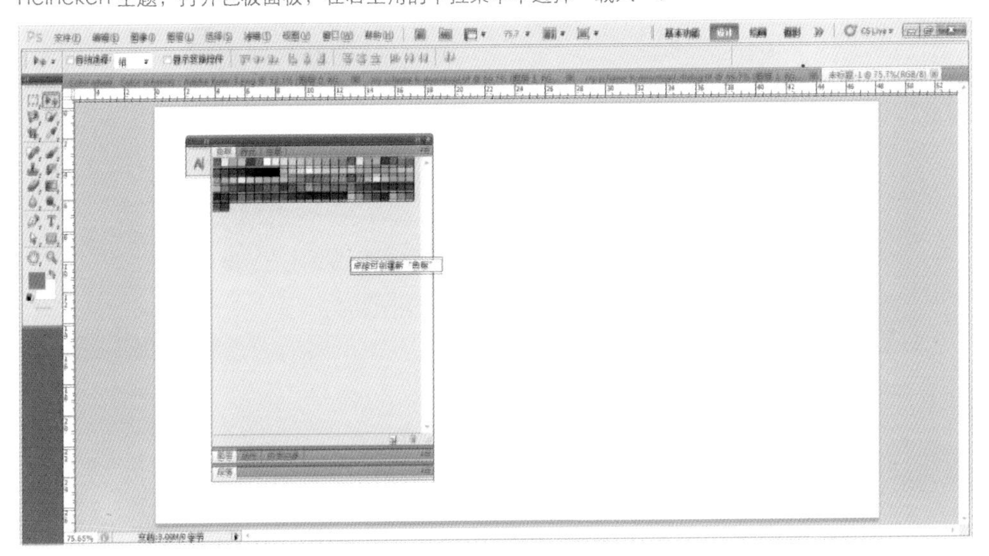

(4) 随即出现选择已有的色彩文档界面，选择刚刚下载的 Heineken.ase 文件。

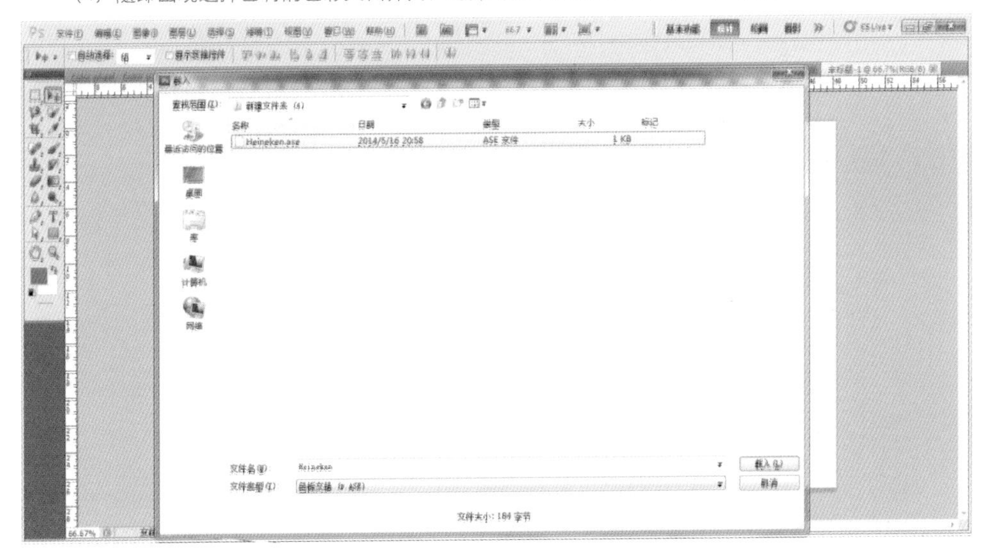

(5) 点击“载入”按钮就可以看到在 PS 色板的结尾处出现了包含着五个色块的 Heineken 色彩主题，使用起来极为方便。

色彩主题出现在PS色板中

6.1.2 colorschemedesigner.com

除了Adobe Kuler，在线配色工具还有很多，有一个网址为colorschemedesigner.com的配色网站也值得大家关注。它的特点在于可以非常迅速地找到mono（同一）、complement（互补）、triad（三角调和）、tetrad（四角调和）、analogic（类似）、accented analogic（类似加互补）的各种配色方案。下面我还是以嘉士伯啤酒网页为例，来说明这个在线工具的用法。

（1）在PS中打开网页截屏图，利用拾色器工具吸取其占据界面绝大部分的中等明度和饱和度的绿色，这里显示其HEX值是0a6b1e。

PS中提取界面主色

(2) 在界面右侧的色环中点击绿色部位，弹出色彩数值定义面板，输入 0a6b1e，点击 OK 按钮，这样就将刚才从网页中提取的绿色在 colorschemedesigner 界面的色环中找到了准确的位置。

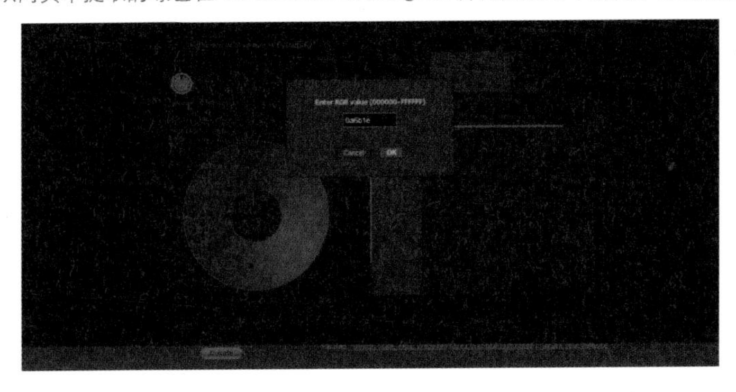

利用色彩数值找到该色在色环中的位置

(3) 该工具的默认配色方案是 mono（同一），从下图右侧的矩形中可以看到自动生成同一配色方案。

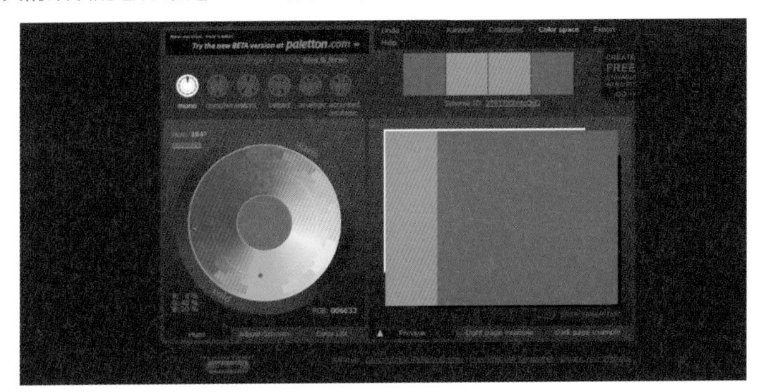

默认生成该色彩的同一（mono）配色方案

(4) colorschemedesigner 的使用自然不会那么简单，当你从 Hues 转化到 Adjust Scheme，可以利用 Scheme Saturation/Brightness（主题的饱和度 / 明度）以及 Scheme Contrast（主题对比度）中的圆钮来调整刚刚生成的 mono 色彩方案。

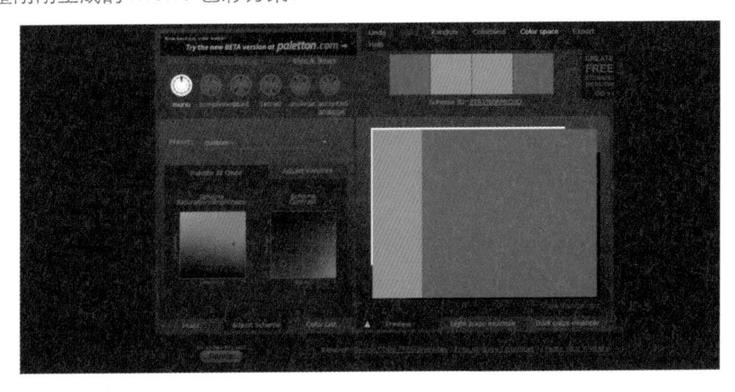

利用饱和度、明度、对比度调整主题色

（5）除了用饱和度、亮度及对比度面板中的圆钮进行调整，还可以直接点击 Preset（预设）按钮来调出菜单，其中提供了很多选择，如 More Contrast、High Contrast、Max Contrast、Less Contrast、Low Contrast、Min Contrast 等等。

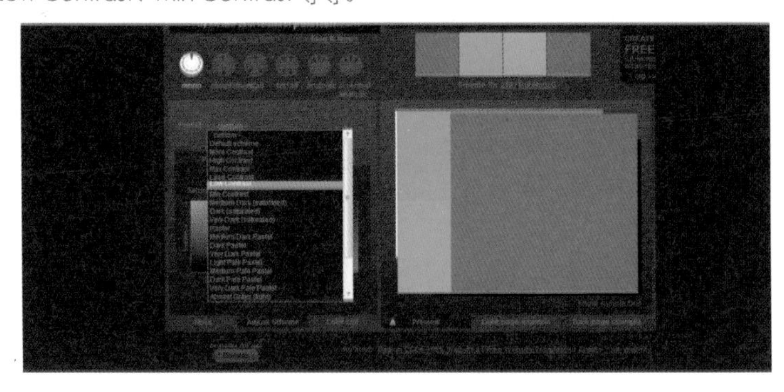

利用Preset面板调整色彩主题

比如，选择其中的 Low Contrast 选项，可以看到右侧矩形中的配色较之前发生了很大的变化，色彩之间的差异性变得很低。

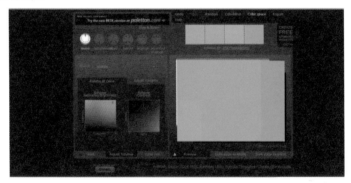

选择Low Contrast后的效果

如果选择 Max Contrast 选项，则会呈现相反的效果，色彩之间的差异性变成了最大化。

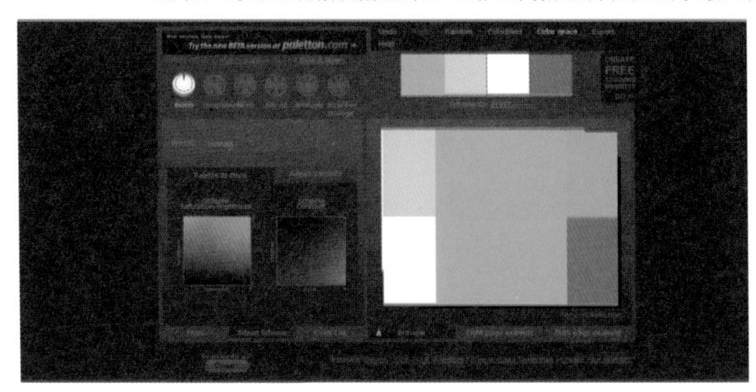

选择Max Contrast后的效果

（6）点击 Adjust Variants 标签，可以看到所列出的和右侧矩形中色彩相对应的 Base color （主色）以及各种 Variant（辅助色），还可以利用圆钮对配色方案中的主色和另外各种辅助色彩进行调整。

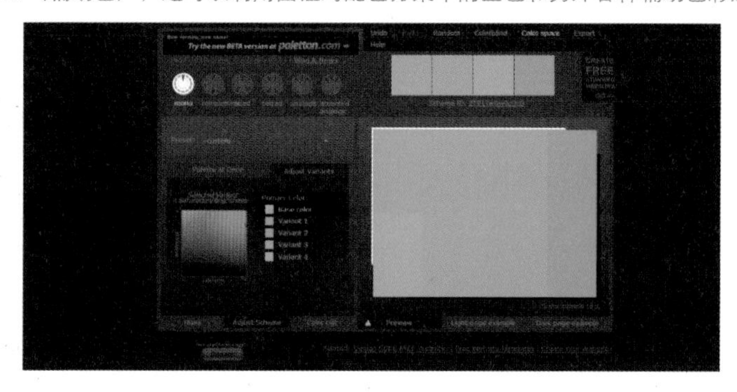

利用Adjust Variants调整色彩主题

（7）点击 Color list 标签，就会将右侧大矩形中的色彩自动生成为色带，并标出数值，十分方便。

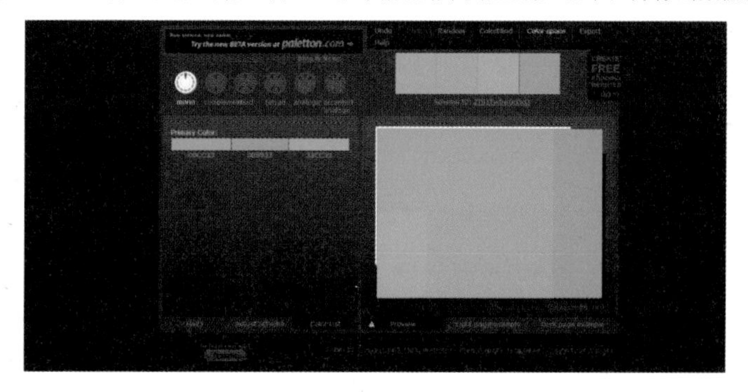

选择Color list显示色彩主题的数值

（8）为了让用户直观了解如何在真实网页设计中运用这个色彩主题，特别设置了 Light page example 和 Dark page example 两个选项，下图所展示的就是 Dark page example 效果。

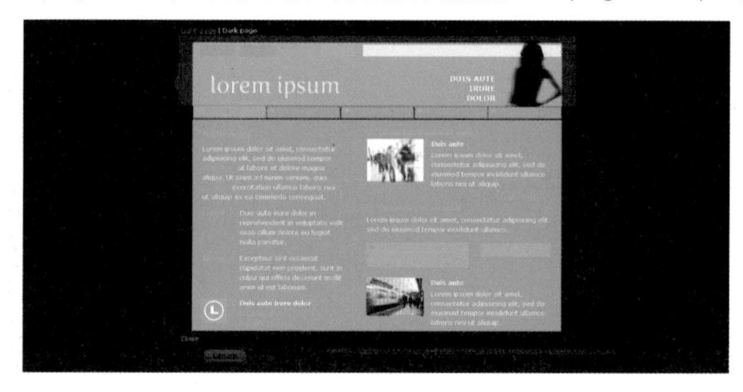

色彩主题应用于网页界面的Dark page example效果

总之，有了 Adobe Kuler 和 colorschemedesigner 这样的配色工具，无疑对设计者提高工作效率大有裨益，通过这些工具的使用，也使得我们对色彩的属性，色彩的对比与调和规律有了更深层次的理解。

6.2 如何加强界面色彩调和

如果说差别是色彩对比的本质，则共性就是达到调和的根据，换句话说色相关系、色调关系中尽量消除不统一的因素，统一的要素越多，就越融合。

6.2.1 类似色相、类似色调

类似色相、类似色调的配色方案通常传达出冷静整齐的感觉。在色调相同或者类似的情况下，通过色相的差别来表现出细微不同的感觉。如果是同一色相或类似色相，则通过色调的差别来打破单一。

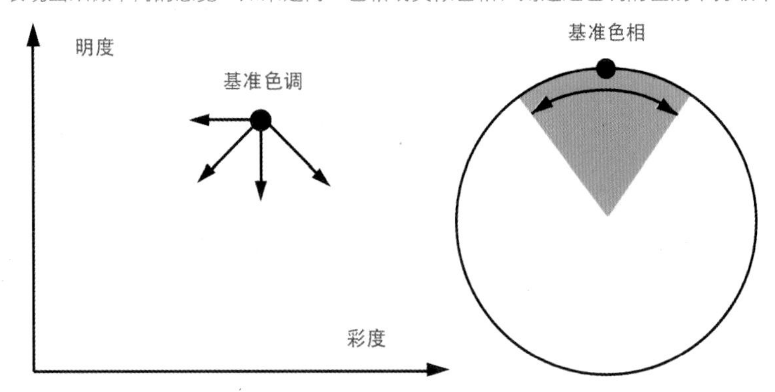

类似色相、类似色调的调和示意图

nclud是华盛顿一家专门从事网站设计的服务公司，其移动网站包括公司简介、作品展示和博客等内容，信息量充裕，在色相上采用蓝灰色系，并且彩度较低，这种配色能营造出静态、简洁、舒适的感觉，用来表现设计公司的现代气质十分恰当。中明度、低彩度的色调也适用于这种信息较多的内页，页面左上角标志采用饱和、鲜艳的浅绿色，通过在局部加入小面积的高彩度来加强对比，发挥了防止过于统一而缺乏页面视觉兴奋点的作用。

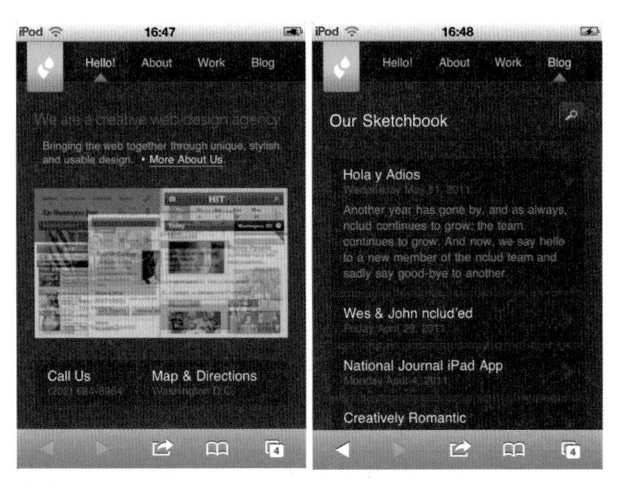

名称：nclud

主色彩 R006 G064 B086

辅助色彩 R000 G050 B069 R003 G058 B077

强调色彩 R150 G208 B072

喜力公司是一家荷兰酿酒公司，喜力啤酒形象具有年轻化、国际化的特点，成为酒吧和各娱乐场所最受欢迎的饮品。 网站用色来源于产品包装颜色，采用绿色为主体色，在强调产品自然特性的同时，也为产品增添了年轻与活力。网站的色相非常单纯，通过微妙的色调变化和图片穿插来丰富界面。

名称：Heineken

地址：www.heineken.com.tw

主色彩 R010 G107 B030

辅助色彩 R122 G164 B016 R094 G149 B068

强调色彩 R255 G255 B255

R 153 G 102 B 102	R 204 G 153 B 204	R 153 G 102 B 204	R 153 G 204 B 204	R 102 G 204 B 204	R 51 G 153 B 153	R 153 G 204 B 0	R 204 G 255 B 0	R 204 G 204 B 0	R 204 G 204 B 153	R 255 G 255 B 204	R 204 G 204 B 102
R 255 G 153 B 0	R 255 G 255 B 51	R 153 G 204 B 51	R 204 G 204 B 51	R 0 G 204 B 51	R 102 G 153 B 51	R 255 G 153 B 204	R 255 G 51 B 102	R 255 G 204 B 0	R 204 G 204 B 51	R 204 G 153 B 51	R 204 G 51 B 51

类似色相、类似色调配色方案

6.2.2 相反色相、类似色调

这是一种虽然使用了对比很强的色相，但通过同一或者类似的色调得到调和的配色方法，决定最终效果的是色调的面貌。如果使用了比较鲜艳生动的色调，那么色相的对比效果将得到强化而整体呈现动感的氛围；如果使用了暗色调，即使色相对比再强也会呈现安静沉重的面貌。

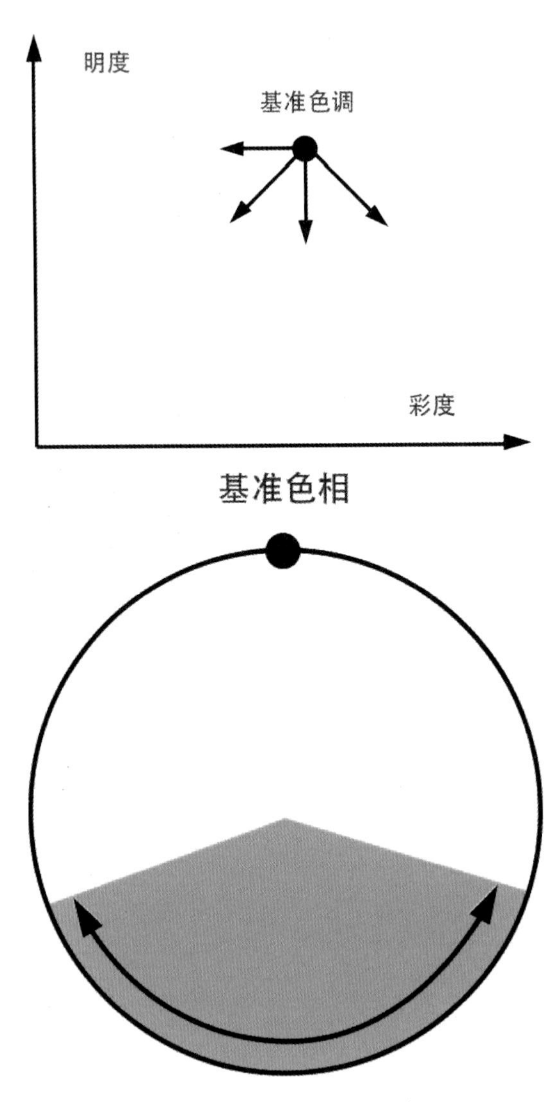

相反色相、类似色调的调和示意图

Wacom是世界领先的数位板系统、笔感应式数位屏系统和数字界面解决方案的提供商。网站主体色彩在红、绿、蓝、紫四种色彩中切换，四种色彩尽管色相对比很强，但由于色调都一样，界面版式又统一，所以不会给人混乱的感觉，反而有一种新鲜感。网站的每个页面不超过三种颜色，给人感觉很大气，界面简洁，很有层次感。

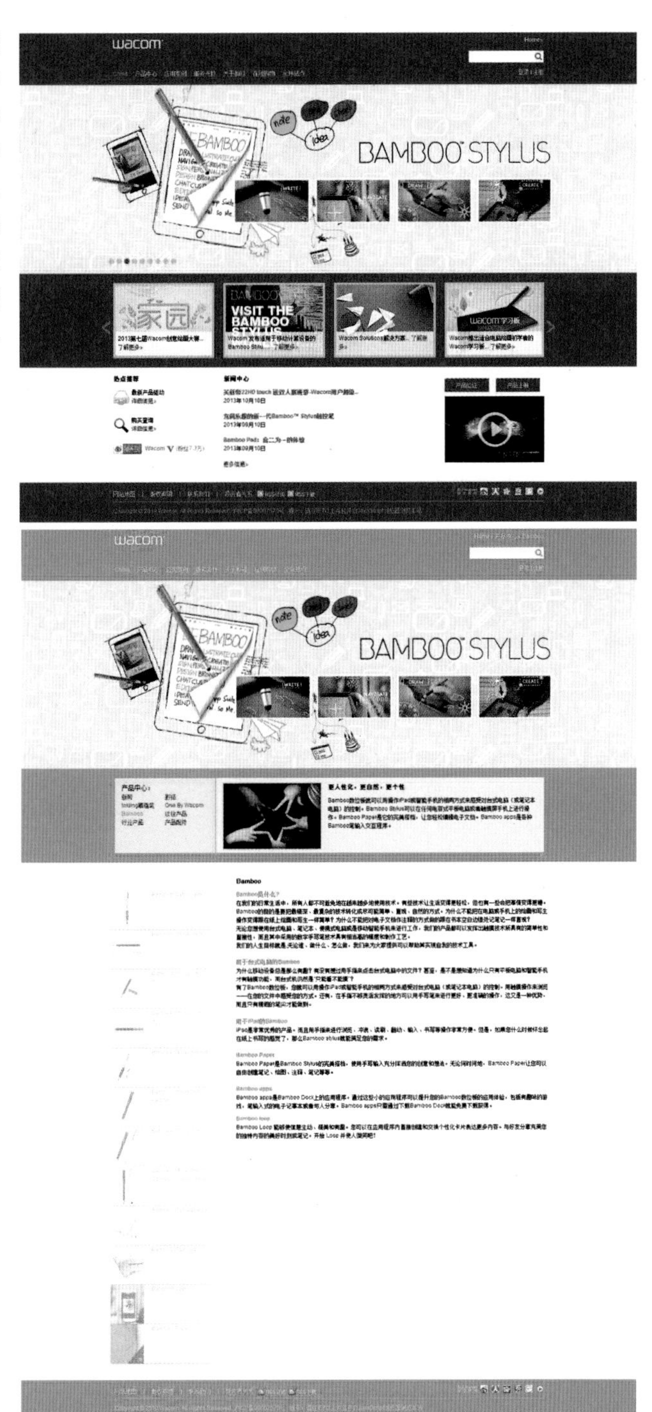

名称：Wacom

地址：www.wacom.com.cn

主色彩	R142 G006 B116
	R158 G198 B024
	R219 G029 B119
辅助色彩	R218 G231 B178
	R232 G205 B227
	R242 G203 B222
	R000 G151 B212
	R190 G000 B088
	R134 G174 B000
强调色彩	R255 G255 B255

法国 SCHMIDT 整体橱房网站主体色彩采用中明度的橙、青、绿、土黄等多种色彩，尽管色相各异但色调统一，插图式的界面中元素很多但也不觉凌乱，活泼而统一的配色给人新鲜欢快的感觉，在直接大量使用图片进行宣传的同类站点中独树一帜，令人印象深刻。

名称：法国 SCHMIDT 整体橱房

地址：www.une-cuisine-astucieuse.fr

主色彩	R240 G151 B051
	R120 G193 B174
	R175 G212 B046
	R212 G202 B081
辅助色彩	R255 G255 B255
强调色彩	R035 G029 B031
	R233 G068 B048

R 204 G 153 B 51	R 102 G 153 B 204	R 204 G 204 B 102	R 204 G 204 B 102	R 204 G 102 B 102	R 153 G 204 B 102	R 204 G 204 B 255	R 204 G 255 B 153	R 255 G 153 B 153	R 102 G 204 B 204	R 255 G 255 B 102	R 255 G 102 B 153
R 0 G 153 B 153	R 255 G 153 B 51	R 102 G 0 B 153	R 204 G 51 B 51	R 153 G 204 B 0	R 153 G 0 B 204	R 204 G 0 B 51	R 51 G 0 B 204	R 255 G 153 B 0	R 0 G 153 B 51	R 255 G 204 B 0	R 255 G 153 B 153

相反色相、类似色调配色方案

6.3 如何加强网页色彩对比

加强网页色彩对比的配色方法，是完全基于变化的基础之上，属于异质要素的组合，往往色彩效果强烈，富于变化、活泼、生动，但同时保持一定的调和性也比较难，关键是赋予变化以一定的秩序。

如何判断一个案例是否是相反色相、相反色调呢？我们可以通过 Adobe Kuler 对其网页截图进行色彩提取，比如下页案例，可以看到五种色块所对应的圆点分布，正是这种色相、色调存在较大差异的证明。

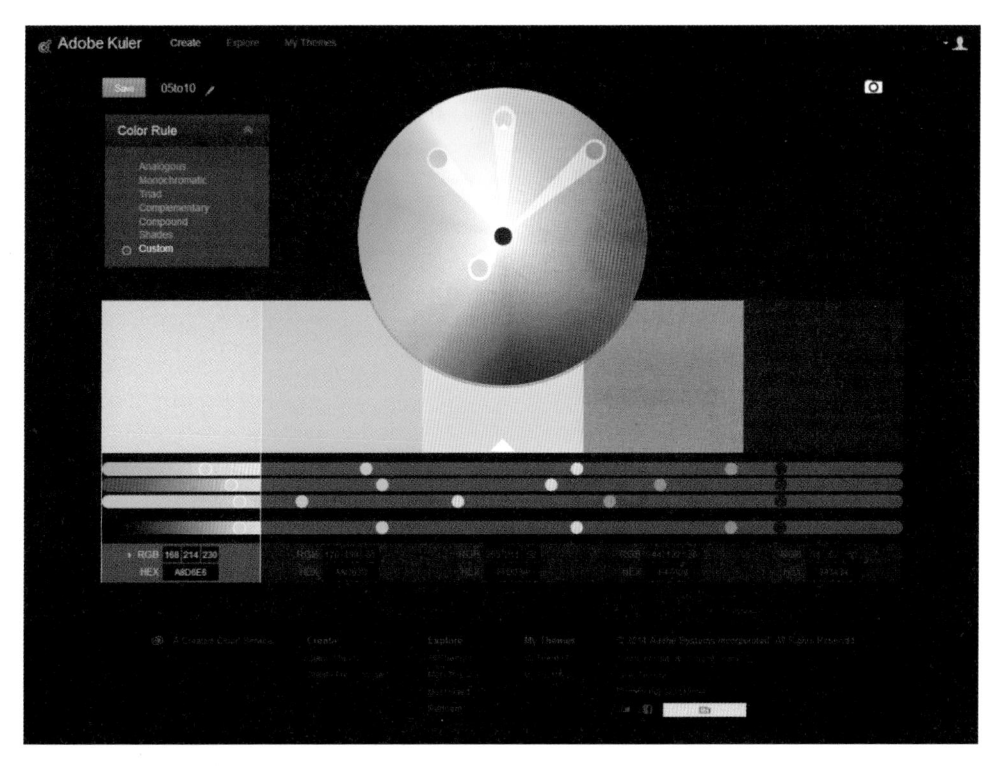

用Adobe Kuler对界面色彩进行分析

6.3.1 相反色相、相反色调

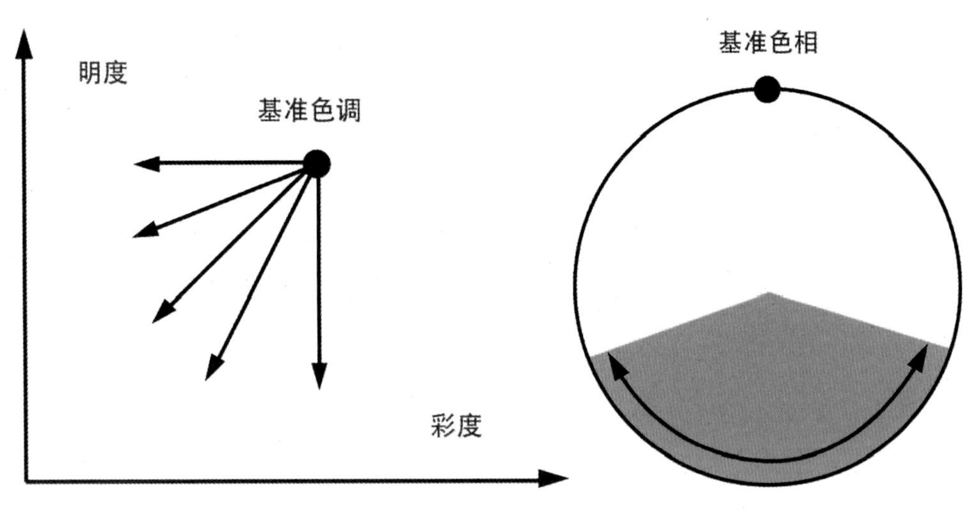

相反色相、相反色调的对比示意图

相反色调、相反色相的配色方案的特点是变化感和冲突性，需要根据主题和阅读的舒适度，综合色相和色调来调整和分配各个色彩所占比例的大小。

网站主色采用高明度、低纯度的蓝色，整个画面给人清爽健康的感觉。首页采用方格版式来划分版块，其中重点版块采用与主色色相及色调强烈反差的橙色，还有明黄和黄绿，这些饱和生动的色彩不仅很好地体现出视觉层次，还活跃了整个页面的气氛，周边的方格多用不同深浅的灰色，和背景中的白色一样，也起到了调和与平衡的作用。

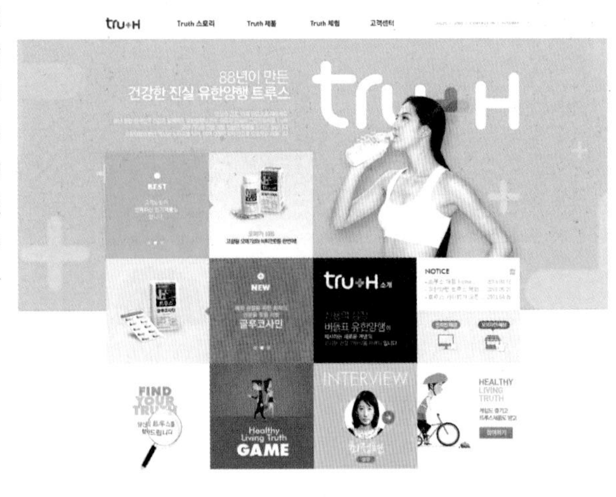

名称：韩国保健药物

地址：www.yuhantruth.co.kr

辅助色彩 R255 G255 B255 R058 G058 B058

强调色彩 R172 G199 B060 R246 G125 B036 R020 G075 B052

WOW Toy 以可爱的拟人交通工具、动物与人物造型为孩子创造出令人兴奋的迷你游戏世界。 其网站采用占比很小的高纯度大红色和大面积较低纯度的蓝色，以及各种色调的黄绿色，给人一种欢快感、童趣感。色彩的运用很好地突出了品牌和导航，整个网站的空间处理得很好。因为采用了相反的色相和色调，所以得到的效果具有强烈的变化感和对比感。如果说类似色调的配色方案能够营造出整齐的氛围，那么相反色调的配色方案营造出的是一种强弱分明的氛围，这里红色和蓝色之间的关系就是例证。

名称：WOW Toys

地址：www.wowtoys.com

主色彩 R156 G214 B236

辅助色彩 R250 G220 B000

R167 G203 B007

强调色彩 R239 G026 B028

R 255	R 204	R 153	R 51	R 255	R 0	R 255	R 255	R 102	R 204	R 102	R 153
G 153	G 255	G 204	G 102	G 204	G 102	G 102	G 255	G 153	G 255	G 0	G 204
B 0	B 255	B 0	B 153	B 153	B 102	B 102	B 204	B 255	B 102	B 51	B 255

R 51	R 255	R 102	R 153	R 255	R 0	R 102	R 255	R 51	R 153	R 204	R 102
G 153	G 255	G 0	G 102	G 255	G 51	G 102	G 255	G 153	G 204	G 255	G 51
B 153	B 204	B 102	B 153	B 102	B 153	B 204	B 204	B 204	B 0	B 255	B 51

相反色相、相反色调配色方案

6.3.2 类似色相、相反色调

类似色相、相反色调的配色方案的特点是“统一中的突出效果”。对于同一或类似色相采用相反的色调，可以在保持整齐、统一感的同时，做到更好的局部突出效果，而且色调的差异越大，突出的效果就越明显。

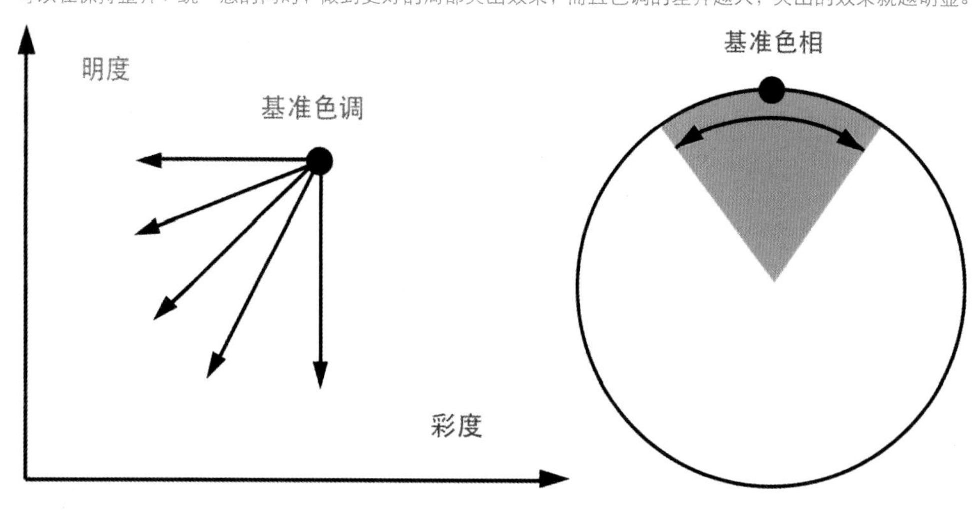

类似色相、相反色调的对比示意图

该网站是萨利甜面包咖啡店的网站，网站公布一周店里提供的食物，还可以定制蛋糕。网站采用大面积高明度、低纯度的青绿色和少量低明度、中纯度的青绿色，这种色彩搭配使得网站给人感觉很洁净、清新。少量的低明度、中纯度的青绿色，正好运用在 Logo 和一级导航的位置，很好地强调出了导航，并突出了品牌。

名称：萨利甜的面包咖啡店的网站
地址：sweetsallies.com
主色彩 R218 G246 B221
辅助色彩 R197 G222 B200
强调色彩 R029 G099 B112

美国旧金山的 Odopod 是一家提供全方位服务的数码机构，以其在策略、创意和技术上的实力，帮助客户在数码世界与他们的用户建立意义重大的联系。其客户包括特斯拉汽车、索尼电子、谷歌、耐克、PlayStation 等，曾被《广告时代》杂志评为美国西部年度最佳小型机构。其网站的配色采用同一色相、相反色调的策略，尽管只用到玫红、白色、灰色、黑色四种色彩，却让人感觉色彩丰富，信息层次分明，重点部分被很好地突出出来。整个网站现代、大气。

名称：Odopod

地址：www.odopod.com

主色彩	R225 G061 B132
	R255 G255 B255
辅助色彩	R231 G200 B216
	R240 G233 B215
强调色彩	R040 G040 B040

R 255 G 153 B 102	R 102 G 51 B 0	R 255 G 102 B 0	R 102 G 102 B 0	R 204 G 204 B 102	R 0 G 102 B 51	R 102 G 204 B 153	R 0 G 102 B 51	R 0 G 204 B 204	R 153 G 0 B 204	R 204 G 204 B 255	R 102 G 0 B 153
R 0 G 51 B 153	R 204 G 204 B 255	R 51 G 102 B 153	R 255 G 153 B 204	R 153 G 0 B 102	R 204 G 204 B 255	R 204 G 204 B 102	R 51 G 51 B 0	R 204 G 255 B 0	R 255 G 255 B 153	R 255 G 153 B 0	R 102 G 102 B 0

类似色相、相反色调配色方案

6.4 渐　变

渐变是以色彩的排列为主的配色方案。按照一定规律逐渐变化的色彩，会给人一种较强的韵律感，在视觉上赋予了注目性。渐变可以分为色相渐变和色调渐变。色相渐变是指在类似色调的基础上，通过色相的逐渐变化进行配色。色调渐变是指在类似色相的基础上，通过色调的变化来进行配色。这种配色方法在自然界很常见，例如雨后的彩虹就是典型的渐变配色实例。

6.4.1 色相渐变

该网站主要功能是用来介绍 FIDM 学校数字艺术专业，其中包括介绍优秀作品、申请学校的步骤，关于 FIDM 的信息，免费资源下载等。这是一个 Flash 网站，界面采用渐变配色形式，形式感、韵律感都很强，渐变的颜色都是高纯度、中明度，结合网站的配乐、超炫的载入画面和绝佳的转场，给人欢快、动感、有活力的感觉，抓人眼球。

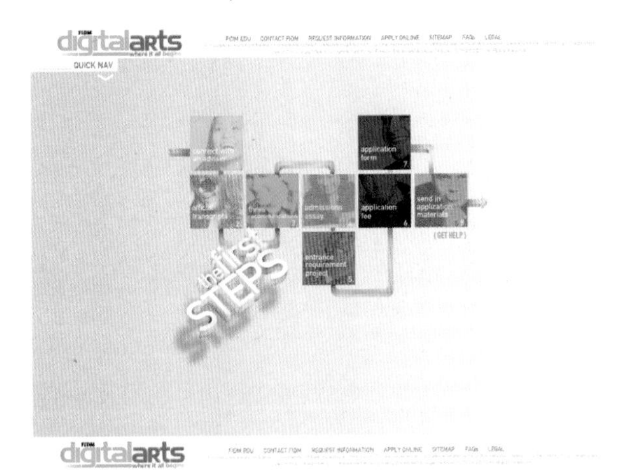

名称：FIDM 学校数字艺术专业网站

地址：www.fidmdigitalarts.com/#/home

主色彩　R220 G220 B220

辅助色彩　R175 G175 B175

强调色彩　R000 G234 B239　R000 G168 B174　R194 G203 B015

R238 G236 B122　R235 G154 B000　R141 G042 B076

R088 G003 B057　R016 G011 B042

6.4.2 色调渐变

Sefihanow 是一个有四个成员的小型设计团队。网站主要展示他们的 Web、Logo 等方面作品。网站采用向心型渐变，空间纵深感很好，能凝聚用户的视觉中心点，利于更好地展示作品。网站不同的二级页面采用不同的颜色，但所有色调是一致的，有一种很强的韵律感。值得借鉴的是，点击所有以图片方式展示的 Web 作品，都能链接到该作品的网址，能全面地看到整个作品的全貌。

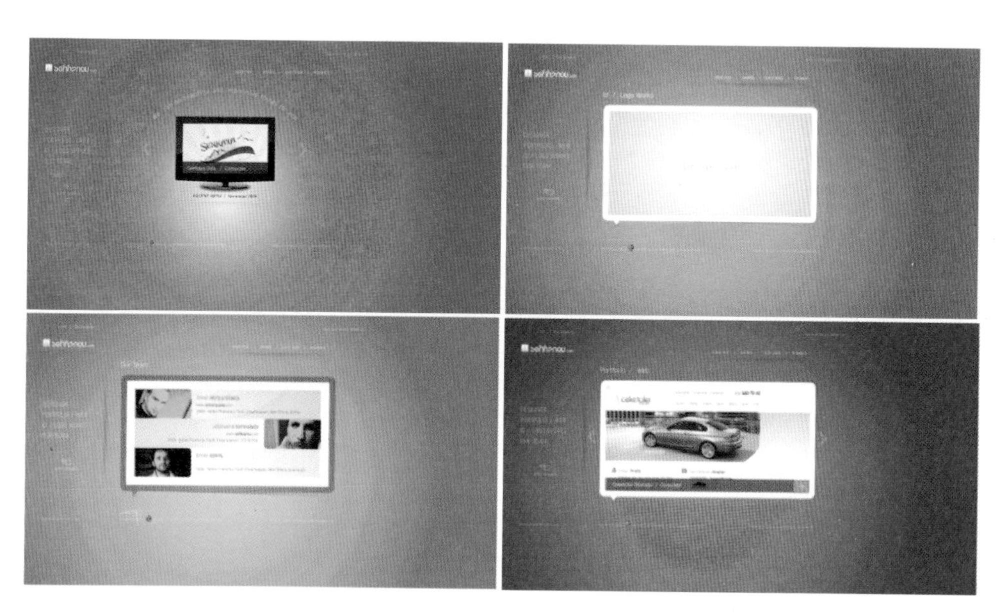

名称：Sefihanow

地址：www.sefihanov.com

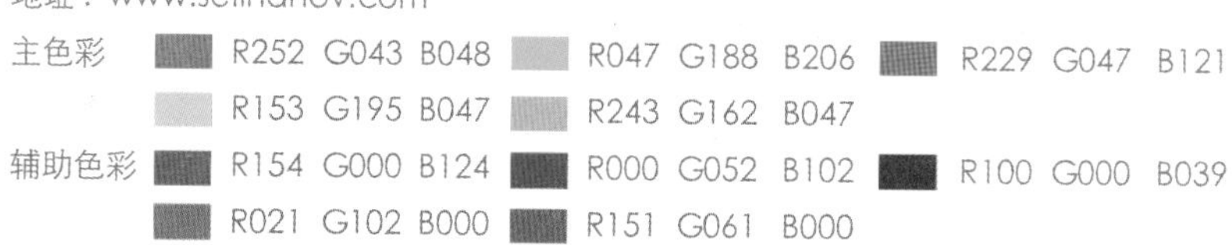

主色彩 R252 G043 B048　R047 G188 B206　R229 G047 B121
R153 G195 B047　R243 G162 B047

辅助色彩 R154 G000 B124　R000 G052 B102　R100 G000 B039
R021 G102 B000　R151 G061 B000

强调色彩 R243 G226 B076

R 153 G 51 B 51	R 255 G 153 B 0	R 255 G 255 B 0	R 51 G 102 B 153	R 102 G 153 B 204	R 102 G 204 B 255	R 102 G 0 B 51	R 204 G 51 B 51	R 204 G 102 B 51	R 204 G 102 B 102	R 204 G 153 B 153	R 255 G 204 B 204
R 102 G 153 B 0	R 153 G 204 B 0	R 204 G 255 B 0	R 153 G 102 B 153	R 204 G 153 B 204	R 255 G 204 B 255	R 102 G 102 B 102	R 153 G 153 B 153	R 204 G 204 B 204	R 102 G 102 B 0	R 153 G 153 B 102	R 204 G 204 B 153

色调渐变配色方案

6.5 分　离

分离配色和渐变配色一样，也是基于色彩排列的配色方式，通过向颜色与颜色之间插入一个分离色，通常使用的分离色是白色或黑色等非彩色，一般面积不宜过大。主要用于需要分辨但颜色差异本身不太明显的配色环境中，也可通过插入到两个对比过于强烈的颜色之间达到缓冲效果。

Wee Society 是一家成立于 2010 年，致力于创作为孩子和父母紧密联系、一起快乐的儿童 APP 产品的公司。其公司网站在配色上使用了分离的技巧，首先是很好地与公司的 Logo 的造型呼应，其次众多 APP 的宣传图片和橙色、蓝色色块之间通过白色的分离有了一个缓冲和平衡，也给视觉上更多留白透气的空间。

名称：Wee Society

地址：www.weesociety.com

主色彩	R040 G177 B074
辅助色彩	R255 G255 B255
	R207 G207 B207
强调色彩	R239 G090 B032
	R000 G180 B227

R 255 G 0 B 0	R 0 G 0 B 0	R 0 G 51 B 153	R 153 G 204 B 204	R 255 G 255 B 255	R 255 G 153 B 204	R 102 G 153 B 51	R 255 G 255 B 255	R 102 G 0 B 102	R 255 G 102 B 0	R 255 G 255 B 255	R 153 G 204 B 0
R 204 G 204 B 153	R 255 G 0 B 51	R 153 G 204 B 204	R 255 G 204 B 204	R 204 G 51 B 153	R 204 G 255 B 204	R 102 G 204 B 153	R 0 G 51 B 0	R 255 G 255 B 102	R 51 G 102 B 153	R 255 G 255 B 0	R 153 G 102 B 153

分离配色方案

6.6 三角调和与四角调和

6.6.1 三角调和

情况1

定义：凡是在色相环中构成等边三角形或等腰三角形的三个色是调和的色相。也可将这些等边或等腰三角形或任意不等边三角形在色环中自由转动，可找到无限个调和色组。

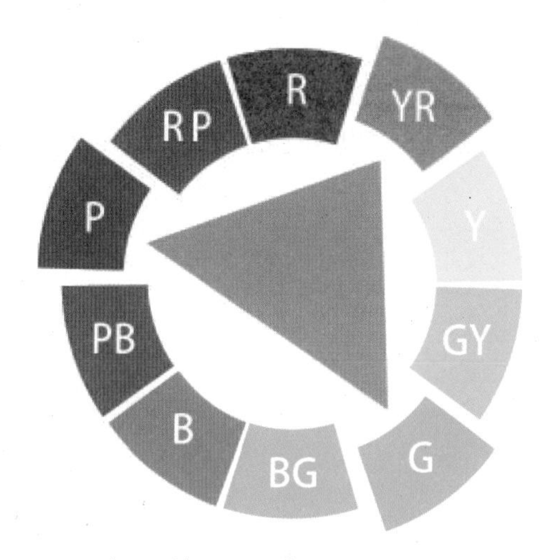

三角调和情况1——等边三角形示意图

可以看到：色环上等距离的三个颜色调和在一起，将这三个颜色用直线连接起来，所形成的三角形为等边三角形。三种颜色在面积相等的情况下势均力敌，但在实际运用中，要合理安排色彩的面积，区分出主色、辅助色和强调色。

我们可以利用之前介绍过的 colorschemedesigner 在线配色工具来深入理解所谓的三角调和，在这个软件中的 triad 功能即可理解为三角调和。如图中的橙色、紫色和绿色从所在的色环位置看，若加上连线的话，正好形成等边三角形。点击 Export 进行配色方案输出，选择 HTML+CSS，就可以网页形式看到完整的配色方案及数值。

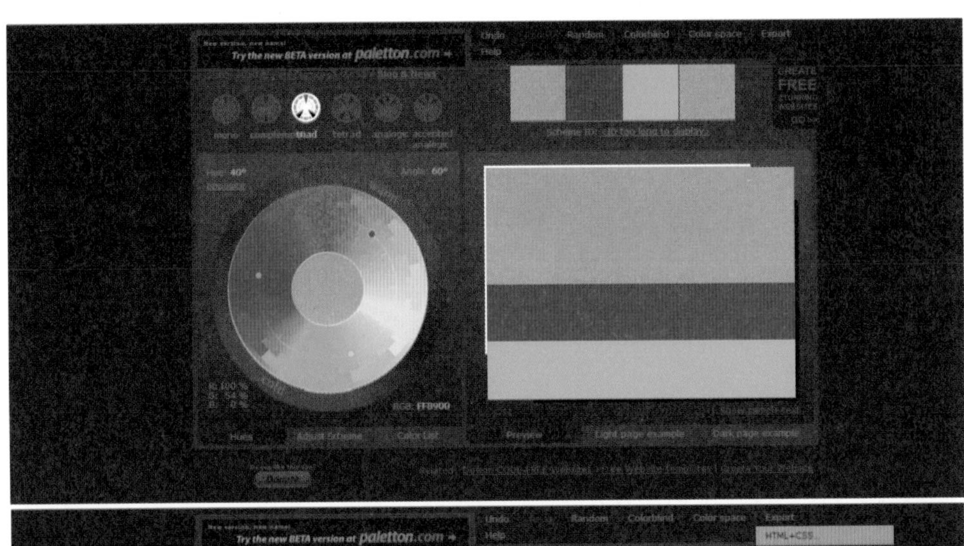

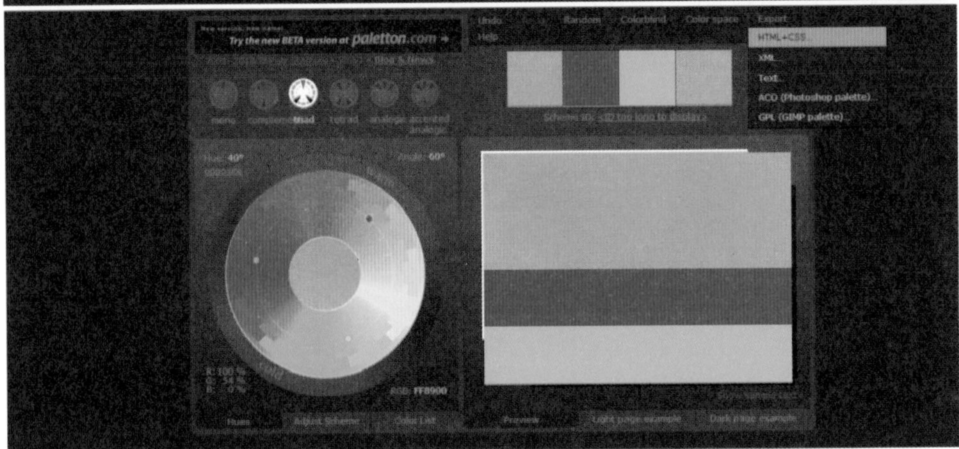

Color Palette by Color Scheme Designer

Palette URL: http://colorschemedesigner.com/#0D32mw0w06a6a1-U-2---3---42x-L6-F0I9-U0faZ201b--Q...

Color Space: RGB;

Primary Color:	FF8900	FF8901	FF8900	FF8900	FD800C
Secondary Color A:	4002AD	3E01A9	4105A8	3F00AD	3E00A9
Secondary Color B:	7CE700	7BE500	7DE901	7EE500	7BE402

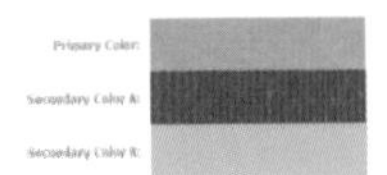

运用triad获得的三角调和配色方案

情况2

三角调和可以进一步延伸为另一种情况，相邻的三种颜色进行搭配，将这三个颜色用直线连接起来，所形成的三角形通常为等腰钝角三角形，从色彩印象来说往往形成邻近统一的效果。

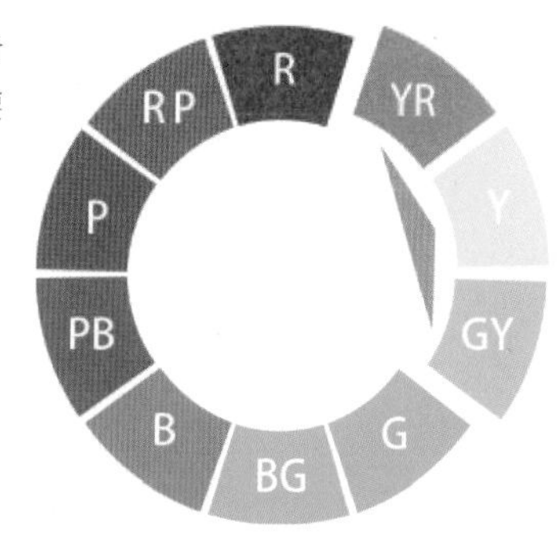

三角调和情况2——钝角三角形示意图

这种情况在colorschemedesigner中能找到对应的analogic（类似）选项，当选择导航中的analogic按钮，三种相邻的色彩就会被组合在一起，如下图中黄色、绿色和橙色，用直线连接三者在色环上的位置就能形成钝角三角形。

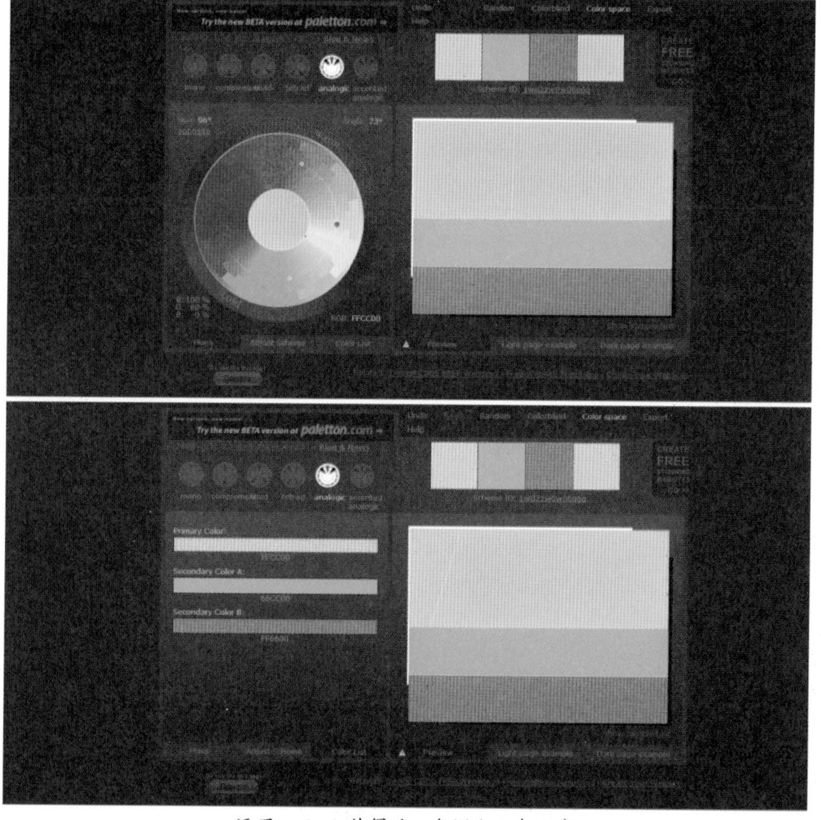

运用analogic获得的三角调和配色方案

情况3

三角调和还存在第三种情况，相邻两种颜色（例如如图所示黄色和橘黄色）与其两者形成互补关系的第三种颜色（如图中的蓝色）也同样形成三角调和的关系，如将这三个颜色用直线连接起来，所形成的三角形通常为等腰锐角三角形，从色彩印象来说往往形成对比强烈但又不失统一的效果。

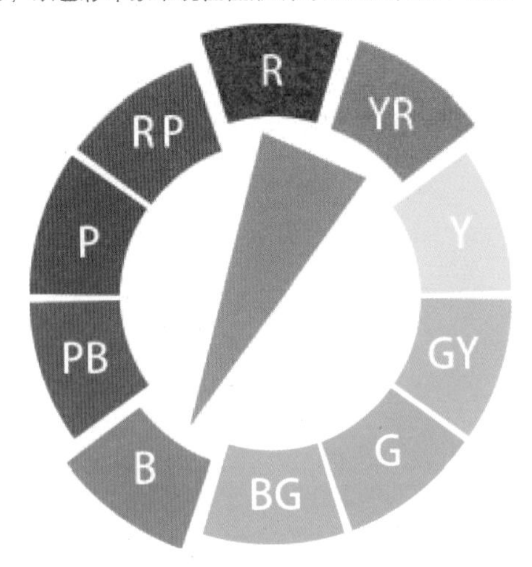

三角调和情况3——等腰锐角三角形示意图

在 colorschemedesigner 中，上述所说的相邻两种颜色（例如如图所示黄色和橘黄色）与其两者形成互补关系的第三种颜色（如图中的蓝色）也属于 triad，是三角调和的关系中的一种特例。这种配色方案既对比强烈，又存在类似色的调和，视觉感受十分丰富。

运用triad获得的三角调和配色方案

J music 是韩国一家提供音乐下载的站点。网站主题色为银灰色，使用红、绿、蓝三个对比色作为强调色来营造音乐的那种动感活力氛围，在处理这三种对比强烈的色彩时有意降低了色彩的纯度，同时将三种色彩分离开来，用灰色背景色进行缓冲。

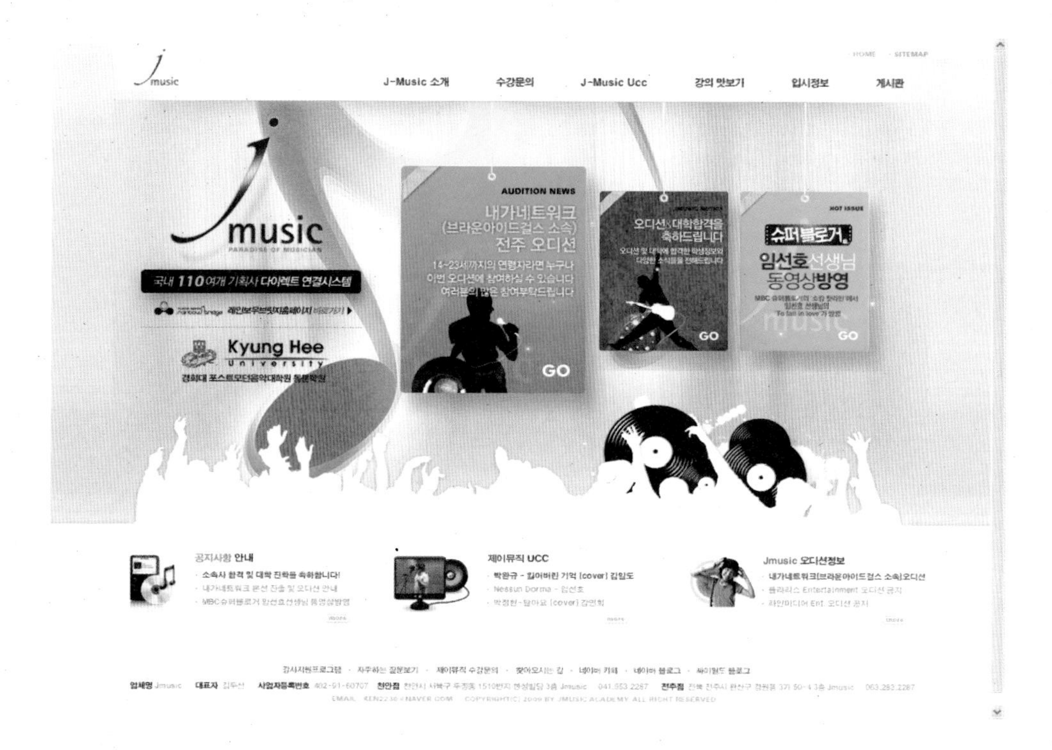

名称：J music

地址：www.jmusic.co.kr

主色彩	R218 G218 B218
辅助色彩	R000 G000 B000
	R255 G111 B000
强调色彩	R059 G152 B098
	R219 G022 B024
	R093 G184 B219

6.6.2 四角调和

定义：凡是在色相环中构成正方形或长方形的四个色是调和的色组。如果用梯形或不规则四边形在色环中自由转动，也可获得无数个调和色组。

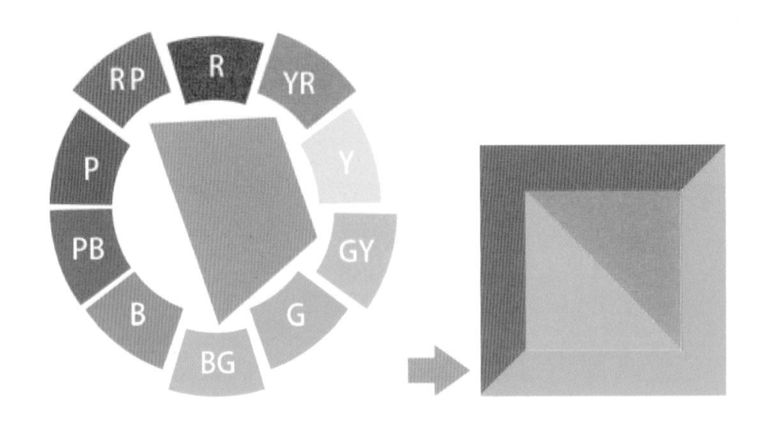

同样运用 colorschemedesigner 在线配色工具来深入理解所谓的四角调和，在这个软件中对应的 tetrad 从字面意思上理解就是四个一组， 也可以理解为四角调和。下图中的紫红、橙色、青色和绿色从所在的色环位置看，若加上连线的话，正好形成四边形。

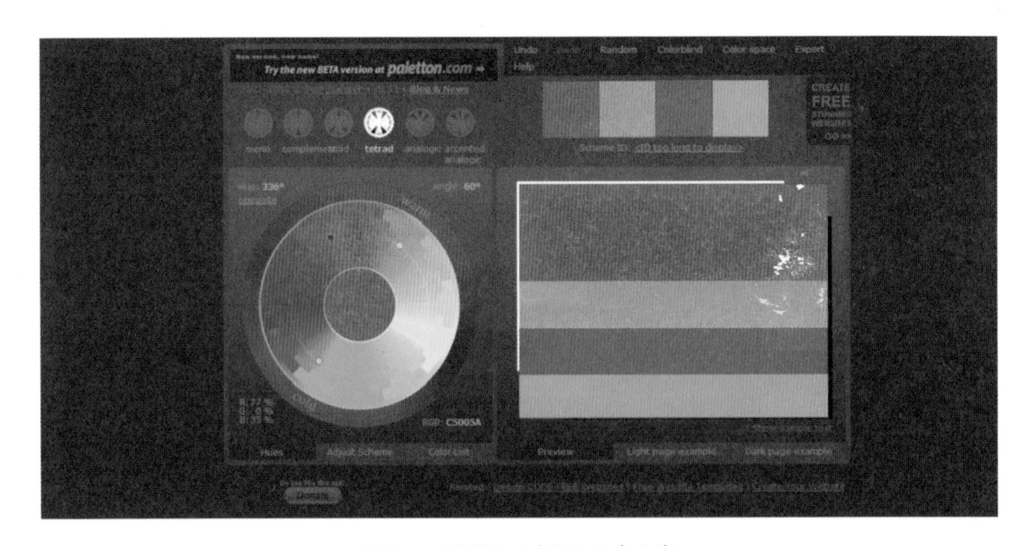

运用tetrad获得的四角调和配色方案

mcgarrybowen 界面导航条使用四种色相上对比较为强烈的色彩，从而使各个版块导航一目了然。这四种颜色在色环上的位置符合四角调和的原则，并且在使用这些颜色时有意降低了饱和度和明度，从而使它们放在一起时并没有给人对比过度、躁动不安的感觉。

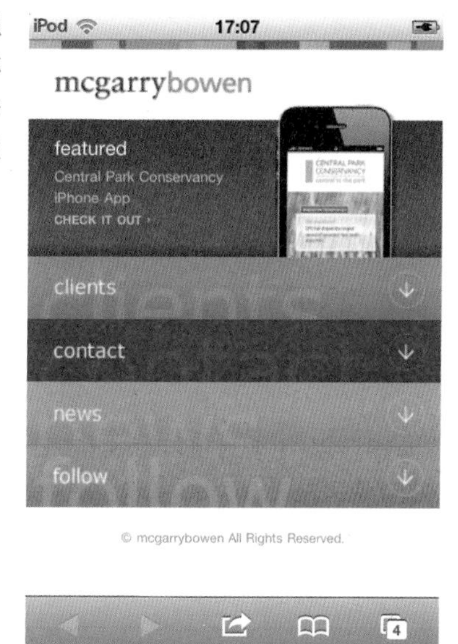

名称：mcgarrybowen

主色彩 R255 G255 B255

辅助色彩 R084 G075 B059

强调色彩 R055 G147 B155

R176 G000 B110

R185 G179 B009

R240 G137 B030

LA SERRE A VOEUX 是一个关注温室效应、提倡节能减排的环保网站，整个网站通过每个页面美轮美奂的色彩以及风景变换来展现大自然的无穷魅力，色彩的搭配和运用深深打动人心。这个网站给我们的配色启示是四角调和不仅可以运用在单个界面中，而且可以成为各个二级页面主色之间的调和关系。

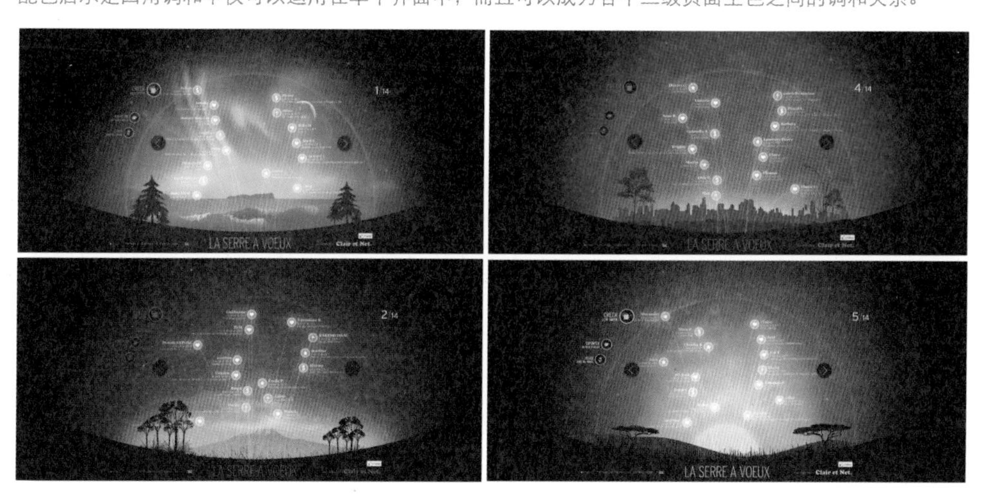

名称：LA SERRE A VOEUX

地址：www.clairetnet.com/serre-a-voeux/index.php

主色彩 R000 G000 B000

辅助色彩 R176 G122 B021 R150 G021 B049 R031 G063 B171

R072 G137 B150

强调色彩 R255 G255 B255

6.7 无彩色与彩色

无彩色和彩色进行搭配是一种很好的配色方式。无彩色主要由白色、黑色及过渡阶段的灰色构成，在与彩色搭配使用时，它们可以起到突出彩色的效果。高亮度的彩色和白色及亮灰色搭配时，可得到明亮轻快的效果；而低亮度彩色和黑色及暗灰色搭配，可得到灰暗沉重的效果。

blackhole滑雪板网站运用无彩色和有彩色的搭配，塑造出时尚、动感的品牌视觉形象。暗色中饱和的纯色更加醒目、活泼，让绚丽多彩、款式丰富的产品得到很好地展示。黑色和灰色富有肌理，增加了视觉上的丰富感，也巧妙地解决了大面积使用灰色带来的沉闷感问题。、

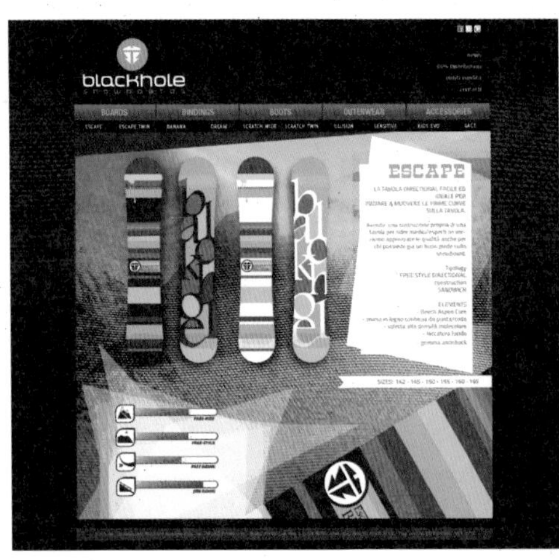

名称：blackhole snowboards

地址：www.blackholesnowboards.com

主色彩　R255 G255 B255

辅助色彩　R084 G075 B059

强调色彩　R055 G147 B155　R176 G000 B110　R185 G179 B009

R240 G137 B030

R 0 G 51 B 102	R 255 G 255 B 255	R 0 G 102 B 153	R 255 G 51 B 51	R 0 G 0 B 0	R 204 G 204 B 0	R 51 G 102 B 153	R 204 G 153 B 51	R 51 G 51 B 51	R 204 G 204 B 204	R 153 G 0 B 51	R 255 G 255 B 255
R 255 G 255 B 51	R 153 G 204 B 255	R 204 G 204 B 204	R 204 G 204 B 51	R 255 G 255 B 255	R 153 G 153 B 153	R 204 G 204 B 204	R 153 G 153 B 204	R 102 G 102 B 102	R 153 G 204 B 204	R 102 G 102 B 102	R 255 G 255 B 153

彩色与非彩色配色方案

篇外

配色这点事儿

- 功夫在诗外
- 色彩逆推

功夫在诗外

写到此处关于界面配色的讨论已经接近尾声，隐隐感到很多想说的东西没能顺利表达出来，很多技巧也无法一一列举，其中有些是创意上的事儿，表达不易，还有一些则是工作上的疏漏，没能在工作中将其逐一记录，等到要说的时候却常常发现“挂一漏万”。

所以希望大家在平时的生活和设计工作中养成随看随吸收，多积累、常创新的习惯。配色水平的提升很难一日速成，即使熟记各种配色要诀，那也需要时间去体悟，变成本能。古人云功夫在诗外，是指学习做诗的时候不能就诗学诗，而应把工夫下在掌握渊博的知识，参加社会实践上。学习配色也是一样，例如收集具有良好色彩感的艺术作品、照片和实际物品，就是一个平时注重累积的良好习惯。现在人手一机，那些美好色彩的瞬间可以非常方便地被记录下来，然后结合自身的需要和系统的色彩知识，形成个性化的配色资料库，那将是你用之不竭的创意之源。

提醒大家一点，在累积的过程中目光不要只盯着互联网领域，虽然这样好似十分高效，但也很容易让视角单一和雷同。我在给学生上课的过程中，例如学习了有关色彩印象的内容，我会布置这样的作业：请同学找多一些典型的色彩印象配色方案，如温和的、华丽的、可爱的、自然的等等，找到它们在界面设计（包括移动应用界面）中、服装设计中、家居设计、平面设计中感觉相似的案例，寻找到的运用相似配色方案的设计例子不少于四个，其中有一个必须是网页界面或者应用界面的，例如浅蓝、黑、白所形成的简洁现代的配色，除了要找到互联网产品界面的例子，剩余三个必须是其他设计或者艺术门类的案例，比如是服装设计、广告、家居等方面的例子。这样做的目的就是避免大家把目光局限在小范围内，而失去了学习借鉴其他门类的机会，因为跨界往往是用之不竭的最佳灵感来源。

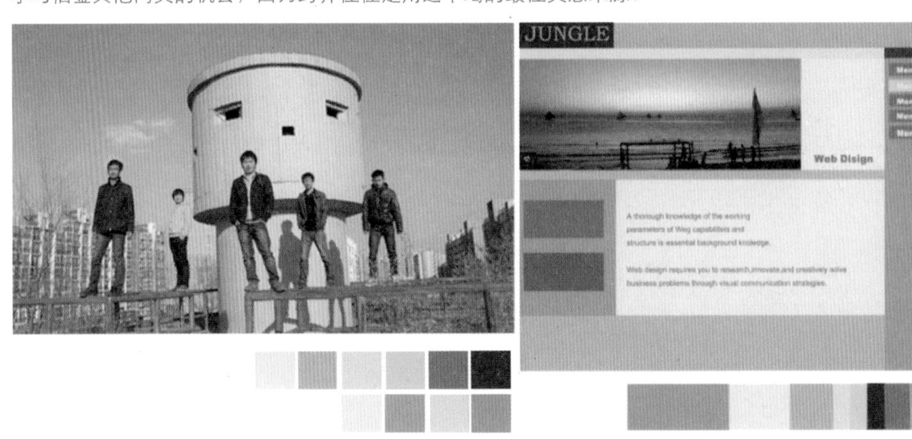

学生利用自己的摄影作品进行的配色练习

左上图是一位学生大一时的摄影作品。上界面色彩课程的过程中，当大部分同学都热衷于从图库里找些名家画作、时尚霓裳、绝美风景做色彩分析的时候，他却将和同学外出时在学校附近拍的一张照片作为练习界面配色的基础，提炼出色彩，并根据面积做了配色条，再结合网页配色练习的模板给界面配色。

对他这样的做法，我给予了充分肯定，这并非因为他拍的照片或者配色练习不错，而是他懂得了生活是学习色彩最好的老师，抓住日常生活中的那些动人的色彩瞬间，调配出属于自己的个性色彩。敏锐的色彩感觉正是在这样的生活点滴中慢慢建立起来的。

色彩逆推

在多年的教学过程中，我发现很多同学都有这样的疑问，看了大量的网站、APP 案例，感觉积累不少，尤其喜欢模仿国外的设计，但为什么直接套用在自己的设计中总觉得有些不伦不类呢？

为了帮助同学们找到问题的症结，我上网找了一个国外的网站，前提是大部分同学都没有看过这个网站，然后出了这样一道题：“下面给大家三个被转成灰度色彩模式的网站界面，它们分别是网站的首页和两个二级页面，请大家根据网页上给出的信息为设计出发点，分组在 Photoshop 里进行网页色彩还原。”

记得当时还着重强调了要注意网页上给出的信息。下面三张就是当时同学们做的色彩还原的三个界面。希望读者在看我后面的讲解之前也可以试着练习一下。

某国外儿童服饰电商网站首页

某国外儿童服饰电商网站二级页面1

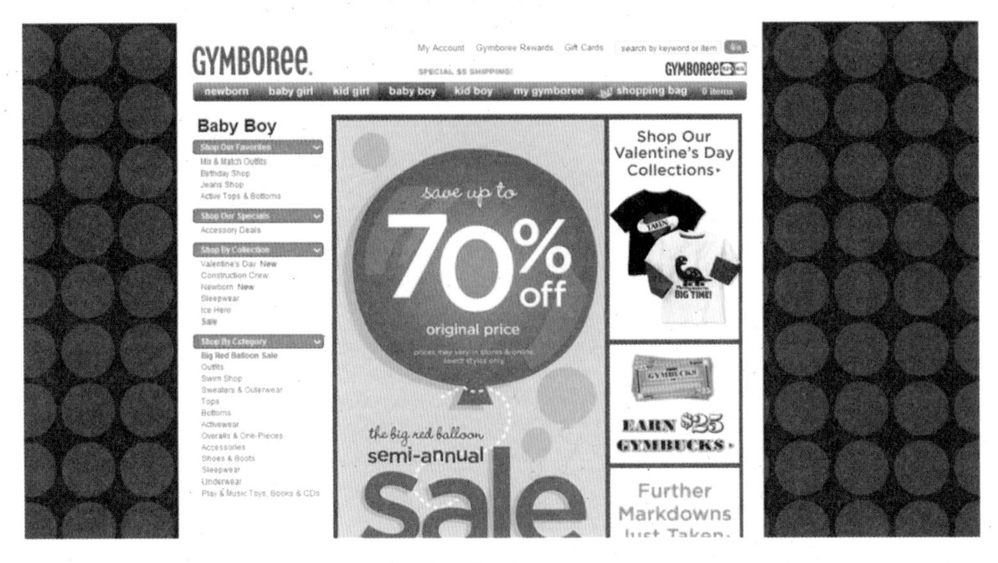

某国外儿童服饰电商网站二级页面2

从反馈作品和每个人其对自身作品的讲解中可以明显看到，配色的质量直接与解读信息的能力对应：

（1）这是儿童服饰的电商网站，所以配色方案要体现可爱、有童趣的特点。

有 90% 的人能意识到这一点，所以只有 10% 的人使用了成人化的配色方案。

（2）首页中最重要的信息是 sale，降价 70%，要利用配色来突出降价促销这个最重要的卖点。

有 60% 的人将促销信息运用醒目的色彩对比进行了强调，50% 的人有意识地把促销信息的配色从首页延续到了二级页面 2 中。但有些同学似乎忘记了色彩的重复能够强化印象的规律，非常辛苦地在二级页面 2 的促销广告配色中另起炉灶，结果事倍功半。

（3）Baby Girl 和 Baby Boy 的界面，应该用色彩去区分，让用户能够借助色彩的引导更快更准确地找到自己需要的货品。

有 50% 的人意识到 Baby Girl 和 Baby Boy 的页面背景明度不同，可惜只有 30% 的人能够仔细地看网页中的文字，准确把握住两个页面目标用户的差别，并在色彩上有所区分，让人一眼就看出是卖女孩服装还是男孩服装。

学生案例这里就不展示了，下面是该电商的原始配色方案。

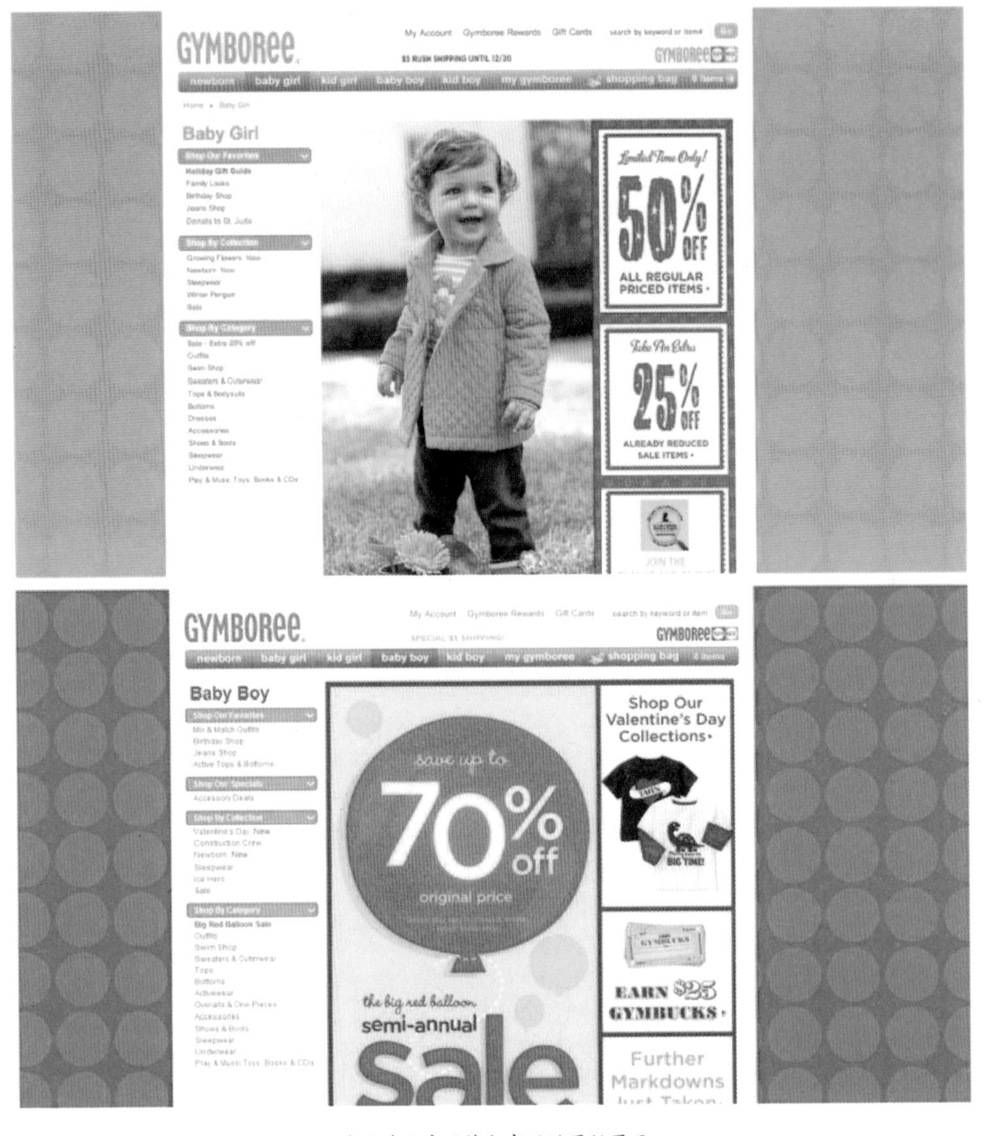

某国外儿童服饰电商网站原始界面

这种训练的方法，不是要让大家去临摹原始网页的配色方案，真正的目的是让大家不是凭空想象，而是学会通过图片、文字等其他信息来判断配色的方向。很多人学习国外的作品，常常徒有其表，而没有去研究人家所宣传的产品、品牌等信息，这样知其然不知其所以然的学习方法，往往理解不深刻，看似花了不少时间，但效率不高。所以大家平时可以多做这样的色彩逆推练习，提升自己把握理解信息的能力，最终获得配色能力实质性的提升。

好了，这次真的该合上电脑了，希望大家学习愉快！